"博学而笃志,切问而近思。"
(《论语》)

博晓古今,可立一家之说;
学贯中西,或成经国之才。

复旦博学·复旦博学·复旦博学·复旦博学·复旦博学·复旦博学

作者简介

王海明，北京大学哲学系教授，代表作为《新伦理学》（修订版，全三册，商务印书馆2008年版）；曾在《中国社会科学》、《哲学研究》、《哲学与文化月刊》（台北）、《中国社会科学季刊》（香港）等刊物发表伦理学论文170余篇；著有《新伦理学》（商务印书馆2001年）、《伦理学方法》（商务印书馆2003年）、《人性论》（商务印书馆2005年）、《公正 平等 人道：社会治理道德原则体系》（北京大学出版社2000年版）、《伦理学原理》（北京大学出版社2001年版）、《道德哲学原理十五讲》（北京大学出版社2008年版）、《伦理学与人生》（复旦大学出版社2009年版）。2004年，中国大百科全书出版社出版了唐代兴教授研究王海明《新伦理学》的学术专著：《优良道德体系论：新伦理学研究》；2007年，人民出版社出版了吴然教授研究和传播王海明《新伦理学》的专著：《优良道德论》。

复旦博学·哲学系列

伦理学导论
LUNLIXUE DAOLUN

王海明 著

复旦大学出版社

内容提要

《伦理学导论》是北京大学哲学系王海明教授二十余年心血之结晶，是作者有关伦理学原理的最新著作，具有完整而严谨的伦理学体系，是一部具有自身特色的、针对当前伦理学原理教学的实际需要而精心撰写的力作。

本书的核心特点有二：第一，本书作者在融会贯通古今中外伦理学的基础上，形成了自己独特的伦理学体系和伦理思想，首次使在西方伦理学界一直相互排斥的元伦理学、规范伦理学和美德伦理学结合为一门科学。第二，本书对于每一问题的阐释，都以历代伦理学名著的相关论述为指导与核心，这使得全书从体系到各章节以及对每个问题的阐述，均富有原创性与对人类以往伦理学思想的继承性，持之有故、深入浅出。

因而，本书名为《伦理学导论》，亦即伦理学的介绍、入门和学习指导：既是对学习、掌握伦理学原理的指导；又是研究历代大师伦理学思想的导引。

本书是供大学本科哲学专业师生使用的伦理学原理教科书，也可供爱好并希望系统了解伦理学的社会各界人士阅读。

目　录

绪　论 ··· 1

上卷　元伦理学原理

第一章　元伦理范畴 ··· 11
　一、善 ·· 12
　二、应该与正当 ·· 15
　三、事实 ·· 17
第二章　元伦理确证 ··· 23
　一、元伦理确证：应该与事实之关系 ······························ 23
　二、元伦理确证理论：自然主义 ···································· 28
　三、元伦理确证理论：直觉主义 ···································· 30
　四、元伦理确证理论：情感主义 ···································· 32

中卷　规范伦理学原理

第一篇　道德价值主体：社会为何制定道德

第三章　道德的起源和目的 ··· 41
　一、道德概念 ·· 41
　二、道德的起源和目的：人类中心主义与非人类中心主义 ······ 44
　三、道德的起源和目的：道德他律论与道德自律论 ············· 50
第四章　道德终极标准 ·· 56
　一、道德终极标准：功利主义 ······································ 56
　二、道德终极标准：义务论 ··· 58

三、道德终极标准：功利主义与义务论之评析 …………… 60

第二篇　道德价值实体：伦理行为事实如何

第五章　人性 …………………………………… 67
一、人性概念：人生而固有的普遍本性 …………………… 67
二、伦理学的人性概念：人的伦理行为事实如何之本性 …… 70
三、最深刻的人性：爱与恨 ………………………………… 73
　1. 爱人之心：同情心与报恩心 ………………………… 74
　2. 恨人之心：嫉妒心与复仇心 ………………………… 75
　3. 自恨心：内疚感、罪恶感与自卑心 ………………… 77
　4. 自爱心：求生欲与自尊心 …………………………… 78
四、最深刻的人性定律：爱有差等 ………………………… 81

第三篇　道德价值与道德规范：伦理行为应该如何的优良道德

第六章　善：道德总原则 …………………… 89
一、人性之善恶：人性善恶学说 …………………………… 90
　1. 性无善恶论 …………………………………………… 90
　2. 性善论 ………………………………………………… 90
　3. 性恶论 ………………………………………………… 91
　4. 性有善有恶论 ………………………………………… 92
二、全部人性之善恶：善恶总原则 ………………………… 93
三、利他主义与利己主义：道德总原则理论 ……………… 95

第七章　公正：社会治理根本道德原则 …… 100
一、等利害交换：公正总原则 ……………………………… 100
二、权利与义务交换：公正根本原则 ……………………… 103
三、贡献原则：社会公正根本原则 ………………………… 104
四、平等：最重要的公正 …………………………………… 106
　1. 平等总原则 …………………………………………… 106
　2. 政治平等原则 ………………………………………… 111
　3. 经济平等原则 ………………………………………… 114

4. 机会平等原则 ································· 115
第八章　人道：社会治理最高道德原则 ················· 119
　一、人道主义：人道总原则 ··························· 119
　　1. 人道主义：关于人是最高价值的思想体系 ··········· 120
　　2. 人道主义：关于人的自我实现是最高价值的思想体系 ··· 121
　　3. 人道总原则：将人当人看与使人成为人 ············· 123
　　4. 人道和人道主义的实质：社会治理的最高道德原则 ··· 125
　二、自由：最根本的人道 ····························· 126
　　1. 自由概念 ······································· 126
　　2. 自由价值 ······································· 128
　　3. 自由原则 ······································· 130
　三、异化：最根本的不人道 ··························· 133
　　1. 异化概念 ······································· 133
　　2. 异化价值 ······································· 134
　　3. 异化消除：共产主义的应然性与必然性 ············· 136
第九章　幸福：善待自己的普遍原则 ················· 143
　一、幸福概念：快乐论与完全论 ······················· 144
　二、幸福价值 ······································· 147
　三、幸福性质：主观论与客观论 ······················· 152
　四、幸福规律 ······································· 155
　　1. 事实律 ··· 155
　　2. 价值律 ··· 157
　　3. 实现律 ··· 160
　五、幸福原则 ······································· 162
　　1. 认识原则：对幸福的认识与幸福的客观本性相符 ····· 162
　　2. 选择原则：对幸福的选择与自己的才、力、命、德一致 ··· 163
　　3. 行动原则：求幸福的努力与修养自己的品德相结合 ··· 164
第十章　八大道德规则：道德规则体系 ················· 167
　一、诚实 ··· 168
　二、贵生 ··· 171
　三、自尊 ··· 177
　四、谦虚 ··· 179
　五、智慧 ··· 182

六、节制 ………………………………………………… 186
七、勇敢 ………………………………………………… 190
八、中庸 ………………………………………………… 192

下卷　美德伦理学原理

第十一章　良心与名誉：优良道德的实现途径 ………… 201
导言 ……………………………………………………… 201
一、良心与名誉概念 …………………………………… 203
 1. 良心概念：界说、结构与类型 …………………… 203
 2. 名誉概念：界说、结构与类型 …………………… 206
二、良心和名誉的客观本性 …………………………… 209
 1. 良心的起源：良心的目的与原动力 ……………… 209
 2. 名誉的起源：外在根源与内在根源 ……………… 212
 3. 良心的作用 ………………………………………… 215
 4. 名誉的作用：名誉与良心的作用之比较 ………… 218
三、良心与名誉的主观评价 …………………………… 221
 1. 动机与效果概念 …………………………………… 221
 2. 动机效果分别论：行为本身与行为者品德 ……… 223
 3. 效果论 ……………………………………………… 225
 4. 动机论 ……………………………………………… 227
 5. 动机效果统一论 …………………………………… 229
四、良心与名誉的真假对错 …………………………… 230
 1. 良心与名誉的真假对错之概念 …………………… 230
 2. 良心与名誉的真假对错之证明 …………………… 232
 3. 良心与名誉的真假对错之意义 …………………… 234

第十二章　品德本性 ……………………………………… 239
一、品德概念 …………………………………………… 239
 1. 品德的定义 ………………………………………… 239
 2. 品德的结构 ………………………………………… 241
 3. 品德的类型 ………………………………………… 245
二、品德性质 …………………………………………… 247
 1. 品德的价值 ………………………………………… 247

  2. 品德的原因 ·· 249
  3. 品德的境界 ·· 252
 三、品德规律 ·· 255
  1. 德富律：国民品德与经济的内在联系 ··· 255
  2. 德福律：国民品德与政治的内在联系 ··· 258
  3. 德识律：国民品德与科教的内在联系 ··· 260
  4. 德道律：国民品德与道德的内在联系 ··· 265

第十三章 品德培养：优良道德之实现 ·· 270
 一、品德培养的目标 ··· 270
  1. 君子：品德培养的基本目标 ·· 270
  2. 仁人：品德培养的最高目标 ·· 271
  3. 圣人：品德培养的终极目标 ·· 272
 二、制度建设：国民总体品德培养的方法 ·· 273
  1. 市场经济：提高国民品德道德感情因素的基本方法 ····················· 273
  2. 宪政民主：提高国民品德道德感情因素的主要方法 ····················· 274
  3. 优良道德：培养国民品德道德感情和道德意志两因素的
    复合方法 ··· 276
  4. 思想自由：培养国民品德道德认识因素的基本方法 ····················· 279
 三、道德教育：国民个体品德培养的外在方法 ····································· 281
  1. 言教：提高个人道德认识的道德教育方法 ·································· 281
  2. 奖惩：形成个人道德感情的道德教育方法 ·································· 283
  3. 身教：形成个人道德意志的道德教育方法 ·································· 284
  4. 榜样：培养个人道德认识、道德感情和道德意志的综合道德
    教育方法 ··· 286
 四、道德修养：国民个体品德培养的内在方法 ····································· 288
  1. 学习：提高个人道德认识和形成品德所有因素的道德修养方法 ···· 288
  2. 立志：陶冶个人道德感情的道德修养方法 ·································· 290
  3. 躬行：培养个人道德意志的道德修养方法 ·································· 292
  4. 自省：培养个人道德认识、个人道德感情和个人道德意志的
    综合道德修养方法 ·· 294

附 录：伦理学导论必修书简介 ·· 299
后 记 ·· 301

绪 论

> **本章提要**：伦理学属于价值科学，是关于道德价值的科学，说到底，是关于优良道德的科学——优良道德就是与道德价值相符的道德规范——是关于优良道德的制定方法和制定过程以及实现途径的科学。因此，伦理学由元伦理学和规范伦理学以及美德伦理学三大部分构成。元伦理学主要通过研究"是与应该"的关系而提出确立道德价值判断之真理和制定优良的道德规范之方法：元伦理学是关于优良道德规范制定方法的伦理学。规范伦理学主要通过社会制定道德的目的亦即道德终极标准，从人的行为事实如何的客观本性中推导、制定出人的行为应该如何的优良道德规范：规范伦理学是关于优良道德规范制定过程的伦理学。美德伦理学主要研究优良道德如何由社会的外在规范转化为个人内在美德，从而使优良道德得到实现的途径：美德伦理学是关于优良道德实现途径的伦理学。

关于伦理学的定义、对象、体系结构和学科分类，包尔生的《伦理学体系》、梯利的《伦理学导论》和石里克的《伦理学问题》均有深刻的论述；但是，如所周知，弗兰克纳的《伦理学》对这些问题的论述无疑堪称今日西方伦理学界的主流。他认为伦理学是道德哲学，分为描述伦理学、规范伦理学和元伦理学三大类型：

伦理学是哲学的一个分支；它是道德哲学，或者关于道德、道德问题和道德判断的哲学思考，这种哲学思考包含着什么，这已经在《克力同篇》和《申辩篇》中，由苏格拉底所进行的那种思考活动加以说明，并由我们对它的假设所补充了。现在，我们可以对这样一种哲学思考进行进一步的描述了。

像苏格拉底一样，当我们越过了受传统法则所支配的阶段，甚至越过了这些法则是如此之内在化，以致于我们还不能说形成了自己的看法的阶段，达到了能够用批判的、一般的术语进行自己的思考（像苏格拉底时代的希腊人所开始做的那样），并作为道德行为者取得了某种意志自由的阶段时，道德哲学就产生了。

然而,我们可以从涉及道德的不同思考方式中,划分出三种类型。

1. 描述的、经验的类型:包括历史的或科学的探索,诸如人类学家、历史学家、心理学家和社会学家所从事的工作。这种思考旨在描述或说明道德现象,或者提出一种与伦理问题有关的人性理论。

2. 规范的思考类型:在《克力同篇》中,苏格拉底的思考就属于这种类型。当人们询问什么是正当、善和责任时,就是在进行这种思考。它可以采取确认一个规范判断的形式,例如:"我不该企图从监狱逃跑","知识是善"或"伤害人总是不道德的";并提出或准备提出该判断的理由。或者也可以采取一种与自己或他人辩论的形式,针对一种特殊情况或某一普遍原则,讨论什么是善或正当,然后,形成作为结论的某一规范判断。

3. "分析的"、"批判的"或"元伦理的"思考类型:即我们所设想的如果有人对苏格拉底规范判断的理由进行挑战,他就会采取的那种方式。事实上,他确实也在其他对话中采取了这种思考方式。这种方式不是由经验的或历史的探究和理论所构成的,也不提出或捍卫任何规范或价值判断;它不想回答什么是善、正当或义务等特殊的或一般性的问题,它所提出并试图回答的,是下面这些逻辑学的、认识论的或语义学的问题:表达"(道德的)正当"或"善"的意义和用处是什么?怎样才能提出伦理和道德判断或怎样证明它们是正当的?它们能得到完全的证明吗?道德的本质是什么?道德与非道德之间的差别在哪里?"自由的"或"有责任的"含义是什么?

近来许多道德哲学家把伦理学或道德哲学局限于第三种思考类型,从而排除了所有心理学和经验科学的问题,以及有关什么是善或正当的全部规范问题。然而在本书中,我们对这门学科基本上采取传统的立场。我们的伦理学将包括刚刚提到的元伦理学;也包括规范伦理学即第二种思考类型,尽管这只有当它所涉及的是善或正当是什么这些一般性问题时才如此,而不能像苏格拉底在《克力同篇》中那样,主要针对一些特殊问题。实际上,我们认为,伦理学的首要任务,就是提供一种规范理论的一般框架,借以回答何为正当或应当做什么的问题。至于我们对元伦理学的问题感兴趣,主要是因为在一个人能够对自己的规范理论完全满意之前,他似乎必须回答这类问题(虽然伦理学为自身这门学科也必须研究元伦理学问题)。然而,由于某些心理学和人类学理论对回答规范伦理学和元伦理学的问题有影响(我们在讨论利己主义、享乐主义和相对主义时将看到这一点),因此,我们的讨论也包括第一种描述的或经验的思考类型。①

---

① 〔美〕弗兰克纳:《伦理学》,关键译,三联书店1987年版,第7—10页。

确实，如弗兰克纳所言，伦理学是关于道德的哲学，亦即关于一切道德的普遍本性的科学。确实，在《克力同篇》和《申辩篇》中，苏格拉底关于他宁愿被处死也不肯逃跑的每一条理由都是伦理学思考的典范，因为"在每一条理由中，苏格拉底都诉诸一个普遍的道德准则或原则"[①]。但是，真正讲来，这个定义是不确切的。因为道德是一种社会制定或认可的行为应该如何的规范：道德亦即道德规范。这样，道德便正如休谟所说，无非是人们所制定的一种契约，具有主观任意性，因而虽然无所谓真假，却具有优良与恶劣或正确与错误之分。举例说，我们显然不能说"女人应该裹小脚"的道德规范是真理还是谬误，而只能说它是优良的还是恶劣的或正确的还是错误的；它无疑是恶劣的、错误的。伦理学的意义显然全在于此：避免恶劣的、错误的道德，制定优良的、正确的道德。因为道德既然是由人制定或约定的，具有主观任意性，那么，制定道德便不需要科学。确实，在伦理学诞生之前——亦即在亚里士多德和孔子的时代之前——道德早就存在了。只有制定优良的、正确的道德才需要科学：伦理学是关于优良道德的科学。于是，确切地讲，伦理学是关于优良道德的科学，是关于优良道德的制定方法和制定过程以及实现途径的科学。那么，究竟怎样的道德才是优良的？

道德——道德亦即道德规范——与道德价值根本不同。因为道德或道德规范都是人制定或约定的。但是，道德价值却不是人制定或约定的：一切价值——不论道德价值还是非道德价值——显然都不是人制定或约定的。试想，玉米、鸡蛋、猪肉的营养价值怎么能是人制定或约定出来的呢？猪肉的营养价值不是人制定的，人只能制定如何吃猪肉的行为规范。人们所制定如何吃猪肉的行为规范既可能与猪肉的价值相符，也可能不相符：相符者就是优良的规范，不相符者就是恶劣的规范。一个人每天应该吃半斤肥肉的行为规范，一般说来，是恶劣的，因为这种行为规范与肥肉的营养价值不相符。反之，一个人每天应该吃一个鸡蛋的行为规范，一般说来，是优良的，因为这种规范，一般说来，与鸡蛋的营养价值相符。

同样，人们所制定或约定的道德规范与行为的道德价值也可能相符或不相符：与道德价值相符的道德规范，就是优良的、正确的道德规范；与道德价值不符的道德规范，就是恶劣的、错误的道德规范。举例说，假设"女人裹小脚"确实是不应该的，因而具有负道德价值。那么，一方面，断言"女人裹小脚是应该的"道德价值判断便不符合"女人裹小脚"的道德价值，因而是一种谬误的、假的判断；另一方面，把"女人应该裹小脚"奉为道德规范也不符合"女人裹小脚"的道德价值，因而是一种恶劣的道德规范。

---

① 〔美〕弗兰克纳：《伦理学》，关键译，三联书店1987年版，第3页。

可见,伦理学是关于优良道德的科学的定义,实际上蕴含着:伦理学是关于道德价值的科学。所以,伦理学家们一再说伦理学是一种价值科学:"伦理学是一个关于道德价值的有机的知识系统。"①这是伦理学的公认的定义,也是伦理学的更为深刻的定义。那么,这是否意味着,伦理学只研究"应该"、"价值"而不研究"是"、"事实"?应该与事实的关系究竟如何?这就是所谓的"休谟难题":能否从"是"、"事实"、"事实如何"推导出"应该"、"价值"、"应该如何"?元伦理学对于这个问题的研究表明:

所谓道德价值、道德善、行为之应该如何,不过是行为之事实如何对于社会制定道德的最终目的——保障社会存在发展、增进每个人利益——的相符抑或违背之效用,因而是通过道德最终目的,从行为事实如何中产生和推导出来的:符合道德最终目的的行为之事实,就是行为之应该;违背道德最终目的的行为之事实,就是行为之不应该。这就是道德价值和优良道德的推导、制定之方法,我们可以将其归结为一个道德价值推导公式:

前提1:道德最终目的(道德价值标准)
前提2:行为事实如何(道德价值实体)
_____

结论1:行为应该如何(道德价值)
结论2:与行为道德价值相符的优良道德(优良道德规范)

伦理学的全部内容和对象都是从这个道德价值推导公式所表明的伦理学公理推导出来的:

"元伦理学"就是确证这个伦理学公理的科学,其根本问题就是"应该如何与事实如何"的关系。因此,元伦理学对象便分为两大部分:(1)对于"应该"、"正当"、"善"、"价值"和"事实"等范畴的分析,这些范畴也就是元伦理学家们所谓的"伦理学术语"、"伦理学概念"或"道德词"、"伦理词"、"价值词",我们毋宁称之为"元伦理范畴";(2)对于揭示元伦理范畴内涵和外延的元伦理命题的证明,元伦理学家们称之为"道德判断确证(justification of moral judgments)"或"道德确证(moral justification)",我们可以名之为"元伦理确证"。

"规范伦理学"则是具体推演构成这一公理的四个命题的科学:首先,推演前提1,亦即道德概念、道德最终目的和道德终极标准;其次,推演前提2,亦即行为事实如何之16种、6类型、4规律;最后,推演结论,亦即运用道德终极标准衡量行为事实如何之善恶,从而推导出行为应该如何的优良的道德总原则"善"和

---

① 〔美〕宾克莱:《二十世纪伦理学》,孙彤、孙南桦译,河北人民出版社1988年版,第214页。

优良的社会治理道德原则"公正"、"平等"、"人道"、"自由"、"异化"以及优良的善待自我道德原则"幸福",并从这七大道德原则推导出"诚实"、"贵生"、"自尊"、"谦虚"、"节制"、"勇敢"、"智慧"、"中庸"八大优良道德规则。

"美德伦理学"则是研究如何实现规范伦理学所确立的这些优良道德规范的科学,因而研究"良心"、"名誉"和"品德":良心与名誉是优良道德之实现途径;美德则是优良道德之实现。

这样,伦理学对象便分为三大部分:优良道德的制定方法(元伦理学对象)和制定过程(规范伦理学对象)以及实现途径(美德伦理学对象)。对于这三大部分的研究则形成伦理学体系结构的三大因素和学科分类的三大类型:元伦理学、规范伦理学、美德伦理学。因此,伦理学的任务和目的,首先在于通过研究"应该如何与事实如何"的关系而提出确证道德价值判断和道德价值规范之真伪、优劣的方法,解决如何才能确立道德价值判断之真理和如何才能制定优良的道德(元伦理学);其次在于系统探求关于伦理行为事实如何的客观规律和社会的道德本性以及伦理行为应该如何的优良道德之真理,从而制定优良的道德(规范伦理学);最终在于探求如何使人们遵守优良道德之真理,从而实现优良道德(美德伦理学)。于是,伦理学的对象最终便可以归结为一个图式:

```
         ┌ 上卷  元伦理学:优良道德之制定方法
         │                              ┌ 道德价值主体:社会为何制定道德
伦理学  ┤ 中卷  规范伦理学:优良道德之制定 ┤ 道德价值实体:伦理行为之事实如何
         │                              └ 道德价值和道德规范:伦理行为之应
         │                                                    该如何的优良道德
         └ 下卷  美德伦理学:优良道德之实现
```

准此观之,弗兰克纳将伦理学分为三大类型的观点并不完全正确:它遗漏了美德伦理学,而误将所谓描述伦理学纳入道德哲学,当作伦理学的一种类型。殊不知,所谓描述伦理学实际上属于道德科学或人类学而并不属于伦理学。因为伦理学是道德哲学,因而也就是关于一切社会的道德的普遍性的科学,而不是关于某个社会的特殊的、具体的道德的科学。描述伦理学,正如弗兰克纳所言,乃是"描述的、经验的类型:包括历史的或科学的探索,诸如人类学家、历史学家、心理学家和社会学家所从事的工作"。一句话,所谓描述伦理学乃是关于某个社会的特殊的、具体的道德的科学,因而并不是道德哲学,并不是伦理学,而是具体的道德科学。

从伦理学的研究对象可以看出,伦理学对于人类社会的发展进步具有莫大的意义。因为人类社会的发展进步,说到底,无疑都是每个人的劳动、活动之结果:每个人的劳动或活动是社会发展进步的基本原因。诚然,科学的发展、技术的发明、生产工具的改进、生产关系的变革、政治等上层建筑的革命等等都是社会发展进步的重要因素。但是,所有这些社会进步的要素,统统不过是人的劳动或活动的产物,因而唯有人的劳动或活动才是社会发展进步的基本原因。人的社会本性决定了每个人的劳动和活动——直接或间接地——总是一种社会活动。一切社会活动,要存在和发展,显然必须互相配合、有一定秩序而不可互相冲突、乱成一团,因而需要遵守一定的行为规范:一切社会活动都应该是某种行为规范之实现。一切行为规范无非两类:权力规范和非权力规范。所谓权力规范,也就是法(包括法律、政策、纪律等等),是依靠权力来实现的规范,是应该且必须遵守的行为规范;所谓非权力规范,亦即道德,是依靠非权力力量——如舆论、名誉、良心的力量——来实现的规范,是应该而非必须遵守的规范。这样,人的任何社会活动实际上都可以看做是对于某种道德或法的规范的实现与背离。

如果抛开规范所依靠的力量而仅就规范本身来讲,道德的外延显然宽泛于法:一般说来,二者是普遍与特殊、一般与个别的关系。因为一方面,道德不都是法,如无私利他、助人为乐、同情报恩等等都是道德,却不是法;另一方面,法同时都是道德,如"不得滥用暴力"、"不得杀人"、"不得伤害"、"不可盗窃"、"抚养儿女"、"赡养父母"等等岂不都既是法律规则同时也是道德规则吗?所以,抛开规范所依靠的力量而仅就规范本身来讲,法是道德的一部分:道德是法的上位概念。那么,法究竟是道德的哪一部分呢?无疑是那些最低的、具体的道德要求:法是最低的、具体的道德。这个道理被耶林(Jelling,1851—1911)概括为一句名言:"法是道德的最低限度。"反过来说,最低的限度的道德或所谓"底线伦理"也就是法。

于是,抛开规范所依靠的力量而仅就规范本身来讲,一切法都不过是那些具体的、最低的道德,因而也就都产生于、推导于、演绎于道德的一般的、普遍的原则。所以,法自身都仅仅是一些具体的、特殊的、琐琐碎碎的规则,法自身没有原则;法是以道德原则为原则的:法的原则就是道德原则。法的原则、法律原则,如所周知,是正义、平等、自由等等。这些原则,真正讲来,并不属于法或法律范畴,而属于道德范畴,属于道德原则范畴。这是不言而喻的,因为谁会说正义是一项法律呢?谁会说平等是一项法律呢?谁会说自由是一项法律呢?岂不是只能说正义是道德、平等是道德、自由是道德吗?正义、平等、自由等等都是道德原则,是社会治理的道德原则,因而也就是法律原则,也就是政治——政治是法的实现——原则。这就是为什么法理学和政治哲学的核心问题都是正义、平等、自由的缘故:正义、平等、自由都是法和政治的原则。

可见,如果抛开规范所依靠的力量而仅就规范本身来讲,法就是最低的、具体的道德,法是以道德原则为原则的,因而实际上法乃是道德原则的一种具体化,是道德原则的一种实现;法是道德的实现。这样一来,人的一切社会活动实际上最终便都是对于某种道德的实现与背离。而社会之所以能存在发展,无疑是因为人们的活动大体说来是遵守而不是背离道德的。所以,大体说来,人的一切社会活动都是道德的实现;因而道德的实现也就是社会发展进步的基本原因。

诚然,道德自身不过是一种行为规范,不过是一纸空文,是软弱无力的。但是,道德的实现与道德根本不同:道德的实现不是道德而是活动,不是规范而是行为。所以,道德的实现乃是社会发展进步的基本原因,并不是说道德是社会发展进步的基本原因;而是说人的实现、奉行某种道德的社会活动——如法律活动、政治活动、经济活动、宗教活动等等——是社会发展进步的基本原因,是说人们推行、奉行某种道德的诸如此类的社会活动是社会发展进步的基本原因。一言以蔽之:道德规范本身,并不是社会发展进步的基本原因;但是,一个社会实行何种道德规范,则是社会发展进步的基本原因;推行优良的道德规范是社会进步的基本原因;推行恶劣道德是社会停滞的基本原因。伦理学正是研究优良道德的科学。因此,伦理学对于人类社会的发展进步便具有莫大的效用、莫大的价值:伦理学是对于人类用处最大的科学,是具有最大价值的科学,至少是具有最大价值的科学之一。

思 考 题

1. 伦理学诞生之前,道德早已存在;正如语言学诞生之前,语言早已存在一样。那么,伦理学究竟是干什么用的?达尔文论及人类道德的荒谬时曾这样写道:"极为离奇怪诞的风俗和迷信,尽管与人类的真正福利与幸福完全背道而驰,却变得比什么都强大有力地通行全世界。"试由此解析和比较伦理学的三种定义:伦理学是关于道德的科学;伦理学是关于优良道德的科学;伦理学是关于道德价值的科学。

2. 不论是经济学、法学、政治学、人类学,还是美学、社会学、语言学等等,从来没有人提出公理化的问题。唯有伦理学,自笛卡儿以来,先后有霍布斯、斯宾诺莎、休谟、爱尔维修、摩尔等划时代大师,都极力倡导伦理学的科学化、公理化或几何学化。今天,罗尔斯在他那部影响深远的巨著《正义论》中仍然热诚地呼喊:"我们应当努力于一种道德几何学;它将具有几何学的全部严密性。"那么,道德价值推导公式是伦理学的公理吗?一些人,如爱因斯坦,把诸如基督教的"黄金律"和儒家的"己所不欲勿施于人"等命题当作伦理学公理。他们的观点对吗?试确立一些伦理学公理,然后看看,从你所确立的伦理学公理能否推导出伦理学的全部内容、全部对象？

3. 春秋战国时代中西是否同样繁荣进步？中世纪中西是否同样停滞不前？近代以来是否西方突飞猛进而中国却落伍了？究其根本原因，是否在于中西当时所奉行的道德原则不同？

参 考 文 献

〔美〕弗兰克纳：《伦理学》，关键译，三联书店1987年版。
〔德〕包尔生：《伦理学体系》，何怀宏等译，中国社会科学出版社1988年版。
〔德〕石里克：《伦理学问题》，张国珍译，商务印书馆1997年版。
王海明：《伦理学方法》，商务印书馆2003年版。

Mark Timmons, *Morality Without Foundations*, Oxford University Press, New York, Oxford, 1999.

Daniel Statman, *Virtue Ethics*, Edinburgh University Press, 1997.

Barbara MacKinnon, *Ethics*, Wadsworth Publishing Company, San Francisco, 1995.

Stevn M. Cahn and Peter Markie, *Ethics: History, Theory, and Contemporary Issues*, Oxford University Press, New York, Oxford, 1998.

上卷　元伦理学原理

第一章　元伦理范畴

> **本章提要**：善与恶和好与坏、正价值与负价值是同一概念，因而也就是客体对于主体的需要——及其经过意识的各种转化形态，如欲望、目的等等——的效用性：客体有利于满足主体需要、实现主体欲望、符合主体目的的属性，叫做好或正价值，亦即所谓"善"；客体有害于满足主体需要和实现主体欲望因而不符合主体目的的属性，叫做坏或负价值，亦即所谓的"恶"。应该则是行为善，是行为对于一切目的的效用，是行为符合其目的的属性；正当则是行为的道德善，是行为对于道德目的的效用，是行为的符合道德目的的属性。"正当"、"应该"和"善"都是客体对于主体需要、欲望、目的的某种效用，因而都属于价值范畴，都是客体的依赖主体需要、欲望、目的而存在的事物；反之，"事实"或"是"，则是价值的对立范畴，是客体的不依赖主体的需要、欲望、目的而独立存在的事物。事实与价值构成客体的全部外延而与主体相对立——主体与客体是构成一切事物的两大对立面——主体及其需要、欲望和目的既不是价值也不是事实，而是连接二者的中介物。

元伦理学的根本问题，如所周知，亦即所谓"休谟难题"，也就是"应该"的来源或依据问题，也就是"应该如何与事实如何"的关系问题。这样一来，元伦理的核心范畴无疑是"应该"：元伦理学的范畴体系可以名之为"应该"的范畴体系。依据"从抽象到具体"的科学体系的范畴排列原则，元伦理学的范畴体系的开端范畴是"善"；接着是行为的善："应该"；次之是行为的道德善：正当；最后则是这些范畴的对立范畴："是"或"事实"。

一、善

何谓善？孟子曰："可欲之谓善"①。两千年后，罗素以更为科学的语言复述和证明了孟子的定义：

> 我认为，显然，若没有愿望，我们就决不会想到善恶的对立。我们感到痛苦并希望摆脱它；我们感到快乐并希望延续它。我们厌倦人们限制的自由，当我们缺少饮食和爱情时，就会对它们产生强烈的渴望。如果我们对自己周围的一切漠不关心，我们也不会相信善恶、正当与不正当以及值得赞扬和应受谴责的两分法。我们会毫无抗争地屈从于自己的命运，不管这种命运如何。在无生命的世界里，没有什么东西是善的或恶的。由此可见，"善"的定义必须出自愿望。我认为，当一个事物满足了愿望时，它就是善的，或者更确切地说，我们可以把"善"定义为"愿望的满足"。如果一个事物更能满足愿望或满足更强烈的愿望，它就比另一个事物"更善"。我并未自命这是唯一可能的"善"的定义，而仅仅是强调，人们将发现这一定义的结果，与任何其他有理论争议的定义相比，更能符合大多数人的伦理情感。……对我们把"善"定义为"愿望满足"的异议或许会依据这一理由：某些愿望是恶的，它们的满足更恶。最显而易见的例子就是残酷。假设甲愿望乙遭难，并成功地满足了自己的愿望；这是善的吗？显然总的来看这并不是善的，我们的定义也没有暗示这是善的。乙的愿望未被满足，那些对乙不怀敌意的正常人的愿望也未被满足。甲的满足是其他人不满足的根源，甲愿乙遭难是一个大多数人并不愿望的愿望，除非乙是一个引起社会公愤的人。但如果人们孤立的想象甲的满足，它依旧是恶的吗？譬如，假设甲是对乙充满疯狂仇恨的疯子，关闭在一个收容所里，让他相信乙正在遭难，人们或许就认为是值得愿望的了。在总的事态上，如果让他相信乙正在遭难也要好于他想到乙的飞黄腾达而突然发疯。只有在这种特殊的情况下，有悖于普遍利益的愿望才能单独地得到满足；然而，当它能够满足时，这种满足对于善的总量的要求也并不过分。因此，我认为只要我们独立地考察，不考虑它们的伴随物和后果的话，就没有任何理由把一些满足看做是恶的。②

罗素和孟子对于善的定义可谓千真万确。因为善与恶和好与坏、正价值

---

① 《孟子·尽心下》。
② 罗素：《伦理学和政治学中的人类社会》，肖巍译，中国社会科学出版社1992年版，第66—69页。

与负价值是同一概念,因而也就是客体对于主体的需要——及其经过意识的各种转化形态,如欲望、目的等等——的效用性;而主体的需要、欲望、目的则是善与恶的标准:客体有利于满足主体需要、实现主体欲望、符合主体目的的属性,便叫做正价值,便叫做好,也就是所谓的善;客体有害于满足主体需要和实现主体欲望因而不符合主体目的的属性,便叫做负价值,便叫做坏,亦即所谓的恶。对于将善定义为"愿望的满足"的异议,正如罗素所指出,可以归结为这样的理由:如果一个人的欲望——如偷盗欲望——是恶的,那么,这个欲望的满足岂不是恶的吗?确实,偷盗的欲望是恶的,它的满足更是恶的。但是,我们根据什么说偷盗欲望及其满足是恶?显然是根据社会和他人的需要、欲望、目的。偷盗欲望及其满足有害于社会和他人的需要、欲望、目的,因而是恶的。偷盗愿望的满足是恶,只是因为它阻碍、损害了社会和他人的愿望,而并不是因为它满足了偷盗者的愿望;就它满足了偷盗者的愿望来说,它并不是恶,而是善。更确切些说,偷盗愿望的满足既是恶又是善:对于偷盗者来说是善;对于社会和他人来说是恶。它对偷盗者来说之所以是善,只是因为它满足了偷盗者的欲望;它对社会和他人来说之所以是恶,只是因为它损害、阻碍了社会和他人的欲望。所以,说到底,任何欲望的满足都是善,任何欲望的压抑和损害都是恶。

准此观之,善可以分为"内在善"、"手段善"、"至善"。所谓"内在善"也可以称之为"目的善(good as an end)"或"自身善(good-in-itself)",是其自身而非其结果就是可欲的、就能够满足需要、就是人们追求的目的的善。例如,健康长寿能够产生很多善的结果,如更多的成就、更多的快乐等等。但是,即使没有这些善结果,仅仅健康长寿自身就是可欲的,就是人们追求的目的,就是善。因此,健康长寿乃是内在善。反之,所谓"手段善"也可以称之为"外在善(extrinsic good)"或"结果善",乃是其结果是可欲的、能够满足需要、从而是人们追求的目的的善,是能够产生某种自身善的结果的善,是其结果而非自身成为人们追求的目的的善,是其自身作为人们追求的手段,而其结果才是人们所追求的目的的善。例如,冬泳的结果是健康长寿。所以,冬泳的结果是可欲的,是一种善,是人们所追求的目的;而冬泳则是达到这种善的手段,因而也是一种善。但是,冬泳这种善与它的结果——健康长寿——不同,它不是人们追求的目的,而是人们用来达到这种目的的手段:是"手段善"。

不难看出,内在善与手段善的区分往往是相对的。因为内在善往往同时也可以是手段善;反之亦然。健康是内在善。同时,健康也可以使人建功立业,从而成为建功立业的手段,成为手段善。自由可以使人实现自己的创造潜能,是达成自我实现的善的手段,因而是手段善。同时,自由自身就是可欲的,就是善,因而又是内在善。那么,有没有绝对的内在善?有的。所谓绝对的内在善,亦即至善、最高善、终极善,也就是绝对不可能是手段善而只能是目的善的内在善。这种善,正如亚里士多德所说,就是幸福;因为幸福只能是人们所追求的目的,而不可能是用来达到任何目的的手段①。

恶可以分为纯粹恶与必要恶。结果是恶的东西,其自身既可能阻碍满足需要、实现欲望、达成目的,从而是恶的;也可能有利于满足需要、实现欲望、达成目的,从而是善的。自身与结果都是恶的东西,如癌病,可以名之为"纯粹恶"。自身是善而结果是恶的东西,一般说来,其善小而其恶大,其净余额是恶,因而也属于"纯粹恶"范畴。举例说,吸毒、放纵、懒惰、奢侈、好色、贪杯等等绝大多数恶德,就其自身来说,都是一种需要的满足、欲望的实现、目的的达成,因而都是善;但就其结果来说,却阻碍满足或实现更为重大的需要、欲望、目的,因而是更为巨大的恶;其净余额是恶,因而也是一种纯粹的恶。

反之,自身是恶的东西,其结果既可能是恶,也可能是善:前者如癌病,因而属于纯粹恶范畴;后者如阑尾炎手术,因而可以称之为"必要恶"。必要恶既极为重要,又十分复杂。我们可以把它定义为"自身为恶而结果为善,并且结果与自身的善恶相减的净余额是善的东西"。这种东西就其自身来说,完全是对需要和欲望的压抑、阻碍,因而是一种恶。但是,这种恶却能够防止更大的恶或求得更大的善,因而其结果的净余额是善,是必要的恶。阑尾炎手术,就其自身来说,开刀流血、大伤元气,完全是一种恶。但是,它能够防止更大的恶:死亡。因此,阑尾炎手术的净余额是善,是一种必要恶。冬泳,就其自身来说,冰水刺骨,苦不可言,完全是一种恶。但是,它却能带来更大的善:健康长寿。所以,冬泳的净余额是善,是一种必要恶。

显然,必要恶的净余额是善,因而实质上仍然属于善的范畴。只不过,它属于手段善、外在善、结果善范畴。并且,它的善既然仅仅存在于结果,而不在自身,其自身完全是恶;那么,它便不可能是内在善,而只可能是手段善、外在善、结果善:它是绝对的手段善、外在善、结果善,亦即绝对不可能是内在善、自身善的手段善。所以,如果说绝对的内在善只有"幸福"一种事物;那么,绝对的手段善或必要恶则不胜枚举,如手术、疼痛、政治、法律、监狱、刑罚等等。因为这些东西就其自身来说,无不是对于人的某些欲望和自由的限制、压抑、侵犯、损害,因而是一种恶;但是,这些恶却能够防止更大的恶(个人的死亡或社会的崩溃)和求得更大的善(生命的保存或社会的发展),因而其结果的净余额是善,是必要的恶或绝对的手段善。

---

① 〔古希腊〕亚里士多德:《尼各马科伦理学》,苗力田译,中国社会科学出版社1990年版,第10页。

二、应 该 与 正 当

善存在的领域,无疑可以分为两类:意识、目的领域的善与无意识、无目的领域的善。无意识、无目的领域的善,仅仅是善而无所谓应该。我们只能说水到零度结冰对人有利还是有害、是善还是恶,却不能说水应该还是不应该零度结冰。只能说金刚石坚硬有用,是一种善,却不能说金刚石应该坚硬。所以,康德说:

应该这个概念表达一种必然性与和条件的联系,这一些是我们白费工夫在自然的一切其他部分来寻找的。知性所能知道的只是现在的是什么,一向的是什么,将来的是什么。对知性来说,任何东西只能作为一种事实在时间那三种关系上而存在;不但如此,如果我们只看自然的过程,应该是毫无意义的。问到自然应该是什么,其荒谬正如去问一个圆应该具有什么性质一样。我们所能正当提出的唯一问题就是,在自然中发生的是什么?正如我们只能问,现实上一个三角形的性质是什么一样。①

可见,"应该"仅仅存在于意识、目的领域:它仅仅是意识、目的领域的善。可是,它究竟是意识、目的领域的什么东西的善呢?是人或主体的血肉之躯吗?不是。因为我们不能说一个人生得美是应该的,而生得丑是不应该的。为什么不能说天生的美丑是应该或不应该的?因为它们是不自由的、不可选择的。所以,只有自由的、可以选择的东西,才可以言应该不应该。那么,在意识、目的领域,究竟什么东西才是自由的、可以选择的?显然只有行为及其所表现和形成的品质。一般说来,行为范畴也可以涵盖行为所表现和形成的品质。因此,艾温说:"'应该'不同于'善'之处在于,它主要与行为有关。"②只有行为的善才是所谓应该:应该是并且仅仅是行为的善,是行为对于目的的效用性,是行为的能够实现其目的的效用性,是行为所具有的能够达到目的、满足需要、实现欲望的效用性。试想,为了健康长寿,应该饮食有节。那么,应该饮食有节的"应该"是什么意思?意思显然是:饮食有节具有能够达到其目的——健康长寿——的效用性。反之,不应该饮食无度的"不应该"是什么意思?意思岂不是饮食无度具有达不到其目的——健康长寿——的效用性吗?

然而,人们往往把"应该"或"应当"与"正当"等同起来。波特(Burton F.

---

① 〔加〕约翰·华特生编选:《康德哲学原著选读》,韦卓民译,商务印书馆1963年版,第160—161页。
② A. C. Ewing, *Ethics*, The Free Press, New York, 1953, p. 15.

Porter)说:"凡是正当的,都是应当的;反之,凡是应当的,都是正当的。"① 艾温也竟然说:"正当的行为与应当的行为是同义的。"② 但是,罗斯则认为正当(Right)不但因仅仅适用于行为而与善根本不同,而且因具有道德价值而与应该根本不同。他这样写道:

> 虽然其他某些事物也可以唤作"正当"(如短语"正当之道"、"正当之法"),但是"正当"一词还是更适用于行为,并且我希望讨论的是一种被广泛使用的含义(一种由公众广泛同意的、非常重要的含义)。但是我们必须对此有所准备,就是去发现该词的通常用法与其自身含义并不是完全一致。任何语言中的大部分语词都带有相当的模糊性;诸如"正当"这类语词,它们既不代表那些能通过与其他事物相互指示而为我们所认识的东西,也不代表那些能为我们的某种感官所理解的东西,那么,这种模糊性就更具一种特别的危险。甚至在代表着某些东西的语词中,这种危险仍然存在。即便在两个人发现其一人称之为红的东西恰是另一人也唤之为红的东西的情况下,也没有任何办法确定他们意味的是同一种性质。这里只存在着一种通常的假定,即:由于这两人的眼睛结构(如果这两人都不是色盲的话)是如此相同,以至于同一件事物作用于他们的眼睛时竟会产生如此一致的感觉。但是在诸如"正当"这类词的情况下,在不同人的眼睛里没有如此彼此相近的器官与之对应,以致不能作出这样的假定:当人们宣称同一种行为是正当的时,他们都意味着该行为中的同一性质。事实上,在"正当"术语的应用上存在着一系列观点差异。例如,假设一个人偿还一笔特殊债务,只是出于畏惧如果不这样做的法律后果,一些人会认为他这样做是正当的,而另一些人将对此否认:他们会说,没有任何道德价值与这种行为相关联,而鉴于"正当"的意义含有道德价值批判,因此这种行为不能算是正当的。他们可能将其一般化并认为,只有当一行为出于一种义务感时,它才是正当的;或者,如果他们不坚持如此严格的学说,他们至少也会说,只有当一行为出于某种善的动机,诸如义务感或仁爱感,该行为才是正当的……但是,有人可能这样说,"善"比"正当"有着更为宽广的适用范围,因为"善"既可适用于人又可适用于行为,并且当它指示行为时,"善"和"正当"这两者的含义皆是相同的。对此,我愿意告诉他,"正当的行为"既不等于"应当的行为",也不等于"善的行为"。如果我能使他明白这一点,我想,他将会发现不在"善的行为"的意义上使用"正当的行为"是恰当的。③

---

① Burton F. Porter, *The Good Life: Alternatives in Ethics*, Macmillan Publishing Co. Inc., New York, 1980, p. 33.
② A. C. Ewing, *The Definition of Good*, Hyperion Press, Inc. Westport, Connecticut, 1979, p. 123.
③ 〔英〕罗斯:《正当与善》,转引自《20世纪西方伦理学经典》(1),万俊人主编,人民出版社2004年版,第52—53页。

确实,应当与正当根本不同。因为应该与善一样,并不一定具有道德含义,它们只是行为对于目的的效用性。一个人的目的不论如何邪恶,他的某种行为如果能够达到其邪恶目的,那么,对于他来说,这种行为便是他应该做的;他的某种行为如果不能够达到邪恶目的,那么,对于他来说,这种行为便是他不应该做的。因此,艾温说:"'应该'有时仅仅用来表示达到某种目的的最好手段,而不管这种目的究竟是善还是恶的。例如,'凶手不应该把自己的指纹留在凶器上'。"①

因此,应该分为道德应该与非道德应该两大类型。所谓道德应该与道德不应该,亦即正当与不正当,亦即道德善恶,是行为对于社会创造道德的需要、欲望、目的的效用性,简言之,也就是行为对于道德目的的效用性:相符者即为道德应该,即为正当,即为道德善;相违者即为道德不应该,即为不正当,即为道德恶。举例说,凶手作案不论如何符合自己的目的,却有害于社会存在发展,违背道德目的,因而都是道德的不应该,都是不正当,都是道德恶。反之,自我牺牲不论如何有害于自我保存之目的,却有利于社会存在发展,符合道德目的,因而都是道德的应该,都是道德善,都是正当。

总而言之,善、应该或应当和正当有所不同:善是一切事物对于主体目的的效用;应当与正当则都仅仅是行为对于主体目的的效用——应当是行为善,是行为对于一切目的的效用;正当是行为的道德善,是行为对于道德目的的效用。这样,正当、应当、善便都是客体的某种效用,因而都属于价值范畴。行为、事物、客体对于主体需要之效用与行为、事物、客体之事实显然不同。那么,前者是否源于后者?二者是何关系?所以,对于价值、善、应当、正当诸概念的分析,必然导致对"是"或"事实"的研究:"是"或"事实"是元伦理概念系统的终结概念。

三、事　　实

一切事物,据其存在性质,可以分为两类:事实与非事实。所谓事实,不言而喻,就是在思想意识之外实际存在的事物,是不依赖思想意识而实际存在的事物;非事实则是仅仅存在于思想、意识之中而在思想、意识之外并不存在的事物,是实际上不存在而只存在于思想中的事物。例如,一个人得了癌症,不论他怎样想,是承认还是不承认,他都一样患了癌症,所以,他患癌症,是事实。反之,如果他在思想中否认自己患了癌症,那么,他未患癌症,便是所谓的"非事实"。这个

---

① A. C. Ewing, *Ethics*, The Free Press, New York, 1953, p. 15.

道理，罗素讲得很清楚：

"事实"这个名词照我给它的意义来讲只能用实指的方式来下定义。世界上的每一件事物我都把它叫做一件"事实"。太阳是一件事实；恺撒渡过鲁比康河是一件事实；如果我牙痛，我的牙痛也是一件事实。如果我做出一个陈述，我做出这个陈述是一件事实，并且如果这句话为真，那么另外还有一件使它为真的事实，但是如果这句话为伪，那就没有那件事实。卖肉商人说："我的肉全卖完了，这是事实"；过了不久，来了一位老顾客，卖肉商人从柜台下面取出一块新鲜的羊羔肉交给了他。这个卖肉商人算是说了两次谎话，一次是说他的肉已经卖完了，另外一次是说他的肉卖完了是一件事实。事实是使叙述为真或为伪的条件。我愿把"事实"这个词限定在一个最小范围之内，这个最小范围是使得任何一个陈述的真或伪可以通过分析的形式从那些肯定这个最小范围的陈述得出来所必须知道的。举例说，如果"布鲁塔士是罗马人"和"加西奥是罗马人"都各自说出一件事实，那么我就不该说"布鲁塔士和加西奥是罗马人"是一件新的事实。我们已经知道有没有否定的事实与普遍的事实引起了一些困难。这些细微的问题大部分却都来自语言方面。

我所说的"事实"的意义就是某件存在的事物，不管有没有人认为它存在还是不存在。如果我抬头看一张火车时间表，发现有一趟列车在上午十时去爱丁堡，如果那张时间表正确，那么就会真有一趟列车，这是一件"事实"。时间表上所说的那句话本身也是一件"事实"，不管它是真还是伪，但是只有在它是真，也就是真有一趟列车的条件下，它才说出一件事实。大多数的事实的存在都不依靠我们的意愿；这就是为什么我们把它们叫做"严峻的"、"不肯迁就的"或"不可抗拒的"的理由。大部分物理事实的存在不仅不依靠我们的意愿，而且也不依靠我们的存在。①

准此观之，价值无疑属于事实范畴。因为价值显然是不依赖思想意识而实际存在的东西。试想，鸡蛋的营养价值岂不是不依赖我们怎样思想它而实际存在的吗？不管你认为鸡蛋有没有营养价值，鸡蛋都同样具有营养价值。鸡蛋有没有营养价值不依赖思想意识而存在，因而是一种事实，可以称之为"价值事实"。然而，罗素一方面将事实定义为不依赖思想意识而实际存在的事物，另一方面却又否认价值——价值是不依赖思想意识而实际存在的事物——是事实："当我们断言这个或那个具有'价值'时，我们是在表达我们自己的感情，而不是在表达一个即使我们个人的感情各不相同但仍然是可靠的事实。"②这岂不自相

---

① 〔英〕罗素：《人类的知识》，张金言译，商务印书馆1983年版，第176—177页。
② 〔英〕罗素：《宗教与科学》，徐弈春、林国夫译，商务印书馆1982年版，第123页。

矛盾？

原来，事实是不依赖思想意识而实际存在的事物，乃是广义事实概念：它只适用于认识论等一切非价值科学，而不适用于伦理学等一切价值科学。因为伦理学等一切价值科学的根本问题，无疑是"应该"或"价值"产生和存在的来源、依据问题，无疑是"应该"、"价值"、"应该如何"与"是"、"事实"、"事实如何"的关系问题，说到底，亦即著名的休谟难题：能否从"是"、"事实"、"事实如何"推导出"应该"、"价值"、"应该如何"？这一难题的存在，或者当你试图解析这一难题从而证明价值能否从事实推出的时候，就已经蕴含着：事实与价值是外延毫不相干的对立概念。否则，如果事实是不依赖思想意识而实际存在的东西，从而事实之中包含价值，那么，"从事实中推导出价值"与"从事实中推导出事实"就是一回事，因而也就不可能存在"从事实中能否推导出价值"的难题了。

这就是为什么自休谟难题问世以来，价值与事实属于外延毫不相干的两大对立领域已经近乎共识的缘故。因此，罗素并非自相矛盾：当罗素断言事实是不依赖思想意识而实际存在的事物的时候，他说的是广义的事实概念，亦即认识论等非价值科学的事实概念；而当他断言价值不是事实的时候，他说的是狭义的事实概念，亦即价值科学中的事实概念。那么，价值科学中的这种狭义的不包括价值的事实概念的定义究竟是什么？

细究起来，广义的事实概念——亦即不依赖思想意识而实际存在的事物——可以分为主体性事实与客体性事实：前者是不依赖思想而实际存在的自主活动者及其属性；后者是不依赖思想而实际存在的活动对象及其属性。举例说，一个雕刻家在雕刻鹰。那么，这个雕刻家及其需要、欲望、目的等不依赖思想而实际存在的东西便是主体性事实；而他所雕刻的鹰及其大小、质料、颜色等不依赖思想而实际存在的东西则是客体性事实。

客体性事实，依据其是否依赖于主体的需要、欲望和目的的性质，又进而分为价值事实与非价值事实。价值事实亦即价值之事实，就是价值这种类型的事实，也就是价值，也就是客体中所存在的对满足主体的需要具有效用的属性，也就是客体对主体需要的效用性，因而是客体的依赖于主体的需要欲望和目的而存在的东西。反之，非价值事实则是客体的不依赖主体的需要欲望和目的而实际存在的东西，也就是客体中实际存在的非价值属性，也就是价值之外的客体之事实，就是客体的不包括价值而与价值相对立的事实，说到底，就是狭义的事实概念。举例说，猪肉有营养，是不是事实？当然是事实，因为猪肉有没有营养是不依赖我们怎样思想而实际存在的。只不过猪肉的营养是一种价值事实，其为事实，依赖于主体的需要欲望和目的，因而属于广义事实范畴。反之，猪肉有重量，也是事实，但显然不是价值，不是价值事实，而是非价值事实，是价值之外的事实,是不依赖主体的需要、欲望和目的而存在的事实,因而属于狭义事实范畴。

可见,狭义事实的根本特征——亦即区别于价值的根本特征——并不是不依赖于思想意识,而是不依赖于主体的需要。因为价值同样不依赖于思想意识,而只是依赖于主体的需要:价值是客体对主体的需要、欲望、目的的效用性,因而是依赖于主体的需要、欲望、目的而存在的事物。所以,与价值对立的狭义的事实便是不依赖于主体的需要而存在的事物:不依赖于主体的需要、欲望、目的,是狭义事实概念的根本特征。试想,猪肉的重量为什么属于狭义事实范畴,而猪肉的营养却属于广义事实范畴?岂不就是因为前者不依赖于人的需要、欲望、目的,而后者却依赖于人的需要、欲望、目的?这样一来,便在与"非事实"对立的广义"事实"概念的基础上,形成了与"价值"对立的狭义的"事实"概念:广义的事实是不依赖于思想意识而实际存在的事物,该概念适用于非价值科学;狭义的事实是不依赖于主体的需要而实际存在的事物,该概念适用于伦理学等一切价值科学。

这种与价值对立的狭义的事实,往往通过以"是"或"不是"为系词的判断反映出来;而以"应该"或"不应该"为系词的判断所反映的则是价值。所以,在元伦理研究或价值科学中,一方面,"事实"与"是"被当作同一概念来使用,因而所谓"是"也就是与价值对立的事实,就是不依赖于主体的需要、欲望、目的而独立存在的事物;另一方面,与应该相对而言的事实大都叫做"是",而与价值相对而言的事实才叫做事实,因而便出现两个对子:事实与价值、是与应该。

这样,在伦理学或其他价值科学中,一切事物便分为两类:客体与主体;客体又进而分为两类:价值与事实。于是,一切事物实际上便分为三类:价值、事实和主体。价值是客体对于主体的需要、欲望、目的的效用性,是客体依赖于主体的需要、欲望、目的而存在的事物。"事实"亦即"是",也就是价值的对立物,就是客体不依赖于主体的需要、欲望、目的而独立存在的事物。主体及其需要、欲望和目的等则是客体的对立物——主体与客体是构成一切事物的两大对立面——因而既不是价值也不是事实,而是划分价值与事实的依据,是连接价值与事实的中介物。如图:

$$\text{事物}\begin{cases}\text{主体}\\\text{客体}\begin{cases}\text{价值}\\\text{事实}\end{cases}\end{cases}$$

总而言之,存在着两种事实概念:广义的与狭义的。广义的事实与非事实对立,适用于认识论等一切非价值科学;它是一切在思想意识之外实际存在的事物,是一切不依赖于思想意识而实际存在的事物。狭义的事实亦即所谓"是",则与价值或应该对立,适用于伦理学等一切价值科学;它是客体的在主体的需要之外实际存在的事物,是客体的不依赖于主体的需要而实际存在的事物。如图:

$$\text{事物}\begin{cases}\text{事实(广义)}\begin{cases}\text{主体事实}\\\text{客体事实}\begin{cases}\text{价值}\\\text{"是"或事实(狭义)}\end{cases}\end{cases}\\\text{非事实}\end{cases}$$

现在,我们完成了对于元伦理范畴——"价值"、"善"、"应该"、"正当"以及"是"与"事实"——的概念分析。当我们将这些范畴联系起来,进一步探寻它们的相互关系时,不难发现这些范畴所蕴含的存在本性及其产生和推导过程:这就是下一章"元伦理确证"的研究对象。

思 考 题

1. 偷盗欲望及其满足是恶,否定了"可欲之谓善"吗?"善是欲望的满足"与"偷盗欲望的满足是恶"矛盾吗?

2. 如何理解纯粹恶与必要恶以及内在善与手段善?"必要的恶"与"手段的善"是同一概念吗?法律是必要的恶吗?道德是必要的恶还是手段善抑或内在善?

3. 价值、善、应该、正当关系如何?

4. 是否有两个"事实"概念:一个是价值论的,另一个是认识论的?如果说价值与事实是对立的,那么,所谓"价值事实"概念是否如同"圆的方"一样荒唐?

5. 在元伦理学或其他价值科学中,主体——及其需要、欲望和目的——究竟是事实还是价值?"道德目的"是事实还是价值?"道德目的"属于"道德应该"或"道德价值范畴"吗?

参 考 文 献

〔德〕马克思:《资本论》第一卷上卷,人民出版社1975年版。

〔古希腊〕亚里士多德:《尼各马科伦理学》,苗力田译,中国社会科学出版社1990年版。

冯友兰:《三松堂全集》第四卷,河南人民出版社1986年版。

《孟子·尽心下》。

王海明:《伦理学方法》,商务印书馆2003年版。

王海明:《新伦理学》,商务印书馆2001年版。

A. C. Ewing, *Ethics*, The Free Press, New York, 1953.

Louis P. Pojman, *Ethical Theory: Classical and Contemporary Readings*, Wadsworth Publishing Company, USA, 1995.

第二章 元伦理确证

本章提要：行为应该如何不是行为独自具有的属性，而是行为依赖道德目的而具有的属性，是行为事实如何与道德目的发生关系时所产生的属性，是行为事实如何对于道德目的的效用，是行为的关系属性。因此，行为之应该如何由"行为事实如何"与"道德目的"两方面构成：行为之事实如何是行为应该如何产生的源泉和存在的载体、本体、实体，可以名之为"道德应该的实体"、"道德善的实体"或"道德价值实体"；道德目的是行为应该如何从行为事实如何中产生和存在的条件，是衡量行为事实如何的道德价值之有无、大小、正负的标准，可以名之为"道德应该的标准"、"道德善的标准"或"道德价值标准"。于是，道德价值、道德善、道德应该、伦理行为之应该如何，便是通过道德目的，亦即道德终极标准，从伦理行为事实如何中产生和推导出来的：伦理行为之应该等于伦理行为之事实与道德目的之相符；伦理行为之不应该等于伦理行为之事实与道德目的之相违。这就是"休谟难题"之答案，这就是道德价值的产生和推导方法。我们可以将它归结为一个公式而名之为"道德价值推导公式"：

客体：行为事实如何
主体：道德目的如何
主客关系：行为事实符合（或不符合）道德目的
————————————————
结论：行为应该如何（或不应该如何）

一、元伦理确证：应该与事实之关系

当我们从元伦理范畴——"善"、"应该"、"正当"以及"是"与"事实"——的概念分析出发,进一步探讨它们的相互关系时,我们便会遭遇那鼎鼎有名的"休谟难题"。所谓"休谟难题",原本是休谟《人性论》的一个伟大发现:

> 在我所遇到的每一个道德体系中,我一向注意到,作者在一时期中是照平常的推理方式进行的,确定了上帝的存在,或是对人事作一番议论;可是突然之间,我却大吃一惊地发现,我所遇到的不再是命题中通常的"是"与"不是"等联系词,而是没有一个命题不是由一个"应该"或一个"不应该"联系起来的。这个变化虽是不知不觉的,却是有极其重大的关系的。因为这个应该与不应该既然表示一种新的关系或肯定,所以就必须加以论述和说明;同时对于这种似乎完全不可思议的事情,即这个新关系如何能由完全不同的另外一些关系推出来的,也应该指出理由加以说明。不过作者们通常既然不是这样谨慎从事,所以我倒想向读者们建议要留神提防;而且我相信,这样一点点的注意就会推翻一切通俗的道德学体系。①

这就是所谓的"休谟难题"或"休谟法则":"应该"能否由"是(事实)"产生和推导出来?它是元伦理学的根本问题,是伦理学能否成为科学的关键,因而也是全部伦理学最重要的问题。所以,赫德森(W. D. Hudson)说:"道德哲学的中心问题,乃是那著名的是—应该问题。"②但这个问题的难度之大,竟至从休谟起一直到19世纪末,没有一人能对其进行系统论述。1903年,摩尔发表元伦理学革命的代表作《伦理学原理》,系统论述了这个问题。但他只是揭示了以往伦理学在这个问题上的所谓"自然主义谬误",而并没有正面解析这个难题。从那以后,近百年来,元伦理学家们对于这个难题进行了大量研究,但至今仍然没有能够破解。细细想来,破解这一难题的起点,恐怕是比较两种属性:固有属性和关系属性。

固有属性是事物独自具有的属性:一事物无论是自身独处,还是与他物发生关系,该物都同样具有固有属性。反之,关系属性则是事物固有属性与他物发生关系时所产生的属性。因此,一事物自身不具有关系属性,只有该物与他物发生关系,才具有关系属性。电磁波长短是物体独自具有的属性:无论就物体自身还是就物体与眼睛的关系来说,物体都同样具有一定长短的电磁波。所以,电磁波长短是物体固有属性。反之,颜色则是物体的电磁波与眼睛发生关系时所产生的属性,如波长590—560 dmm 的电磁波,经过人眼的作用生成黄色。物体自身仅仅具有电磁波而不具有颜色,只有当电磁波与眼睛发生关系时物体才有颜色。所以,颜色是物体的关系属性。

---

① 〔英〕休谟:《人性论》下册,关文运译、郑之骧校,商务印书馆1983年版,第509页。
② W. D. Hudson, *The Is-Ought Question: A Ccollection of Papers on the Central Problem in Moral Philosophy*, ST. Martin's Press, New York, 1969, p. 11.

显然，价值与颜色一样，都是客体的关系属性，而不是客体的固有属性。但是，红、黄等颜色是客体不依主体的需要、欲望而转移的关系属性，是客体的事实关系属性。反之，应该、善、价值则是客体依主体的需要、欲望而转移的关系属性，是客体的价值关系属性。于是，一切属性实际上便分为三类：① 固有属性或固有的事实属性，如质量多少、电磁波长短；② 关系的事实属性或事实关系属性，如红、黄等颜色；③ 价值关系属性，如应该、善。如图：

$$
\text{属性}\begin{cases}\text{固有属性}\\ \text{关系属性}\begin{cases}\text{事实关系属性（如红与黄）}\\ \text{价值关系属性（如善与正当）}\end{cases}\end{cases}
$$

不难看出，这三种属性的客观性和基本性呈递减趋势。因为固有的事实属性，如质量多少、电磁波长短等，是一事物完全不依赖他物和主体而存在的东西，是完全客观的和独立的东西，因而我们可以像洛克那样，称之为"第一性质（primary qualities）"。事实关系属性，如红、黄等颜色，是客体不依赖主体的需要、欲望和目的，却依赖主体的某种器官（眼睛）而存在的东西，因而是客体不能独立存在的和不完全客观的东西，正如洛克所言，它们是"第二性质（secondary qualities）"。价值关系属性，如应该、善等，则是事实属性——亦即第一性质和第二性质——与主体需要、欲望和目的发生关系的产物，是客体依赖主体的需要、欲望和目的而存在的东西，因而是更加不能独立、更加不基本和更少客观性的东西，我们可以像现代英美哲学家亚历山大和桑塔耶那那样，称之为"第三性质（tertiary qualities）"。

但是，"善、价值、应该、应该如何"毕竟与"是、事实、事实如何"一样，都是存在于客体之中的客体的属性。只不过，"是、事实、事实如何"是客体不依赖主体需要而具有的属性，是客体无论与主体的需要发生还是不发生关系都具有的属性，是客体的固有属性或事实关系属性，是客体的第一性质和第二性质。反之，"善、价值、应该、应该如何"则是客体依赖主体需要而具有的属性，是客体的"是、事实、事实如何"与主体的需要、欲望、目的发生关系时所产生的属性，是"是、事实、事实如何"对主体的需要、欲望、目的的效用，是客体的价值关系属性，是客体的第三性质。因此，"应该"、"善"、"价值"的存在便由客体事实属性与主体需要、欲望、目的两方面构成：客体事实属性是"应该"、"善"、"价值"产生的源泉和存在的载体、本体、实体，可以名之为"应该的实体"、"善的实体"、"价值实体"；主体的需要、欲望、目的则是"应该"、"善"、"价值"从客体事实属性中产生和存在的条件，是衡量客体事实属性的价值或善之有无、大小、正负的标准，可以名之为"应该的标准"、"善的标准"、"价值标准"。举例说：

花的"美"是花的属性，不是人的属性。但它不是花不依赖人的需要而独自具有的属性,不是花的事实属性;而是花的事实属性与人的审美需要发生关系时所产生的属性,是花的事实属性对人的审美需要的效用性,是花的关系属性。所以,离开人或其他主体的需要,花自身并不存在美;只有当花与人等主体的需要发生关系时,花才具有美。因此,花的"美"的存在,是由花的事实属性与人的审美需要、欲望、目的构成:前者是美的存在的源泉和实体,后者则是美的存在的条件和标准。

可见,"善、价值、应该、应该如何"是客体依赖主体需要而具有的属性,是客体的"是、事实、事实如何"与主体的需要、欲望、目的发生关系时所产生的属性,是客体的"是、事实、事实如何"对主体的需要、欲望、目的的效用,是客体的关系属性。因此,"应该"、"善"、"价值"的存在便由客体事实属性与主体需要、欲望、目的两方面构成:客体事实属性是"应该"、"善"、"价值"产生的源泉和存在的载体、本体、实体;主体的需要、欲望、目的则是"应该"、"善"、"价值"从客体事实属性中产生和存在的条件,是衡量客体事实属性的价值或善之有无、大小、正负的标准。这就是应该、善、价值的存在本性,这就是元伦理的存在本性。推演应该、善、价值的存在本性于道德应该、道德善、道德价值领域,便可以得出以下结论:

行为应该如何不是行为独自具有的属性,而是行为依赖道德目的而具有的属性,是行为事实如何与道德目的发生关系时所产生的属性,是行为事实如何对于道德目的的效用,是行为的关系属性。因此,行为之应该如何由"行为事实如何"与"道德目的"两方面构成:行为之事实如何是行为应该如何产生的源泉和存在的载体、本体、实体,可以名之为"道德应该的实体"、"道德善的实体"或"道德价值实体";道德目的是行为应该如何从行为事实如何中产生和存在的条件,是衡量行为事实如何的道德价值之有无、大小、正负的标准,可以名之为"道德应该的标准"、"道德善的标准"或"道德价值标准"。这就是道德应该、道德善和道德价值的存在本性。

就拿"应该诚实"来说。

"应该诚实"是诚实行为的属性吗?是的,但它不是诚实行为离开道德目的——保障社会存在发展、增进每个人利益——而独自具有的属性,不是诚实行为的事实属性;而是诚实行为之事实与道德目的发生关系时所产生的属性,是诚实行为之事实对道德的目的的效用,是诚实行为的关系属性。否则,为什么诚实只是一般说来才是应该的,而有时却不应该诚实?岂不就是因为诚实一般说来有利社会和他人、符合道德目的,而有时却有害社会和他人、违背道德目的?反之,说谎为什么一般说来是不应该的而有时却是应该的?岂不就是因为说谎一般说来有害社会和他人、违背道德目的,而有时却有利社会和他人、符合道德目的?所以,离开道德目的,诚实行为自身并不具有"应该"属性;只有当诚实与道德目的发生关系时,诚实才具有"应该"的属性。因此,"应该诚实"是由诚实行为之事实与道德目的两方面构成:前者是"应该诚实"的源泉和实体,后者则是"应该诚实"的条件和标准。

应该、善、价值和道德价值存在本性的分析,使"休谟难题"迎刃而解。试想,如果说价值、善、应该如何,是客体事实如何与主体的需要、欲望、目的发生关系时所产生的属性,是事实如何对主体的需要、欲望、目的之效用,那么,这岂不意味着:"价值、善、应该如何"产生于"是、事实、事实如何",是从"是、事实、事实如何"推导出来的吗?只不过,仅仅从"是、事实、事实如何"自身绝不能产生"价值、善、应该如何";因而仅仅从"是、事实、事实如何"绝不能推导出"价值、善、应该如何"。只有当"是、事实、事实如何"与主体的需要、欲望、目的发生关系时,从"是、事实、事实如何"才能产生和推导出"价值、善、应该如何":"善、应该、正价值"全等于"事实对主体需要欲望目的之符合";"不应该、恶、负价值"全等于"事实对主体需要欲望目的之不符合"。

就拿燕子来说。

"燕子吃虫子"与"燕子是具有正价值的善的鸟"岂不都是燕子的属性?只不过,"燕子吃虫子"是燕子独自具有的属性,是无论是否与人的需要、欲望、目的发生关系都具有的属性,是燕子的事实属性。反之,"燕子是具有正价值的善的鸟"则不是燕子独自具有的属性,而是"燕子吃虫子"的事实属性与人的消除虫子的需要、欲望、目的发生关系时所产生的属性,是燕子的关系属性。因此,"燕子是具有正价值的善的鸟"便产生于"燕子吃虫子"事实,是从该事实推导出来的。但是,仅仅从"燕子吃虫子"的事实还不能产生和推导出"燕子是具有正价值的善的鸟";只有当"燕子吃虫子"的事实与人类的消除虫子的需要、欲望、目的发生关系时,从"燕子吃虫子"的事实才能产生和推导出"燕子是具有正价值的善的鸟"。

可见,"价值、善、应该如何",是通过主体的需要、欲望、目的,而从"是、事实、事实如何"产生和推导出的:"应该、善、正价值"等于事实对主体的需要、欲望、目的的符合;"不应该、恶、负价值"等于事实对主体的需要、欲望、目的的不符合。这就是"休谟难题"之答案,这就是"价值、善、应该如何"的产生和推导的过程,这就是价值、善、应该的推导方法,这就是善、价值、应该如何的发现和证明方法。我们可以将它归结为一个公式而名之为"价值推导公式":

客体:事实如何
主体:需要、欲望、目的如何
主客关系:事实符合(或不符合)主体的需要、欲望、目的

结论:应该、善、正价值(或不应该、恶、负价值)

这是一切应该、善、价值的普遍的推导方法。如果将其推演于道德价值或道德善领域，便可以得出结论说，道德价值、道德善、道德应该、伦理行为之应该如何，是通过道德目的，亦即道德终极标准，从伦理行为事实如何中产生和推导出来的：伦理行为之应该等于伦理行为之事实与道德目的之相符；伦理行为之不应该等于伦理行为之事实与道德目的之相违。这就是行为应该如何从行为事实如何之中产生和推导出来的过程，这就是道德应该、道德善、道德价值所特有的推导方法，这就是道德应该、道德善、道德价值所特有的发现和证明方法。我们可以将它归结为一个公式而名之为"道德价值推导公式"：

客体：行为事实如何
主体：道德目的如何
主客关系：行为事实符合（或不符合）道德目的
────────────────────────
结论：行为应该如何（或不应该如何）

善、应该和道德价值的产生和推导过程，亦即应该与事实之关系或所谓"休谟难题"——三者是同一概念——极为复杂深邃，以致伦理学家们对这一问题的解析竟至分为三大流派：自然主义、直觉主义和情感主义。显然，如果我们不进一步辨析这些理论，指出它们的得失对错，那么，我们对于"休谟难题"的解析就是不充分、不全面的。

二、元伦理确证理论：自然主义

摩尔发现——这大约是他对伦理学的最大贡献——以往伦理学在解决"应该与是"的关系时大都犯了自然主义的谬误。所谓自然主义谬误，也就是仅仅从是、事实（自然）就直接推导出应该（伦理），从而把应该（伦理）等同于事实（自然）的谬论。穆勒，如摩尔所说，是这种谬论的代表。他在《功用主义》中便这样写道：

功用主义的主张是：幸福，因是目的，是可欲的；并且只有幸福才是因它是目的而可欲；一切别的东西只因它是取得幸福的工具而成为可欲的。这个主张应该需要什么——它必须满足什么条件——才能够使它要人信仰的理由充足呢？只有人真真见到这个东西才能够证明这个东西是见到的；只有人听到这个声音才能够证明这个声音是听得见的；我们经验的其他来源也是这样。同理，我觉得只有人真真欲望这个东西是这个东西是可欲的那个意见所可有的证明。

假如功用主义所提议的目的,在理论与实行上,人不承认它是个目的,那末,没有法子能够使人相信这个目的是个目的,除了各人在他相信他自己的幸福可以得到的范围内欲望自己幸福这个理由以外,没有什么理由可以说公共幸福是可欲的,这既然是事实,那末,幸福是一种利益,各人的幸福是他自己的利益,因而公共幸福是一切人的集团的利益——这些主张所可以有的证明,我们都有了,并且这些主张所或许需要到的证明也都有了,幸福已经取得它是行为目的之一的资格,因而它也取得它为道德标准之一的资格。①

不难看出,在穆勒的论证中,犯了"自然主义"谬误:仅仅从人的行为事实如何便直接推导出人的行为应该如何(因为幸福事实上是人的行为目的,所以幸福应该是人的行为目的;因为人们确实想望某物,所以人们应该、值得想望某物),从而也就把人的行为事实如何当作了人的行为应该如何。很多大思想家都犯有这种自然主义错误。马斯洛亦曾如是说:"你要弄清你应该如何吗?那么,先弄清你是什么人吧!'变成你原来的样子!'关于一个人应该成为什么的说明几乎和关于一个人究竟是什么的说明完全相同。"②

"自然主义谬论"的发现无疑极其重要。但是,自然主义并非如摩尔所说一无是处。因为,如上所述,应该、价值是事实对于主体需要的效用性,是在事实与主体需要发生关系时从事实产生和推导出来的属性。所以,自然主义说应该如何存在于、产生于事实如何,是从事实如何推导出来的,确乎说出了一大真理。马斯洛说:"是命令应该"③,"事实创造应该"④,"一个人要弄清他应该做什么,最好的办法是先找出他是谁,他是什么样的人。因为达到伦理和价值的决定、达到聪明选择、达到应该的途径,是经过'是'、经过事实、真理、现实发现的,是经过特定的人的本性发现的。"⑤这些说得多么深刻!自然主义的错误不在这里。自然主义的错误在于不懂得,虽然应该确实产生于事实,是从事实中推导出来的;但只有与主体需要发生关系,从事实才能产生和推导出应该——离开主体,不与主体需要发生关系,仅仅事实自身是不能产生和推导出应该的:事实是应该产生和存在的源泉;主体需要、事实与主体需要的关系则是应该产生于、推导于事实的条件。自然主义只看到事实是应该产生的源泉,却看不到主体需要、事实与主体需要的关系是应该产生的条件;因而误以为仅从事实自身便能直接产生和推导出应该,于是也就把事实如何当作应该如何,把事实与应该等同起来。马斯洛

---

① 〔英〕约翰·穆勒:《功用主义》,唐钺译,商务印书馆1957年版,第37—38页。
② 〔美〕马斯洛:《人性能达到的境界》,林方译,云南出版社1987年版,第113页。
③ 同上。
④ 同上书,第122页。
⑤ 同上。

断言"是和应该等同"、"事实与价值融合"、"关于世界看来如何的陈述也是一个价值陈述"①的错误就在于此。

三、元伦理确证理论：直觉主义

摩尔在驳斥自然主义的论证中，确立了一种新的元伦理学确证学说：元伦理直觉主义。元伦理直觉主义的代表人物，主要有摩尔、普里查德、罗斯和艾温。这种直觉主义的基本特征，在于认为元伦理范畴，如善、应该、正当、义务等等，是单纯的、自明的、不可定义或推理论证的。摩尔写道：

"善的"是一单纯的概念，正像"黄的"是一单纯的概念一样；正像决不能向一个事先不知道它的人，阐明什么是黄的一样，你不能向他阐明什么是善的。我所探求的那种定义，即描写一个词所表达的客体或概念的真实本性，而不仅仅是告诉我们该词是用来表示什么意义的定义，唯有在讨论的客体或概念是某种复合的东西的情况下才是可能的。你能给一匹马下一个定义，因为一匹马具有许多不同的性质和特质，而这一切你能列举出来。可是，当你已经把它们全部列举出来的时候，当你已经使一匹马简化为它的一些最简单的术语的时候，那末你就不能再给这些术语下定义了。它们单单是你所想到或知觉的某些东西，你决不能利用任何定义，使任何一个不能想到或知觉它们的人知道它们的本性。这一点也许会遭到反对，因为我们能够向别人描述，他们从来没有见过或想到过的一些客体。例如，我们能够使一个人懂得，吐火兽是怎样的，尽管他从来没有听说过或看见过一匹。你能够告诉他，它是一匹野兽，具有母狮的脑袋和身子，背脊中央长着一个山羊头，而尾巴是一条蛇，然而这里你所描绘的客体是一个复合的客体；它纯粹是由我们全都十分熟悉的各部分——一条蛇、一头山羊、一头母狮——所组成；而且我们也知道这些部分是按怎样的一种方式组合起来的，因为我们知道，母狮背脊中央是什么意思，同时其尾通常长在什么地方。所以一切事先不知道，而我们能够下定义的客体都是这样的：它们全是复合的，全是由这样一些部分组成的，其本身首先能够下类似的定义，但最后一定简化为一些最简单的部分，而不能再下定义了。可是，我们说，"黄的"和"善的"并不是复合的：它们是那种单纯的概念，由其构成诸定义，而进一步对其下定义的能力就不再存在了。②

---

① 〔美〕马斯洛：《人性能达到的境界》，林方译，云南出版社1987年版，第110页。
② 〔英〕摩尔：《伦理学原理》，长河译，商务印书馆1983年版，第13—14页。

善、正当等等既然是单纯的、自明的、不可定义或推理论证的,那么,我们对于它们的本质无疑只能通过直觉直接觉知,正如我们直觉地觉知数学公理一样。可是,我们所直接觉知到的善和正当的本性究竟是什么?罗斯指出,正当或善这些客体的非自然属性,与客体的自然属性或事实属性,是一种因果关系:"正当始终是一种作为结果而发生的属性,是行为由于具有其他属性而具有的属性。……只是通过认识和思考我的行为在事实上所具有的一种特性,我才知道或断定我的行为是正当的。……我断定我的行为是正当的,因为它是一种救人出苦难的行为。"①这就是说,同一行为同时具有两种属性,一种是可以感知的,是行为之事实如何(救人出苦难);另一种是只能直觉的,是行为之应该如何,亦即所谓正当:只能直觉的行为之正当,依附于、产生于可以感知的行为之事实。

可见,元伦理直觉主义与它所反对的自然主义从根本上说却是一致的:两者都正确认为正当或善是客体的属性,都正确认为正当或善源于事实,因而都被叫做客观主义。只不过,自然主义误以为从事实自身便能直接产生和推导出正当,因而误把事实与正当等同起来;而元伦理直觉主义则认为只有通过直觉的中介,从事实才能产生正当,因而把事实与正当区别开来。那么,元伦理直觉主义的这种与自然主义不同的见地是真理吗?否!

因为任何元伦理范畴,不论是善还是正当抑或是应该,都是不可能依靠直觉认识的。摩尔认为善只能依靠直觉把握的根据,在于善是最单纯、最简单因而是自明的、不可分析的东西。确实,最单纯、最简单因而是自明的、不可分析的东西,如数学公理,只有依靠直觉才能认识。但是,善是这种东西吗?摩尔的论证是不能令人信服的。因为对于究竟什么是"善",古今中外两千多年人们一直争论不休。难道两千多年人们竟会为一个自明的东西而一直争论不休吗?普里查德所举证的关于义务、善的本性是自明而为直觉所认识的根据,主要是诸如 $7 \times 4 = 28$ 等数学命题的自明性②。罗斯所举证的关于正当、义务、应该的本性是自明的而为直觉所认识的根据,主要是诸如应该帮助盲人过大街、不应该撒谎等道德判断的自明性③。艾温所举证的关于应该、正当、善的本性是自明的而为直觉所认识的根据,主要是认为如果不诉诸直觉,那么,从一个判断推出另一个判断的论证过程便会无穷地推导下去④。不难看出,三人都犯了"以偏概全"和"推不出"的逻辑错误。$7 \times 4 = 28$ 等数学命题和应该帮助盲人过大街等道德判断,确

---

① W. D. Ross, *Foundation of Ethics*, Clarendon Press, Oxford, 1939, p. 168.
② A. I. Melden, *Ethical Theories: A Book of Readings*, Prentice-Hall Inc., Englewood Cliffs, New Jersey, 1967, p. 537.
③ W. D. Ross, *Foundation of Ethics*, Clarendon Press, Oxford, 1939, p. 316.
④ A. C. Ewing, *The Definition of Good*, Hyperion Press, Inc. Westport, Connecticut, 1979, pp. 25-26.

实都是自明的;如果不诉诸直觉,从一个判断推出另一个判断的论证过程确实会无穷地推导下去。但是,由这些前提显然推不出一切道德概念和判断都是自明的,推不出正当和善等元伦理学范畴和判断的本性是自明的。

可见,元伦理直觉主义与自然主义一样,也是一种关于"应该、善和价值"的产生和推导过程的元伦理学确证理论,是一种关于"应该"能否从"是"产生和推导出来的元伦理学确证理论。但是,它比自然主义更接近真理:它一方面正确看出自然主义仅仅从事实自身就直接推导出应该,因而把应该与事实等同起来的错误;另一方面则正确指出只有通过一种中介,才能从事实产生应该,从而把应该与事实区别开来。但是,直觉主义未能发现这种中介就是主体的需要、欲望、目的,而误以为是直觉,从而误认为应该、正当和善等等是通过直觉产生于事实。

四、元伦理确证理论:情感主义

从上可知,与其说元伦理直觉主义是自然主义的对头,不如说是它的一个堂兄弟:它们同属客观主义元伦理学的大家庭。它们的共同敌手乃是主观主义元伦理学:情感主义。因为所谓情感主义,正如厄姆森(J. O. Urmson)所说,是认为价值判断的本质在于表达主体的情感而不是描述客体事实的元伦理学确证理论[1]。情感主义的代表,如所周知,是罗素、维特根斯坦、卡尔纳普、艾耶尔、斯蒂文森。但是,里查德·A·斯帕隆(Richard A. Spinello)说得不错:情感主义的真正奠基人是休谟[2]。休谟等情感主义者看到,事实自身无所谓应该,应该的存在依赖于主体,于是便得出结论说,应该存在于主体,是主体的情感、意志、态度,是主体的属性,而不是客体的、事实的属性:

道德并不成立于作为科学的对象的如何关系,而且在经过仔细观察以后还将同样确实地证明,道德也不在于知性所能发现的任何事实。这是我们论证的第二个部分;这一部分如果阐述明白,我们就可以断言,道德并不是理性的一个对象。但是要想证明恶与德不是我们凭理性所能发现其存在的一些事实,那有什么困难呢?就以公认为罪恶的故意杀人为例。你可以在一切观点下考虑它,看看你能否发现出你所谓恶的任何事实或实际存在来。不论你在哪个观点下观

---

[1] Lawrence C. Becker, *Encyclopedia of Ethics*, Volume II, Garland Publishing Inc., New York, 1992, pp. 304 – 305.
[2] John K. Roth, *International Encyclopedia of Ethics*, Braun-Brumfield Inc., U.C., 1995, p. 258.

察它，你只发现一些情感、动机、意志和思想。这里再没有其他事实。你如果只是继续考究对象，你就完全看不到恶。除非等到你反省自己内心，感到自己心中对那种行为发生一种谴责的情绪，你永远也不能发现恶。这是一个事实，不过这个事实是感情的对象，不是理性的对象。它就在你心中，而不在对象之内。因此，当你断言任何行为或品格是恶的时候，你的意思只是说，由于你的天性的结构，你在思维那种行为或品格的时候就发生一种责备的感觉或情绪。因此，恶和德可以比作声音、颜色、冷和热，依照近代哲学来说，这些都不是对象的性质，而是心中的知觉；道德学中这个发现正如物理学中那个发现一样，应当认为是思辨科学方面的一个重大进步，虽然这种发现也和那种发现一样对于实践都简直没有什么影响。对我们最为真实、而又使我们最为关心的，就是我们的快乐和不快的情绪；这些情绪如果是赞成德、而不赞成恶的，那么在指导我们的行为和行动方面来说，就不再需要其他条件了。①

善和应该既然仅仅是或主要是主体的情感、属性，而不是客体的、事实的属性，那么显然，善和应该也就只能从主体而不可能从事实推导出来了。所以，休谟在阐明应该是主体的情感而不是客体的事实属性之后，接着便提出了那个尔后被称作"休谟难题"的著名附论。在这个附论中，休谟显然倾向于认为："应该"不能由"是"推导出来，"应该"与"是"之间存在着逻辑鸿沟②。斯蒂文森则进一步总结道："从经验事实并不能推导出伦理判断，因为经验事实并非伦理判断的归纳基础。"③

应该的存在，确如休谟和斯蒂文森等情感主义论者所说，依赖于主体：离开主体便无所谓应该；存在主体便有所谓应该。但是由此只能说主体是应该存在的条件和标准，而不能说主体是应该存在的源泉和实体。因为，如前所述，应该是客体事实对主体需要的效用性，是在事实与主体需要发生关系时，从事实中而不是从主体需要中产生的属性；主体需要只是应该从事实中产生的条件和衡量事实是否应该的标准；事实才是应该产生和存在的载体、实体。情感主义的错误在于：把应该产生、存在的条件和标准——主体的需要、欲望、感情——当作应该产生、存在的源泉，因而认为应该存在于主体的需要、欲望、感情之中，是主体的需要、欲望、感情的属性，于是也就只能从主体的需要、欲望、感情而不能从事实中推导出来。

* * *

---

① 〔英〕休谟：《人性论》下册，关文运译、郑之骧校，商务印书馆1983年版，第508—509页。
② 同上书，第509页。
③ Charles L. Stervenson, *Facts and Values: Studies in Ethical Analysis*, Yale University Press, New Haven and London, 1963, p. 28.

综观自然主义、直觉主义和情感主义，可知三者都是关于"应该"、"善"以及"价值"产生和推导过程的片面的错误的理论，都是关于"应该"能否从"是"产生和推导出来的片面的错误的理论。情感主义把"应该"所由以产生和存在的条件与标准——主体的需要、欲望、感情——当作应该产生和存在的源泉与实体，因而误认为应该存在于主体的需要、欲望、感情之中，是主体的需要、欲望、感情的属性，于是也就只能从主体的需要、欲望、感情而不能从事实中推导出来；反之，自然主义则未能看到主体的需要、欲望、目的是"应该"产生和存在的条件与标准，而只看到"事实"是"应该"产生和存在的源泉与实体，因而误以为从事实自身直接便能产生和推导出应该，于是也就把事实与应该等同起来；直觉主义正确地看到只有通过一种中介，才能从事实产生应该，却未能发现这种中介就是主体的需要、欲望、目的，而误以为是直觉，从而误认为应该是通过直觉产生于事实。

思 考 题

1. 解析固有属性、事实属性和关系属性以及第一性质、第二性质和第三性质之异同。

2. 试析"休谟难题"：能否从"是"推出"应该"？如果说"行为应该如何"可以通过"道德目的"从"行为事实如何"推导出来，那么，"道德目的"属于"事实"范畴，还是属于"应该"范畴？

3. 为什么说优良道德的制定牵涉三个概念："道德（亦即道德规范）"、"道德价值"和"道德价值判断"？

4. 何谓"自然主义谬误"？"应该"、"善"这些伦理的、非自然的概念不可以用诸如"是"、"事实"这些所谓自然的、伦理的概念定义吗？穆勒认为：因为人们确实想望某物，所以人们应该想望某物。这种观点能成立吗？

参 考 文 献

〔英〕摩尔：《伦理学原理》，长河译，商务印书馆1983年版。
〔英〕休谟：《人性论》下册，关文运译、郑之骧校，商务印书馆1983年版。
〔英〕穆勒：《功用主义》，唐钺译，商务印书馆1957年版。
王海明：《伦理学方法》，商务印书馆2003年版。
W. D. Hudson, *The Is-Ought Question: A Collection of Papers on the*

Central Problem in Moral Philosophy, ST. Martin's Press, New York, 1969.

M. C. Doeser and J. N. Kraay, *Facts and Values*, Martinus Nijhoff Publishes, Boston, 1986.

Stephen Edelston Toulmin, *The Place of Reation in Ethics*, The University of Chicago Press, 1986.

W. D. Ross, *Foundation of Ethics*, Clarendon Press, Oxford, 1939.

R. M. Hare, *Essays in Ethical Theory*, Clarendon Press, Oxford, 1989.

Louis P. Pojman, *Ethical Theory: Classical and Contemporary Readings*, Wadsworth Publishing Company, USA, 1995.

中卷　规范伦理学原理

第一篇　道德价值主体：社会为何制定道德

第三章　道德的起源和目的

> **本章提要：** 道德与法一样，就其自身来说，不过是对人的某些欲望和自由的压抑、侵犯，因而是一种害或恶；就其结果和目的来说，却能够防止更大的害或恶（如社会的崩溃）和求得更大的利或善（如社会的存在与发展），因而是净余额为善的恶，是必要的恶。美德与道德一样，就其自身来说，不过是对拥有美德的人的某些欲望和自由的压抑、侵犯，因而是一种害或恶；但就其结果和目的来说，却能够使拥有美德的人防止更大的害或恶（如身败名裂）和求得更大的利或善（如安身立命），因而是净余额为善的恶，是必要的恶。所以，道德的起源与目的不可能是自律的，不可能是为了道德自身、为了完善每个人的品德；而只能是他律的，只能是为了道德和美德之外的他物：人类与非人类存在物的利益和幸福。但是，只有道德的特殊的和直接的起源、目的以及标准，才可能是为了增进动植物等非人类存在物的利益；而道德终极的起源、目的和标准，则只能是为了增进人类的利益。这样，一方面，当人类与动植物等非人类存在物的利益一致时，便应该遵循道德的特殊的、直接的目的和标准，便应该既增进人类利益又增进动植物的利益，甚至应该为了增进动植物的利益而增进动植物的利益；另一方面，当动植物等非人类存在物的利益与人类的利益发生冲突不可两全时，道德的特殊的、直接的目的和标准便不起作用了，这时，便应该诉诸道德终极目的和标准——增进人类的利益，从而应该牺牲动植物等非人类存在物的利益而保全人类的利益。

一、道 德 概 念

　　道德是什么？这是规范伦理学的首要问题，因而伦理学家们对于这一问题的论述可谓浩如烟海；但究其最为权威而精当者，恐怕非斯温与弗兰克纳莫属：

"moral"（道德的）和"ethical"（伦理的）二词显然分别来自拉丁文和希腊文，意思是"遵从习惯或习俗"……然而，同样的事实是，既定社会中的习俗，并非全部，甚至并非大多数被当做是道德，对它们的疏忽和违背也并不就是不道德。在大多数西方国家中，用刀叉吃固体食物是惯例，但是我们并不把不使用刀叉而使用手指吃饭的人称之为不道德——虽然我们会以比较温和的方式责备他。另一方面，如果我们在新加坡的印度人社会中旅行，我们会发现，许多有教养的印度人习惯于用手指吃饭，但是他们肯定不会责备那些改用刀叉吃饭的印度人是不道德的……因此，我以为道德是指称遵守或违犯被认为是具有社会重要性的习俗的名词或概念，这种重要性涉及人与人之间和人与社会之间的相互关系。①

一方面，至少在所指出的意义上，道德是一种社会产物，而不仅仅是个人用于指导自己的一种发现或发明，就像一个人的语言、国家或教会一样……从道德的起源、制约力和功能方面看，它也是社会性的，它是整个社会的契约，用以指导个人和较小的集团，但无论如何，总是个人先遇到它，它对个人提出要求，这些要求至少最初是外在于他们的，即使这些要求"内在化"为个人的要求，从他们的嘴里讲出来，要求本身仍然不仅仅是他们自己的，也不仅仅是指导他们自己的，如果他们不同意这些要求，那么，就像苏格拉底所想到、并且我们在后面将看到的那样，他们仍不得不根据那些灌输给他们的道德观念去行事。②

确实，道德都是行为应该如何的规范；但行为应该如何的规范却并非都是道德。西方人习惯用刀叉，而许多有教养的印度人却习惯用手指。这两种习惯无疑是两种应该如何的行为规范，却皆非道德。那么，道德与这些应该如何的行为规范区别何在？正如斯温所言，在于是否具有社会重要性，亦即是否具有利害社会之效用：道德是具有社会效用的行为应该如何的规范，是对于社会具有利害效用的行为应该如何的规范。试想，为什么用筷子还是刀叉抑或手指吃饭都无所谓道德不道德？岂不就是因为三者对于社会存在发展都不具有利害关系，因而都不具有社会效用？为什么诚实与欺骗、公正与不公正、人道与非人道等等都是道德规范？岂不就是因为这些规范具有利害社会之效用？

那么，具有利害社会之效用，是不是道德与应该的唯一区别？否。因为一种应该如何的行为规范究竟是不是道德规范，不但在于它们是否具有利害社会之

---

① 〔美〕彼彻姆：《哲学的伦理学》，雷克勤等译，中国社会科学出版社1990年版，第12页。
② 〔美〕弗兰克纳：《伦理学》，关键译，三联书店1987年版，第11—12页。

效用,而且还在于它们是谁制定或认可的。如果一种具有社会效用的行为规范是社会制定或认可的,那么,不论这种规范是如何荒谬错误,它都是道德;如果并不是社会制定或认可的,而只是一个人自己独自制定或认可的,那么,不论这种规范是如何正确优良,它也不是道德,而只是他自己的一种"应该"。举例说,如果一个社会制定或认可了"女人应该裹小脚"的行为规范,那么,不论它是多么荒谬,也是道德。这样,一个人如果裹小脚,她就遵守了道德,她就是有道德的。反之,如果她制定或认可相反的行为规范"女人不应该裹小脚",但这一规范并没有得到社会的认可,而只是她自己的行为规范,那么,不论它是何等正确优良,也不是道德,而仅仅是个人的行为规范。于是,一个人如果不裹小脚,那么,她就违背了道德,就是无道德的、缺德的。

可见,道德区别于"应该"的另一个根本特征,乃在于道德必定是社会制定或认可的;而"应该"未必是社会制定或认可的:道德是社会制定或认可的关于人们具有社会效用的行为应该如何的规范。因此,弗兰克纳说,道德必定具有社会性,必定是两个以上的人所订立的一种需要共同遵守的社会契约;反之,应该如何的行为规范则未必具有社会性,而完全可以是一个逃离社会的孤独者自己为自己制定或认可的生活规则。

那么,"社会制定或认可的关于人们具有社会效用的行为应该如何的规范"是道德的定义吗?也不是。因为法,不但是社会制定或认可的具有社会效用的行为规范;而且如法学家所说,也是人们应该如何的行为规范:"法是决定人们在社会中应该如何行为的规范、规则或标准。"[①]道德与法的这一共同点,包尔生早就注意到了:"道德律宣称应当是什么……法律也无疑是表现着应当是什么。"[②]那么,道德与法的区别何在?两者的区别,说到底,在于有无一种特殊的强制:权力。因为所谓权力,如所周知,是仅为管理者拥有且被社会承认的迫使被管理者服从的强制力量。这样,从权力是仅为社会管理者所拥有的迫使人们不得不服从的力量方面来看,权力具有必须性,是人们必须服从的力量;从权力是社会承认、大家同意的力量方面来看,权力具有应该性,是人们应该服从的力量。合而言之:权力是人们必须且应该服从的力量。从权力之如是界说不难看出:法是权力规范,是应该且必须如何的行为规范;道德则是非权力规范,是应该而非必须如何的行为规范。

这是被道德与法所规范的行为的性质所决定的。道德所规范的是每个人的全部具有社会效用的行为;而法所规范的则仅仅是其中的一部分,即那些具有重

---

① 邓正来等译:《布莱克维尔政治学百科全书》,中国政法大学出版社1992年版,第393页。
② 〔德〕包尔生:《伦理学体系》,何怀宏等译,中国社会科学出版社1988年版,第18页。

大社会效用的行为。试想,为什么"不应该杀人放火"是法,而"应该让座位给老弱病残"则仅仅是道德?岂不就是因为杀人放火具有重大社会效用,而让座位则不具有重大社会效用?法所规范的是具有重大社会效用的行为,决定了法不能不具有各种强制性:从最弱的舆论强制到最强的肉体强制;决定了法的强制是有组织的强制,是仅为社会的管理者、领导者所拥有的强制,说到底,是权力强制,是应该且必须如何的强制。反之,道德所规范的是一切具有社会效用的行为,决定了道德只具有最弱的强制性:舆论强制。这显然是一种无组织的、无机关的强制,因而也就是一种为全社会每个人所拥有的强制;说到底,是非权力强制,是应该而非必须如何的强制。

总而言之,道德是社会制定或认可的关于人们具有社会效用的行为应该而非必须如何的非权力规范。简言之,道德是具有社会效用的行为应该而非必须如何的规范,是具有社会效用的行为应该如何的非权力规范。弄清了道德是什么,也就可以进而探寻其起源和目的了。

二、道德的起源和目的:人类中心主义与非人类中心主义

道德的起源和目的乃是规范伦理学的根本问题,因为一切行为应该如何的优良的道德规范都是通过道德目的,而从行为事实如何的客观规律中推导出来的。所以,围绕这个问题,自古以来,伦理学家们便一直争论不休。这些争论,主要讲来,可以归结为两大方面:一方面,道德究竟源于人类需要、为了增进人类利益,还是源于人类与非人类存在物的共同需要、为了增进人类与非人类存在物的共同利益?也就是说,道德的起源和目的究竟是人类中心主义的,还是非人类中心主义的?另一方面,道德究竟源于自身、为了完善每个人的品德,还是源于道德之外的他物、为了增进每个人利益?也就是说,道德的起源和目的究竟是自律的还是他律的?

传统伦理学,如所周知,是一种人类中心主义(Anthropocentrism)的伦理学;只是到了20世纪,随着生态伦理学的诞生与发展,才算出现了非人类中心主义(Anti-Anthropocerntrism)与人类中心主义之争。人类中心主义学派的代表,主要是墨迪、帕斯莫尔、麦克洛斯、诺顿和什科连科等人;但其真正的大师,依然是柏拉图、亚里士多德、阿奎那、笛卡儿、洛克和康德等传统伦理思想家。反之,非人类中心主义学派的代表人物,主要有动物解放、动物权利论者辛格与雷根;生物中心论者施韦泽和泰勒;生态中心论者莱奥波尔德奈斯和罗尔斯顿等等。

这些思想家的论著表明，人类中心主义与非人类中心主义都是一种关于人类与宇宙万物关系的伦理学说，是关于人与自然的关系的伦理学说，是关于人类与非人类存在物关系的伦理学说，说到底，也就是关于人类应该如何对待非人类存在物的伦理学说。

人类中心主义的基本观点，可以归结为两大方面。一方面，就事实如何来看，人类中心主义认为，只有人类才是目的，因而只有人类才是价值主体，才具有内在价值，才拥有自己的善或利益；而一切非人类存在物都不过是为人类利益服务的手段，因而只能是价值客体，只具有工具价值，而不具有自己的善或利益：非人类存在物的价值完全取决于人类的目的，因而人类便是宇宙万事万物的中心。另一方面，从应该如何来说，既然在人类中心主义看来，只有人类才是目的，而非人类存在物都不过是为人类利益服务的手段，那么，由此显然可以进一步得出结论说，人类所进行的一切活动都只应该是为了人类利益，因而道德的起源、目的和标准也都只应该是为了人类的利益：一切道德上的善恶都只应该以人类利益为标准。这样一来，每个人也就只有如何对待人类，才可能符合或违背道德的目的和标准，从而才有所谓道德不道德的问题；而如何对待非人类存在物，是杀死吃掉还是供养它们，则与道德的目的和标准无关，因而无所谓道德不道德的问题：只有人类才应该得到道德关怀从而是道德共同体的成员。这个道理，康德说得极为透辟：

动物没有自我意识，因此只可作为实现目标的一个手段。那个目标就是人。我们可以问"动物为什么而存在?"但是，"人为什么而存在?"的问题就是毫无意义的。我们对动物的责任只是对人的间接责任。动物的天性类似于人类的天性，通过对动物尽义务这种符合人性表现的行为，我们间接地尽了对人类的责任。因此，如果一条狗长期忠诚地服务于它的主人，当它老得无法继续提供服务时，它的主人应当供养它直至死亡。这样的行为有助于支持我们对人的责任，这是应尽的义务。如果动物的行为类似于人类的行为，并有同样的起源，那么我们对动物负有责任，因为这样做我们培养了对人的相应责任。如果一个人因为他的狗不再能提供服务而杀死它，那么他对狗没有尽到责任，尽管狗无法给出评价，但他的行为是残忍的，而且有损于他相应对人的仁慈。如果他不打算扼杀自己的人性，他就必须对动物表现出仁慈，因为一个对动物残忍的人在处理人际关系时也会变得残忍。我们能根据一个人对待动物的行为判断这个人的心地。贺加斯(Hogarth)在他的雕版画里描述了这一点。他展示了残忍是如何产生和发展的。首先，他显示出孩子残忍地对待动物，夹痛一条狗或猫的尾巴；然后他描述了成人在马车里辗了一个孩子；最后，这种残忍发展到顶点——谋杀。这样，他使我们认清残忍的可怕后果,而这将是给孩子印象深刻的教训。我们越频繁地接触动物并观察它们的行为,我们就越喜爱它们,因为我们看到它们对幼仔的关爱是多么的伟大。随之,我们即使在思想上也难以残忍地对待一只狼。莱布尼兹(Leibnitz)为了观察而利用了一条微小的蠕虫,观察结束后小心地将它放回到树叶上,以便它不会受到自己行为的伤害。毫无理由地毁坏这样一个动物——他会为此感到抱歉,这是人的一种天性。对不能说话的动物温柔的情感促进了对人的仁慈心。在英国,屠夫和医生不能作为陪审团的成员,因为他们习惯于看到死亡从而变得冷酷了。那些在实验中使用动物的活体解剖者,当然表现得很残忍,尽管他们的目的值得表扬,而且既然动物应当看成是人的工具,他们能够证明自己的残忍是正当的;但是,为了好玩而做出的这种残忍则不能被证明是正当的。一个人由于动物不再值得他饲养就杀死他的驴或狗,反映出心胸狭隘。从驴和忘恩负义的钟之间的寓言可看出,在这方面希腊人的思想是高尚的。因此,我们对动物的责任就是对人的间接责任。①

相反的,非人类中心主义认为,动物甚至植物乃至一切生物都具有目的性或合目的性,因而都能够是价值主体,都具有内在价值或目的价值,都具有自己的善或利益。因此,一切生物甚至整个生态系统都应该得到道德关怀而成为道德共同体的成员;道德的起源、目的和标准乃是为了人类与非人类存在物的共同利益:一切道德上的善恶都应该以人类与非人类存在物的共同利益为标准。这种观点最为成熟也最为著名的理论,当推泰勒的"生命目的中心"论。他在回答"什么能证明接受以生命为中心的伦理原则体系的正当性"的问题时,提出了"道德关怀原则"和"内在价值原则":

根据道德关怀原则,野生生物值得所有作为道德主体的人给予关注,因为它们是地球生命共同体的成员。从道德观点出法,必须把它们的利益考虑进去,无论何时理性主体的行为对它们有或好或坏的影响。这与生物属于哪个物种无关。每一种生物的利益是它们被赋予了一定的分量。当然,为了促进其他生物体的利益,理性主体的行为与这种或那种特定生物或种群(包括人类)的利益背道而驰,也有可能是必要的。但是,道德关怀原则描述了每一个个体都是拥有自身利益的实体,因而它们都是值得关怀的。

内在价值原则可以叙述为:无论何种实体,就其他方面来说,只要它是地球生命共同体的成员,那么实现它的利益就是本质上有价值的。这个原则的意思

---

① P. Aarne Vesilind Alastair S. Gunn:《工程、伦理与环境》,吴晓东、翁端译,清华大学出版社 2003 年版,第 263—264 页。

是,这个实体的利益毫无疑问值得作为其自身的目标而受到维护或提升,同时是为了它自身的利益。至此,就我们把任何生物体、种群或生命共同体视为一个具有内在价值的实体方面而言,我们认为,不能把它们只看作其全部价值就是充当某个实现其他实体利益的工具,每一个实体的幸福就在于它拥有自身价值。①

综观人类中心主义与非人类中心主义可知,人类中心主义的基本特征可以归结为:只有人类才是目的,而一切非人类存在物都不过是为人类利益服务的手段,因而道德的起源、目的和标准也就只应该是为了人类的利益,一切道德上的善恶都只应该以人类利益为标准。因此,所谓人类中心主义也就是认为只有人类才是目的,因而道德的起源、目的和标准也就只应该是为了人类利益的伦理学说;简言之,也就是认为道德的起源、目的和标准只应该是为了人类利益的伦理学说。反之,非人类中心主义的基本特征则可以归结为:动物甚至植物乃至一切生物都具有目的性或合目的性,都具有内在价值或自己的善和利益,因而一切生物甚至整个生态系统都应该得到道德关怀而成为道德共同体的成员,道德的起源、目的和标准乃是为了人类与非人类存在物的共同利益,一切道德上的善恶都应该以人类与非人类存在物的共同利益为标准。因此,所谓非人类中心主义也就是认为非人类存在物也具有目的、内在价值和利益,因而道德的起源、目的和标准乃是为了人类与非人类存在物的共同利益的伦理学说,简言之,也就是认为道德的起源、目的和标准乃是为了人类与非人类存在物的共同利益的伦理学说。这样,人类中心主义与非人类中心主义便是两种相反的关于人类应该如何对待非人类存在物的伦理学说,是两种相反的关于人类与非人类存在物是否应该构成一个道德共同体的伦理学说,说到底,也就是两种相反的关于道德的起源、目的和标准的伦理学说。那么,两者究竟孰是孰非?

就事实如何的观点来看,人类中心主义完全错误,而非人类中心主义完全正确。因为毋庸置疑,分辨好坏利害的评价能力和趋利避害的选择能力,乃是一种事物是否能够成为价值主体,从而拥有内在价值或拥有自己的善和利益的充分且必要条件:当且仅当 A 具有分辨好坏利害的评价能力和趋利避害的选择能力,对于 A 来说,事物便具有了好坏价值,说什么东西对于 A 是好或坏便是有意义的;因而 A 便可以是价值主体,便具有内在价值,便拥有自己的善和利益。那么,是否只有人类才具有分辨好坏利害的评价能力和趋利避害的选择能力,从而如人类中心主义所言,只有人类才拥有内在价值?

答案是否定的。因为任何物质形态——不论是生物还是非生物——无疑都

---

① P. Aarne Vesilind Alastair S. Gunn:《工程、伦理与环境》,吴晓东、翁端译,清华大学出版社 2003 年版,第 286—289 页。

具有需要,都需要保持内外平衡。但是,物质形态越高级,它的内外平衡的保持也就越困难,因而它保持平衡的条件也就越高级、越复杂。非生物是最低级的物质形态,它的平衡几乎在任何条件下都可以保持,而不会被所受到的内外作用破坏。所以,非生物对于作用于它的任何东西,都不具有分辨好坏利害的评价能力和趋利避害的选择能力。反之,相对于非生物来说,最简单、最低级的生物也是极其复杂、高级的。因而生物比非生物的平衡难于保持,很容易被它所受到的内外环境作用破坏。所以,任何生物对于作用于它的东西,都具有分辨好坏利害的评价能力和趋利避害的选择能力:这种能力,直接说来,是为了获得有利于自己的东西而逃避有害于自己的东西;最终说来,则是为了保持内外平衡从而生存下去。

这样,对于生物来说,事物便具有好坏利害之分,是具有价值的;因而生物可以是价值主体,具有内在价值:生物具有对于自己的价值。反之,只有对于非生物来说,事物才是不具有好坏利害的,才是不具有价值的;因而非生物不可能是价值主体,不可能具有内在价值:非生物不可能具有对于自己的价值。所以,认为只有人类才是目的、才具有内在价值、才具有自己的善或利益的人类中心主义观点,是完全错误的。

从应该如何的方面来看,大体说来,人类中心主义也是错误的,而非人类中心主义是正确的。因为非人类中心主义从"一切生物都具有内在价值,亦即都具有自己的善或利益"的正确前提,一般来说,确实可以得出同样正确的结论:一切有利于人类的生物都应该得到道德关怀而成为道德共同体的成员;道德的起源、目的和标准乃是为了人类与非人类生物的共同利益;道德上的善恶应该以人类与非人类生物的共同利益为标准。反之,人类中心主义则从"只有人类才是目的,才具有内在价值,亦即才具有自己的善或利益"的错误前提,大体说来,确实得出了同样错误的结论:只有人类才应该得到道德关怀从而是道德共同体的成员;道德的起源、目的和标准也都只应该是为了人类的利益;一切道德上的善恶都只应该以人类利益为标准。

然而,细究起来,人类中心主义的结论并不完全错误,而非人类中心主义的结论也并不完全正确。因为,真正讲来,一切有利于人类的生物固然都应该得到道德关怀而成为道德共同体的成员,但是,只有道德的特殊的起源、目的和标准,才可能是为了增进人类与动植物等非人类存在物的共同利益;而道德的终极的起源、目的和标准,则必定只能是为了增进人类的利益。这就是说,道德终极的起源、目的和标准的人类中心主义乃是真理,或者说,人类中心主义关于道德终极的起源、目的和标准的理论是真理。这是因为,道德目的,如前所述,乃是衡量一切行为善恶的道德标准:道德特殊目的是道德的特殊标准;道德终极目的是道德终极标准。所以,"为了增进动植物的利益"等道德的特殊目的便是道德的特殊标准;而道德终极标准则只能是道德终极目的:"增进人类的利益"。这样,一方面,当人类与动植物等非人类存在物的利益一致时,便应该遵循道德的特殊的、具体的和直接的标准,既增进人类利益又增进动植物的利益,甚至应该为了增进动植物的利益而增进动植物的利益,如当老狗不能再提供服务时,主人应该继续供养直至它死亡等等。但是,另一方面,当动植物等非人类存在物的利益与人类的利益发生冲突不可两全时,道德的特殊标准便不起作用了;这时,便应该诉诸道德终极标准——"增进人类的利益",从而应该牺牲动植物等非人类存在物的利益而保全人类的利益:人类的利益,最终说来,高于非人类存在物的利益。因此,举例说,人类如果不吃动植物,固然保全了它们的生命,却牺牲了自己的幸福乃至生命:人类的幸福乃至生命与动植物的生命发生了冲突而不可两全。在这种情况下,人类吃动植物,固然违背了"增进动植物的利益"的道德特殊标准,却符合"增进人类利益"的道德终极标准,因而是道德的、应该的。

否则,如果像非人类中心主义那样,认为道德的终极目的和终极标准也是增进人类与非人类存在物的共同利益,那么,当人类利益与动植物等非人类存在物的利益发生冲突不可两全时,势必导致反人类主义的结论:牺牲人类利益而保全非人类利益。因为当人类利益与动植物等非人类存在物利益发生冲突时,无疑应该保全其中道德价值较大者而牺牲其中道德价值较小者:只有这样,其净余额才是正道德价值,才是应该的、道德的。但是,如果像非人类中心主义所主张的那样,道德的终极目的和标准是增进人类与非人类存在物的利益,那么,人类利益的道德价值显然小于非人类存在物的道德价值。因为人类不过是人类与动植物等非人类存在物所构成的庞大生态系统的一个物种而已:整体的道德价值显然大于部分的道德价值。这样,当人类利益与动植物等非人类存在物的利益发生冲突不可两全时,就应该牺牲人类利益而保全非人类利益。

这种反人类的结论显然意味着:非人类中心主义观点必定是谬误。因为无论如何,道德毕竟是人类创造的:难道人类创造道德的最终目的就是为了反对自己而自取灭亡吗?所以,道德终极目的,绝不可能是增进人类与非人类存在物的利益,绝不可能是非人类中心主义的;而必定只可能是增进人类的利益,必定只可能是人类中心主义的:道德的终极目的和终极标准只能是人类利益;因而最终说来,人类利益的道德价值高于一切。

综上所述,一方面,就道德的最终的起源、目的和标准来说,不可能是增进人类与非人类存在物的利益,而只可能是增进人类的利益:人类中心主义是真理;就道德的直接的、特殊的起源和目的以及标准来说,则是增进人类与非人类存在物的利益:非人类中心主义是真理。另一方面,就人类中心主义与非人类中心主义所争论的全部问题来说,除了道德最终的起源、目的和标准,非人类中心主义的观点都是真理,而人类中心主义的观点则都是谬误;只有关于道德的最终的起源、目的和标准这一个问题——它也是二者争论的最根本问题——人类中心主义的观点才是真理,而非人类中心主义的观点才是错误:人类中心主义的道德终极目的和终极标准理论是真理。

三、道德的起源和目的:道德他律论与道德自律论

人类中心主义与非人类中心主义之争的解析表明,一方面,道德最终源于人类需要而不是源于人类与非人类存在物的共同需要;另一方面,道德终极目的是为了增进人类利益而不是为了增进人类与非人类存在物的共同利益。接下来的问题显然是:道德最终究竟源于人类的什么需要?道德终极目的究竟是为了满足人类的什么利益?如果认为道德最终源于自身从而最终为了完善每个人的品德,便是所谓的道德自律论;如果认为道德最终源于道德之外的他物从而最终为了增进每个人利益,便是所谓的道德他律论。

道德他律论的代表,当推功利主义大师边沁、穆勒和西季威克。道德他律论的最为根本的观点,是认为道德是一种必要恶,因而道德最终的起源和目的便只能是他律的,只能是为了道德之外的他物;而不能可是自律的,不可能是为了道德自身。换言之,道德不可能最终起源于道德自身,不可能为了完善每个人的品德;而只能最终起源于利益和幸福,只能是为了增进每个人的利益和幸福。所以,边沁写道:"道德可以定义为这么一种艺术:它指导人们的行为以产生利益相关者的最大可能量的幸福。"[①]穆勒也一再说:"依据功利主义伦理学,增进幸福是美德的目的。"[②]"幸福是道德的终点和目的"[③],"依据功利主义概念,美德是这样一种善,除了美德有助于取得快乐,特别是免除痛苦以外,人最初并没有追求美德的欲望和动机。"[④]西季威克进而总结道:

许多功利主义者都坚决主张,人们相互规定为道德规则的所有行为规则都实际上是——尽管部分地是无意识地——作为达到人类或所有感觉存在物的普遍幸福的手段而被规定的。而且,更多的功利主义思想家们还认为,无论这些规

[①] Jeremy Bentham, *An Introduction to the Principles of Morals and Legislation*, Clarendon Press, Oxford, 1823, p.310.
[②] John Stuart Mill, *Utilitarianism*, *On Liberty and Representative Government*, J. M. Dent & Sons Ltd., London, p.17.
[③] 同上书,p.22。
[④] 同上书,p.35。

则起源于何,只有当遵守这些规则有益于普遍幸福时,它们才是有效的。我在后面将详细地考察这种论点。这里我只想指出:如果这样来理解旨在达到普遍幸福的义务,使它包含所有其他义务,并把它们作为它的运用,我们便又一次被引导到了作为被绝对地规定的终极目的的幸福概念。区别只在于:在这里是普遍幸福而不是任何个人的私人幸福。这也就是我自己对于功利主义原则的观点。①

道德自律论的主要代表,当推儒家、康德和基督教伦理学家。道德自律论的最为根本的观点,是认为法律和道德并不是必要恶,而是必要善,是一种必要的内在善、自身善。新儒家冯友兰曾就此写道:"国家社会的组织,法律道德的规则,是人依其性以发展所必有底。对于人,它们是必要底,但不是必要恶,而是必要的善。"②道德和美德是一种必要善,是一种必要的内在善、自身善的观点,在康德那里得到了系统的论述。在他看来,一个人的道德意志、道德品质、品德之善,不仅就其自身来说就是善,因而是一种自在善、内在善,而且是一种无条件的、绝对的善。他这样写道:

在世界之中,一般地,甚至在世界之外,除了善良意志,不可能设想一个无条件善的东西。理解、明智、判断力等,或者说那些精神上的才能勇敢、果断、忍耐等,或者说那些性格上的素质,毫无疑问,从很多方面看是善的并且令人称赞。然而,它们也可能是极大的恶,非常有害,如若那使用这些自然禀赋,其固有属性称为品质(Charakter)的意志不是善良的话。这个道理对幸运所致的东西同样适用。财富、权力、荣誉甚至健康和全部生活美好、境遇如意,也就是那名为幸福的东西,就使人自满,并由此经常使人傲慢,如若没有一个善良意志去正确指导它们对心灵的影响,使行动原则和普遍目的相符合的话。大家都知道,一个有理性而无偏见的观察者,看到一个纯粹善良意志丝毫没有的人却总是气运亨通,并不会感到快慰。这样看来,善良意志甚至是值不值得幸福的不可缺少的条件。

有一些特性是善良意志所需要的,并有助于它发挥作用,然而并不因此而具有内在的、无条件的价值,而必须以一个善良意志为前提,它限制人们对这些特性往往合理的称颂,更不容许把它们看做完善的。苦乐适度,不骄不躁,深思熟虑等,不仅从各方面看是善的,甚至似乎构成了人的内在价值的一部分;它们虽然被古人无保留地称颂,然而远不能被说成是无条件地善的。因为,假如不以善良意志为出发点,这些特性就可能变成最大的恶。一个恶棍的沉着会使他更加

---

① 〔英〕亨利·西季威克:《伦理学方法》,廖申白译,中国社会科学出版社1993年版,第32页。
② 冯友兰:《三松堂全集》第四卷,河南人民出版社1986年版,第592页。

危险,并且在人们眼里,比起没有这一特性更为可憎。善良意志,并不因它所促成的事物而善,并不因它期望的事物而善,也不因它善于达到预定的目标而善,而仅是由于意愿而善,它是自在的善。①

道德和美德既然就其自身来说就是善的,是一种自在善,那么,道德最终的起源与目的,真正讲来,便是自律的:道德最终起源于道德自身,起源于每个人完善自我品德的需要;最终目的在于道德自身,在于完善每个人的品德,实现人之所以异于禽兽、人之所以为人者。所以,《圣经》说,上帝立约、创立道德的目的是使人道德完善,做道德完人、完全人②。孟子曰:"人之有道也,饱食、暖衣、逸居而无教,则近于禽兽。圣人有忧之,使契为司徒,教以人伦——父子有亲、君臣有义、夫妇有别、长幼有序、朋友有信。"③这一见地,在康德那里不但得到了详尽论证,而且成为他的《实践理性批判》全书之结论:"道德法则……开始于我的无形的自我,我的人格……借我的人格,把作为一个灵物看的我的价值无限提高了。在这个人格中,道德法则就给我呈现出一个独立于动物性,甚至独立于全部感性世界以外的一种生命来。"④

不难看出,道德起源和目的他律论是真理;道德起源和目的自律论是谬误。因为,一方面,道德与法一样,就其自身来说,不过是对人的行为的规范、限制、约束,是对人的某些欲望和自由的压抑、侵犯,因而是一种害和恶;就其结果和目的来说,却能够防止更大的害或恶(社会、经济活动、文化产业和人际交往的崩溃)和求得更大的利或善(社会、经济活动、文化产业和人际交往的存在与发展),因而是净余额为善的恶,是必要的恶。另一方面,美德与道德一样,就其自身来说,不过是对拥有美德的人的某些欲望和自由的压抑、侵犯,因而是一种害和恶;但就其结果和目的来说,却能够使拥有美德的人防止更大的害或恶(社会和他人的唾弃、惩罚)和求得更大的利或善(社会和他人的赞许、赏誉),因而是净余额为善的恶,是必要的恶。这样,道德最终的起源与目的便不可能是自律的,不可能是为了道德和美德自身,不可能是为了完善每个人的品德;而只能是他律的,只能是为了保障道德之外的他物:为了保障社会的存在与发展,增进每个人的利益。

道德自律论的最根本的错误,在于混淆自身善和结果善。理解能力、明智、判断力、财富、荣誉、健康、幸福,就其自身来说,都是对于欲望和自由的满足,因而都是利和善;但是,这些利和善却可能因它们的拥有者没有美德而变成极大的

---

① 〔德〕康德:《道德形而上学原理》,苗力田译,上海人民出版社1986年版,第42—43页。
② 见《新约·帖撒罗尼迦前书·第5章》。
③ 《孟子·滕文公上》。
④ 〔德〕康德:《实践理性批判》,关文运译,商务印书馆1960年版,第164页。

害和恶之结果,因而就其结果来说,可能是害和恶。所以,理解能力、明智、判断力、财富、荣誉、健康、幸福等都是一种自身善:它们的结果可能是恶,也可能是善。反之,善良意志、善良品质或美德,就其自身来说,不过是对拥有美德的人的某些欲望和自由的压抑、侵犯,因而是一种害和恶;但就其结果来说,却是一种极大的善,因为它能够使拥有美德的人防止更大的害或恶,如防止理解能力、明智、判断力等成为极大的恶。所以,美德是一种结果善:它自身却是恶。康德等道德自律论者的错误,就在于混淆结果善与自身善,从而把美德这种结果善当作自身善;而把幸福、健康、明智这些自身善而结果可能是恶也可能是善的东西——它们作为美德的结果是善,作为恶德的结果是恶——仅仅当作结果善。把美德这种结果善的东西当作自身善,乃是道德自律论的根本错误,因为从此出发,便可以得出道德最终目的乃在于道德和美德自身的结论了。

道德自律论的错误,还在于混同道德目的与行为目的。道德不能以道德、品德为目的。那么,一个人的行为能够以道德、品德为目的吗?能够是为了自我品德的完善吗?答案是肯定的。因为,如上所述,人是社会动物,他的生活完全依靠社会和他人,他的一切都是社会和他人给的。所以,能否得到社会和他人的赞许,便是他一切利益中最根本、最重大的利益。能否得到社会和他人的赞许之关键,显然又在于他的品德如何:如果社会和他人认为他品德高尚,那么,他便会得到社会和他人的赞许;反之,则会受到社会和他人的谴责。这就是一个人最初为什么会有美德需要的缘故:他需要美德,因为美德就其自身来说,虽然是对他的某些欲望和自由的压抑、侵犯,因而是一种害和恶;但就其结果和目的来说,却能够防止更大的害或恶(社会和他人的唾弃)和求得更大的利或善(社会和他人的赞许),因而是净余额为善的恶,是必要的恶。这样,美德便是他利己的最根本、最重要的手段:他对美德的需要是一种手段的需要。但是,逐渐地,他便会因美德不断给他莫大利益而日趋爱好美德、欲求美德,从而便为了美德而求美德,使美德由手段变成目的;就像他会爱金钱、欲求金钱、使金钱由手段变成目的一样。

可见,一个人的行为可以源于其完善自我品德的道德需要,目的是为了完善自我品德、为了道德自身。这是个人行为的起因和目的方面的道德自律。道德起源目的之自律论者由此出发,进而推论说:道德起源于完善自我品德需要,而以完善自我品德为目的。这个推演是不能成立的。因为道德和美德,如前所述,就其自身来说,都是对人的某些欲望和自由的压抑、侵犯,都是一种害和恶。这样,如果说道德目的是为了道德自身,是为了完善人的品德,那岂不就等于说:道德的目的就是为了害和恶?所以,一个人的行为目的可能是为了道德自身,是为了完善自我品德;但道德目的却绝不可能是为了道德自身,绝不可能是为了完善人的品德。就这一点来说,道德与金钱一样:一个人的目的可以是为了金钱自身;但金钱的目的却绝不可能是为了金钱自身。自律论者的错误,就在于等同个人"行为起因与目的"的道德自律与社会"道德起源与目的"的道德自律,从而由个人的行为可以起因于完善自我品德需要、目的是为了自我品德的完善之正确前提,而得出错误结论:道德最终起源于人的品德完善的需要、目的最终是为了完善每个人的品德。

*　　　　*　　　　*

以上,我们比较详尽解析了道德的起源和目的以及围绕它所形成的人类中心主义与非人类中心主义以及道德自律论和道德他律论之争。从此出发,便不难解决两千年来功利主义和义务论一直争论的问题:道德终极标准。因为在下一章我们将看到,道德终极标准不过是道德终极目的之量化:道德终极目的之量化既是评价人类一切行为是否道德的终极标准,又是评价人类一切道德优劣的终极标准。

思 考 题

1. 道德可以分为两类:一种是规范人们相互间的欲望冲突从而造福社会和他人的道德,如"大公无私"、"自我牺牲"、"公正"、"报恩"、"同情"、"爱人"、"诚实"、"慷慨"等等;另一种则是规范个人自己的各种欲望之冲突从而善待自己的道德,如"节制"、"贵生"、"幸福"、"谨慎"、"豁达"、"平和"、"自我实现"等等。如果说道德是一种社会契约,因而并非源于个人自己的各种欲望之冲突,并不是为了解决自我的各种欲望冲突;那么,社会究竟为什么会制定或认可这些解决自我的各种欲望冲突的道德规范呢?

2. 人类中心主义大师阿奎那写道:"我们要驳斥那种认为人杀死牲畜是一种罪过的错误观点。因为根据神的旨意,动物就是供人使用的,这是一种自然的过程。因此,人类如何使用它们并不存在什么不公正:不论是杀死它们,还是以任何方式役使它们。"这种观点能成立吗?

3. 动植物应该得到人类的道德关怀从而成为道德共同体的成员的真正依据,就在于这些动植物有利于人类:有害于人类的动植物是不应该得到人类的道德关怀和不应该成为道德共同体的成员的。问题的关键就在于,一些动植物,如猪、鸡、鱼和红薯、玉米等等,所给予人类的利益,就是作为食物而被人类杀死和吃掉。因此,人类杀死和吃掉动植物,不但不是对动植物可以不讲道德的根据,恰恰相反,倒正是它们应该得到人类的道德关怀从而成为道德共同体成员的根据。这说得通吗?

4. 孟子曰:"人之有道也,饱食、暖衣、逸居而无教,则近于禽兽。圣人有忧之,使契为司徒,教以人伦——父子有亲、君臣有义、夫妇有别、长幼有序、朋友有信。"这是哪一种道德起源目的论?它是真理吗?

参 考 文 献

梁启超:《新民说》,中州古籍出版社 1998 年版。
《荀子·礼论》
〔德〕康德:《实践理性批判》,关文运译,商务印书馆 1960 年版。
〔英〕达尔文:《人类的由来》,潘光旦、胡寿文译,商务印书馆 1983 年版。
王海明:《人性论》,商务印书馆 2005 年版。
Roderrick Frazier Nash, *The Rights of Nature: A History of Environmental Ethics*, The University of Wisconsin Press, London, 1989.
Paul W. Taylor, *Respect For Nature: A Theory of Environmental Ethics*, Princeton University Press, Princeton, New Jersey, 1986.

第四章 道德终极标准

> **本章提要**：道德终极标准是能够推导出一切道德规范的标准，因而不仅是衡量一切行为善恶的终极标准，而且是衡量一切道德标准优劣的终极标准。它是由若干标准构成的道德标准体系：一个总标准和两个分标准。总标准是在任何情况下都应该遵循的道德终极标准：增减每个人的利益总量。分标准1，是在人们利益不发生冲突而可以两全情况下的道德终极标准，亦即所谓的帕累托标准：无害一人地增加利益总量。分标准2，则是在人们利益发生冲突而不能两全的情况下的道德终极标准："最大利益净余额"标准——它在他人之间发生利益冲突时，表现为"最大多数人的最大利益"标准；而在自我利益与他人或社会利益发生冲突时，表现为"无私利他、自我牺牲"标准。

一、道德终极标准：功利主义

功利主义（utilitarianism）又称目的论（teleology），其代表人物主要有苏格拉底、休谟、佩利、爱尔维修、霍尔巴赫、巴利、达尔文、斯宾塞、边沁、穆勒、包尔生、西季威克、摩尔、梯利、斯马特和勃朗特以及今日西方功利主义美德伦理学家沃恩·赖特（Von Wright）等人。功利主义论者都是道德起源和目的他律论者。因为在他们看来，道德和美德与法律一样，都是一种必要恶，因而道德的终极目的便不能可是自律的，不可能是为了道德自身、为了完善每个人的品德；而只能是他律的，只能是为了道德和美德之外的他物，亦即每个人的利益和幸福。从这种道德起源和目的他律论出发，功利主义论者便合乎逻辑地得出结论说：增减功利（而非增减道义），增减每个人的利益（而非增减每个人的美德),说到底,增减每个人的利益总量(而非增减每个人的品德的完善程度),乃是评价一切行为善恶和一切道德优劣的道德终极标准。边沁将这个道理归结为一句话:"功利原则乃是这样一种原则:赞成或不赞成任何一种行为的根据,是该行为增进还是减少利益相关者之幸福。"① 这意味着——功利主义集大成者穆勒补充说——"行为与意向只是因其促进美德以外的目的,才是美德"②。然而,阐述得最为精辟的还是20世纪最大的功利主义论者摩尔:

> 功利主义这名词并非当然表示:我们一切行为都应当按照它们作为取得快乐的手段的程度来加以衡量。它当然的意义是:判断行为是非的标准就是行为增进每个人的利益的趋势。利益通常意味着列为一类的各个不同善的一种,而这些善之所以列为一类,仅仅由于它们是一个人通常为他自己而想望的东西,不过这种想望并不具有"道德的"一词所表示的心理特质罢了。因此,"功利"一词意指,而且在古代伦理学中有系统地用来意指,作为达到除道德善以外的其他善之手段的东西,没有丝毫理由认为这些善只有作为取得快乐的手段才是善,或者认为它们通常是被这样看待的。③

可见,功利主义乃是把功利——而不是道义——奉为道德终极标准的流派,是把增减每个人的利益总量——而不是增减每个人的品德的完善程度——奉为道德终极标准的流派。不过,细究起来,"增减每个人的利益总量"只是功利主义道德终极总标准。因为这一标准在不同情况下有不同表现,从而衍生出两大系列功利主义道德终极分标准:"最大利益净余额"和"无害一人地增加利益总量"。"最大利益净余额"是在人们的利益发生冲突而不能两全的情况下的功利主义道德终极分标准,因为在这种情况下,增进每个人利益总量是不可能的,而只可能并且只应该"增进最大利益净余额":它在他人之间发生利益冲突时表现为"最大多数人的最大利益"标准;而在自我利益与他人或社会利益发生冲突时表现为"无私利他、自我牺牲"标准。反之,"无害一人地增加利益总量"则是在人们利益不发生冲突而可以两全情况下的功利主义道德终极分标准,亦即所谓帕累托标准:使每个人的境况变好或使一些人的境况变好而不使其他人的境况变坏。

---

① Jeremy Bentham, *An Introduction to the Principles of Morals and Legislation*, Clarendon Press, Oxford, 1823, p. 2.
② Stevn M Cahnand Peter Markie, *Ethics: History, Theory, and Contemporary Issues*, Oxford Univertasity Press, New York, Oxford, 1998, p. 363.
③ 〔英〕摩尔:《伦理学原理》,长河译,商务印书馆1983年版,第114页。

二、道德终极标准：义务论

"义务论"(deontology)，如所周知，亦称"道义论(theory of duty)"或"非目的论(non-teleology)"，是与功利主义恰恰相反的关于道德终极标准的理论。它的主要代表，当推儒家、基督教伦理学家、康德、布拉德雷、普里查德、罗斯以及今日西方义务论美德伦理学家，如迈克尔·斯洛特(Michael Slote)和格雷戈里·维尔艾泽考·Y·特诺斯盖(Gregory Velazco Y. Trianosky)等人。义务论者同时都是道德起源和目的自律论者。因为在他们看来，道德的起源与目的是自律的：道德起源于道德自身，起源于每个人完善自我品德的需要；目的在于道德自身，在于完善每个人的品德，实现人之所以异于禽兽、人之所以为人者。从这种道德起源和目的自律论出发，义务论者便合乎逻辑地得出结论说：只有能够使行为者品德达到完善、实现人之所以为人者的行为，才因其符合道德目的，而是应该的、道德的。这样，也就只有出于完善自我品德之心的、为完善品德而完善品德的行为——亦即只有出于义务心的、为义务而义务、为道德而道德的行为——才因其能够使行为者的品德达到完善境界而实现人之所以为人者、符合道德目的，从而是道德的、应该的；反之，不是出于完善自我品德之心的行为，不是出于义务心的行为，不是为完善品德而完善品德、为义务而义务、为道德而道德的行为，则都因其不能够使行为者的品德达到完善境界而实现人之所以为人者、不符合道德目的，从而都是不道德的、不应该的。对此，康德论述甚丰：

尽自己之所能对人做好事，是每个人的责任。许多人很富于同情之心，他们全无虚荣和利己的动机，对在周围播散快乐感到愉快，对别人因他们的工作而满足感到欣慰。我认为在这种情况下这样的行为不论怎样合乎责任、不论多么值得称赞，但不具有真正的道德价值。它和另一些爱好很相像，特别是和对荣誉的爱好，如果这种爱好幸而是有益于公众从而是合乎责任的事情，实际上是对荣誉的爱好，那么这种爱好应受到称赞、鼓励，却不值得高度推崇。因为这种准则不具有道德内容，道德行为不能出于爱好，而只能出于责任。设定情况是这样的，这个爱人的人心灵上满布为自身而忧伤的乌云，无暇去顾及他人的命运，他虽然还有着解除他人急难的能力，但由于他已经自顾不暇，别人的急难不能触动于他，就在这种时候，并不是出于什么爱好，他却从那死一般的无动于衷中挣脱出来，他的行为不受任何爱好的影响，完全出于责任，只有在这种情况下，他的行为才具有真正的道德价值。进一步说，假定，自然并没赋予某人以同情之心，这个人虽然诚实,在性格上却是冷淡的,对他人的困苦漠不关心,很可能由于他对自身的痛苦具备特殊的耐力和坚韧性,于是他认为或者要求别人也是如此。假定,自然没能把这样一个决不能说是坏人的人,塑造成一个爱人的人,那么,与有一个好脾气相比,他不是在自身之内更能找到使自身具有更高价值的泉源吗?当然如此! 那高得无比的道德品质的价值正由此而来,也就是说,他做好事不是出于爱好,而是出于责任。①

可是,具体说来,究竟什么行为才是能够使人的品德达于完善、实现人之所以为人者的为义务而义务的行为? 显然是、并且只能是为利人而利人的无私利他! 因为人类的全部行为,无疑只有"无私利他"才是品德的完善境界,因而才符合使人的品德达于完善、实现人之所以为人者的道德之目的,才是道德的;而其他一切行为——亦即目的是为了自己的一切行为——则都因其不是品德的完善境界、不符合为了使人的品德达到完善而实现人之所以为人者的道德之目的,从而都是不道德的:无私利他是评价行为是否道德的唯一的终极标准。所以,冯友兰说:

一个人求利,是求谁的利? 他所求者,可以是他自己的利,可以是别人的利。求自己的利,是所谓"为我",是所谓"利己"。求别人的利,是所谓"为人",是所谓"利他"。不过此所谓求别人的利,须是为求别人的利,而求别人的利者。这个限制,需要加上。因为有许多人以求别人的利为手段,以求其自己的利。此等行为,仍是利己,仍是为我,不是利他,不是为人。利己为我底行为,不必是不道德底行为,但不能是道德底行为。有此等行为者的境界,是功利境界。利他为人底行为,是道德底行为。有此等行为者的境界,是道德境界。

严格地说,我们虽不能说,禽兽亦求其自己的利,因为其行为大都是出于本能,出于冲动。但求自己的利,可以说是出于人的动物的倾向,与人之所以为人者无干。为实现人之所以为人者,我们不能说,人应该求自己的利。这上面没有应该与不应该的问题。但求别人的利,则与人之所以为人者有干。为实现人之所以为人者,我们可以说,人应该求别人的利。我们不能说,人应该求自己的利。②

可见,义务论是把道义(而不是功利)奉为道德终极标准的流派,是把增减每个人的品德完善程度(而不是增减每个人的利益总量)奉为道德终极标准的流派,说到底,是把无私利他奉为唯一道德终极标准的流派。

---

① 〔德〕康德:《道德形而上学原理》,苗力田译,上海人民出版社1986年版,第47—48页。
② 冯友兰:《三松堂全集》第四卷,河南人民出版社1987年版,第608页。

三、道德终极标准：功利主义与义务论之评析

义务论与功利主义的区别清楚表明，义务论是谬论而功利主义是真理。

首先，从前提来说。道德目的自律论和道德目的他律论，如前所述，分别是义务论和功利主义的前提：功利主义的前提是真理；而义务论的前提是谬误。因为道德、品德就其自身来说，是一种"必要的害和恶"，是人类为了达到利己目的（保障社会的存在与发展、增进每个人的利益）而创造的害己手段（压抑、限制每个人的某些欲望和自由）。因此，如果说道德目的是自律的，是为了道德自身，是为了完善人的品德，那就等于说：道德的目的就是为了压抑人的欲望、侵犯人的自由，就是为了压抑人的欲望而压抑人的欲望，就是为了侵犯人的自由而侵犯人的自由，就是为了害人而害人，就是为了作恶而作恶。所以，道德目的不可能是自律的，而只能是他律的：不可能是为了道德和品德自身，而只能是为了道德和品德自身之外的利益、幸福：为了保障社会的存在与发展，最终增进每个人的利益，实现每个人的幸福。

其次，从结论来看。义务论将"增减每个人的品德之完善"奉为衡量一切行为之善恶和一切道德之优劣的道德终极标准，是错误的；而功利主义将"增减每个人的利益总量"奉为衡量一切行为之善恶和一切道德之优劣的道德终极标准，是正确的。因为道德终极标准，亦即道德目的：它不可能是自律的，不可能是为了道德和美德自身，不可能是为了完善每个人品德；而只能是他律的，只能是为了道德和品德自身之外的利益、幸福，为了增进每个人的利益。义务论的这种错误，导致它所确立的道德终极标准之片面化：它否定为己利他而把无私利他作为衡量一切行为是否道德的唯一的终极标准。这是由于，人类的全部行为，无疑只有"无私利他"才是品德的完善境界，因而才符合义务论的道德目的——使人的品德达于完善——从而才是道德的；而目的是为了自己的一切行为，则都因其不是品德的完善境界、不符合义务论的道德目的，都是不道德的：无私利他是义务论评价行为是否道德的唯一的终极标准。反之，功利主义所确立的道德终极标准则是多元的、全面的，是"一总两分"：一个总标准和两个分标准。一个总标准：增减每个人的利益总量。分标准之一，是在人们利益不发生冲突而可以两全情况下的道德终极标准，亦即所谓的帕累托标准：无害一人地增加利益总量。另一个分标准是在人们利益发生冲突而不能两全的情况下的道德终极标准，亦即"最大利益净余额"标准——它在他人利益之间发生冲突时，表现为"最大多数人的最大利益"标准；而在他人、社会利益与自我利益发生冲突时，表现为"无私

利他、自我牺牲"标准。

最后,就优劣来讲。义务论的道德标准,一方面,对每个人的欲望和自由的侵犯最为严重:它侵犯、否定每个人的一切目的利己的欲望和自由;另一方面,它增进全社会和每个人的利益最为缓慢,因为它否定目的利己、反对一切个人利益的追求,也就堵塞了人们增进社会和他人利益的最有力的源泉。于是,合而言之,义务论道德是给予每个人的害与利的比值最大的道德,因而也就是最为恶劣的道德。反之,功利主义的道德标准,一方面,对每个人的欲望和自由的侵犯最为轻微:它仅仅侵犯、否定每个人的损人利己的欲望和自由;另一方面,它增进全社会和每个人的利益又最为迅速,因为它肯定为己利他,鼓励一切有利社会和他人的个人利益的追求,也就开放了增进全社会和每个人利益的最有力的源泉。于是,合而言之,功利主义道德便是给予每个人的利与害的比值最大的道德,因而也就是最为优良的道德。

然而,最为耐人寻味的是:虽然功利主义是真理而义务论是谬误,可是为什么义务论并没有受到多少反驳,而功利主义反倒遭受了那么多的驳斥?甚至像罗尔斯这样地地道道的功利主义论者,竟然也反对功利主义而以义务论自居?其中的奥秘乃在于:功利主义论者对于功利主义的表述,至今仍然存在着重大缺憾。最重大也最为普遍的缺憾就是:几乎所有的功利主义者都不懂得功利标准乃是由若干标准构成的道德标准体系,却以为功利标准只是一条标准,从而将其完全等同于"最大利益净余额"或"最大多数人的最大利益"标准,犯了以偏概全的错误,遂引发了对于功利主义的大量非难。这些非难之颇有分量者,可以归结为一句话:功利主义必导致非正义。

这一诘难有两个著名例证:"奴隶制度"和"惩罚无辜"①。前者是说,如果一个社会实行奴隶制比非奴隶制更能增进最大利益净余额,那么,按照功利原则,实行奴隶制就是应该的、道德的。这就意味着,功利原则必导致非正义,因为奴隶制是非正义的。"惩罚无辜"的例证说,法官明知一个人无辜,但如果惩罚、宣判他死刑,便可阻止一场必有数百人丧命的大骚乱,那么,按照功利原则,惩罚这个无辜者便是应该的、道德的。所以,功利原则必导致非正义,因为惩罚无辜是非正义的。

然而,细究起来,这两个例证都有两种恰恰相反的可能。一种可能是,这两个例证发生于释放无辜和数百人活命以及非奴隶制与俘虏生存、社会发展发生冲突、不能两全的情况下。在这种情况下,不惩罚一个无辜必有数百个无辜丧生;不实行奴隶制则俘虏必被杀死、社会必不能发展。这样,实行奴隶制和惩罚无辜虽然都是非正义的、恶的,却能够避免更大的恶和非正义,因而便都属于两

---

① 参阅 Tom L. Beauchamp, *Philosophical Ethics*, McGraw-Hill Book Company, New York, 1982, p.99。

恶相权取其轻,是应该的、道德的、善的;绝不能说是不道德、非正义。当然也不能由此说实行奴隶制和惩罚无辜是正义的、公正的:它们仅仅是善的,而无所谓正义不正义、公正不公正。

另一种可能则是,这两个例证发生于释放无辜和数百人活命以及非奴隶制与俘虏生存、社会发展不相冲突而可以两全的情况下。在这种情况下,不惩罚无辜其他人也不会丧生、不实行奴隶制社会也能发展、俘虏也能生存。这样,实行奴隶制和惩罚无辜,便都是在人们的利益不相冲突的情况下,通过损害一部分人的利益来增进利益净余额的,因而不论达到何等巨大的利益净余额,也都是不道德、非正义的。

在这两种情况下,实行奴隶制和惩罚无辜虽然都增进了利益净余额,或者都达到了最大利益净余额;但是,功利主义只赞成前者而反对后者。因为功利主义标准,如前所述,是"增进每个人的利益总量":它在人们利益不发生冲突而可以两全的情况下,表现为"不损害一人地增进利益总量"标准;在人们利益发生冲突而不能两全的情况下,则表现为"最大利益净余额"和"最大多数人的最大利益"标准。所以,按照功利主义,"最大利益净余额"标准仅仅适用于利益冲突领域:它在人们利益不发生冲突的领域,是个不适用的、错误的标准。准此观之,在释放无辜和数百人活命以及非奴隶制与俘虏生存、社会发展不相冲突而可以两全的情况下,无论奴隶制和惩罚无辜可以增进多么巨大的利益净余额,功利主义都应该反对实行奴隶制和惩罚无辜;只有在释放无辜和数百人活命以及非奴隶制与俘虏生存、社会发展发生冲突、不能两全的情况下,功利主义才主张实行奴隶制和惩罚无辜。所以,功利主义绝不会导致非正义。

* * *

道德终极标准无疑是最重要的道德规范,因而也就是伦理学——关于优良道德规范的制定与实现的科学——的最重要东西。然而,如前所述,道德终极标准乃是最普遍、最一般、最抽象的、绝对的道德标准,因而极其稀少、贫乏、简单、笼统:一个总标准、两个分标准。然而,人类社会的伦理行为却极其复杂、具体、丰富、多样。因此便须通过道德终极标准引申、推演出与人类伦理行为相应的复杂、具体、多样的道德规范:规范伦理学就是通过道德终极标准推演出一系列与人类伦理行为相应多样化的优良道德规范之科学。但是,仅仅通过道德终极标准是推演不出任何优良道德规范的。因为一切行为之优良道德规范,如前所述,都是根据行为应该如何的道德价值——亦即行为事实如何对于道德目的、道德终极标准的效用——制定的,因而说到底,都是通过道德目的,亦即道德终极标准,而从行为事实如何推导出来的。因此,在"道德价值主体"的这最后一章

"道德终极标准"之后,应该研究"道德价值实体:伦理行为事实如何"。然后,才能够通过道德终极标准,从伦理行为事实如何的客观本性中推导、制定出一切伦理行为应该如何的优良道德规范。

思 考 题

1. 如果今日的美国实行奴隶制更能增进最大利益净余额,那么,美国现在实行奴隶制符合最大利益净余额标准吗?美国现在实行奴隶制就是应该的、道德的吗?但是,由奴隶制取代现代的民主自由制度,是典型的非正义。那么,最大利益净余额标准必然导致非正义吗?

2. 法官明知一个人无辜,但如果宣判他死刑,便可阻止一场否则必有数百人丧命的大骚乱,因而可以得到最大利益净余额。但是惩罚无辜是典型的非正义。那么,法官宣判这个无辜者死刑是非正义吗?最大利益净余额标准必然导致非正义吗?

3. 一辆飞驰而来的失控电车,如果驶向左边的轨道,将压死5个老年人,这5个人都是目不识丁的文盲;如果驶向右边的轨道,将压死1个年轻的大科学家。那么,司机应该将电车驶向哪个轨道?

参 考 文 献

《孟子·公孙丑上》。
《荀子·王霸》。
冯友兰:《三松堂全集》第四卷,河南人民出版社1986年版。
〔英〕边沁:《道德与立法原理》,李永久译,台湾:帕米尔书店1975年版。
〔英〕穆勒:《功用主义》,唐钺译,商务印书馆1957年版。
王海明:《人性论》,商务印书馆2005年版。
Louis P. Pojman, *Ethical Theory: Classical and Contemporary Readings*, Wadsworth Publishing Company, USA, 1995.
Michael Bayes, *Contemporary Utilitarianism*, Doubleday & Co. Inc., Garden City, New York, 1968.
W. D. Ross, *Foundation of Ethics*, Clarendon Press, Oxford, 1939.

第二篇　道德价值实体：伦理行为事实如何

第五章 人性

> **本章提要**：就人性的质之有无来说，每个人所具有的人性是完全一样的：每个人都同样有利己与利他以及害己与害他四种行为目的，都同样有引发这些行为目的的自爱心（求生欲与自尊心）、自恨心（内疚感、罪恶感与自卑心）、恨人之心（复仇心与嫉妒心）、爱人之心（同情心与报恩心）以及完善自我品德之心。这是普遍的、必然的、不变的、不能自由选择的，因而是人性的"体"。但是，每个人的这些目的和心理，就其量的多少来说，却是各不相同的、特殊的、偶然的、变化的、可以自由选择的，因而是人性的"用"。人性之为体与用以及不变与变化的统一体，是伦理学对其进行研究的意义之所在。因为一方面，如果知道人性的哪些因素是必然的、不可改变的，便不会要求人们改变这些不可改变的人性，便不会制定违背人性的恶劣道德，而能够制定符合人性的优良道德；另一方面，如果知道哪些人性因素是偶然的、可以改变的，便可以减少其与道德相违者，而增进其与道德相合者，从而使优良道德规范得到实现。

一、人性概念：人生而固有的普遍本性

何谓人性？人性乃是人生而固有之本性。对此，傅斯年曾有极好的训诂辩证：

"百姓"之性，"性命"之性，在先秦古文皆作生，不从女，不从心。即今存各先秦文籍中，所有之性字皆后人改写。在原本必皆作生字，此可确定者也。后世所谓性命之性字，在东周虽惶惚有此义，却并无此独立之字也。吾作此语，非谓先秦无从心之性字之一体。战国容有此字，今不可考，然吾今敢断言者，战国纵有

此字，必是生之或体，与生字可以互用……生字本义为表示出生之动词，而所生之本、所赋之质亦谓之生（后来以姓字书前者，以性字书后者）。物各有所生，故人有生，犬有生，牛有生，其生则一，其所以为生者则异。故古初以为万物之生皆由于天，凡人与物生来之所赋，皆天生之也。故后人所谓性之一词，在昔仅表示一种具体动作所产生之结果，孟、荀、吕子之言性，皆不脱生之本义。必确认此点，然后可论晚周之性说矣。①

确实，诸子百家之人性论虽然分歧极大、争论激烈，但是，认为人性乃人生而固有，却是共识。性无善恶论者告子曰："生之谓性"②。性有善恶论者董仲舒曰："如其生之自然之资谓之性。"③性三品论者韩愈曰："性也者与生俱生者也。"④性恶论者荀子曰："生之所以然者谓之性"⑤。性善论者孟子，如所周知，也认为人性——亦即他所谓的恻隐之心、羞恶之心、辞让之心、是非之心——"非由外铄我也，我固有之也。"⑥埃尔伍德（Charles A. Ellwood）在总结西方思想家的人性论时也这样写道："我们所说的人性，乃是个人生而赋有的性质，而不是生后通过环境影响而获得的性质。"⑦

这种定义能成立吗？答案是肯定的。因为所谓人性，顾名思义，也就是人的属性，亦即人所具有的属性。"人"在此是全称，是指一切人。所以，人性也就是一切人都具有的属性，是一切人共同地、普遍地具有的属性，亦即一切人的共同性、普遍性；而仅仅为一些人所具有的特殊性，则不是人性。举例说，怜悯之心，人皆有之。怜悯心是一切人共同具有的东西，是一切人的一种共同性、普遍性。所以，怜悯心是一种人性。反之，杀人越货之心、敲诈勒索之心等等，不是一切人都具有的共同性、普遍性，而仅仅是一些人具有的特殊性，因而都不是人性。既然人性是一切人普遍具有的属性，那么，一个人，只要是人，不论他是多么小，哪怕他只是个呱呱坠地的婴儿，他也与其他人同样具有人性：人性是呱呱坠地的婴儿与行将就木的老人同样具有的属性。这岂不意味着：人性必是生而固有的而不是后天习得的吗？否则，婴儿就不会与老人具有同样的人性了。因此，所谓人性，说到底，也就是一切人与生俱来、生而固有的普遍本性。

人性是人生而固有的普遍本性，似乎意味着：人性完全是一成不变的。其

---

① 刘梦溪主编：《中国现代学术经典·傅斯年卷》，河北教育出版社1996年版，第64—71页。
② 《孟子·告子上》。
③ （西汉）董仲舒：《春秋繁露·深察名号》。
④ （唐）韩愈：《原性》。
⑤ 《荀子·正名》。
⑥ 《孟子·告子上》。
⑦ Charles A. Ellwood, *An Introduction to Social Psychology*, D. Appleton and Company, New York, 1920, p. 51.

实不然。因为人性原本由质与量两方面构成,是质与量的统一体。从质上看,亦即从质的有无来说,人性确实完全是生而固有、一成不变的,是普遍的、必然的、不能自由选择的。但是,从量上看,亦即从量的多少来说,在一定限度内,人性却是后天习得的,是不断变化的,是特殊的、偶然的、可以自由选择的。就拿爱人之心与恨人之心来说:爱人之心与恨人之心人人皆有,因而都是人性。所以,一个人,不论他多么自私冷酷,多么卑鄙恶毒,他都不可能丝毫没有爱人之心。试想,他能丝毫不爱给了他巨大的快乐和利益的父母和妻儿吗? 同理,一个人,不论他多么仁慈善良,多么温良恭俭让,他都不可能丝毫没有恨人之心。试想,他能不恨给他巨大痛苦的人吗? 他能不恨杀害他父母的仇人吗? 他能不恨夺走他心上人的情敌吗? 所以,从爱人之心与恨人之心的质的有无来看,二者完全是一切人生而固有、一成不变的,是普遍的、必然的、不能自由选择的。

但是,从量的多少来看,在一定限度内,爱人之心与恨人之心则都可以是后天习得的,是不断变化的,是特殊的、偶然的、可以自由选择的。所以,一个生性冷酷的人,对于他人给予的快乐和利益天生反应淡漠,因而他对他人的爱极为匮乏。但是,如果他后天不断努力完善自己的品德、想方设法增进自己的爱人之心,那么,他原本贫乏的爱人之心,便可以逐渐丰富起来,甚至可能成为一个极富爱人之心的人。同理,一个生性热心助人为乐的人,对于他人给予的快乐和利益天生反应强烈,因而他对他人的爱极为厚重。但是,如果他后天不幸被一些冷酷的歹人所包围,这些歹人不断给他痛苦和损害,那么,他原本丰富的爱人之心,便可能逐渐贫乏起来,甚至可能成为一个爱人之心极其贫乏的人。

这样,一方面,人性的质是守恒的,遵循恒有恒无定律。任何人,如果生而具有什么人性,那么,不论后天如何,他从生到死必将永恒具有而绝不可能丧失它:人性绝不可能从有到无。任何人,如果生而不具有什么人性,那么,不论后天如何,他从生到死必将永恒没有而绝不可能获得它:人性绝不可能从无到有。另一方面,人性的量,在一定限度内,是不守恒的。任何人,不论他生而固有的某种人性是多么贫乏,在一定限度内,他都可以通过后天的习得而使之极为丰富;不论他生而固有的某种人性是多么丰富,在一定限度内,他都可以通过后天习得而使之极为贫乏。于是,合而言之,人性便是这样一种东西:它在质上是生而固有、一成不变、不生不灭的,是普遍的、必然的、不能自由选择的;而在量上,在一定限度内,则可以是后天习得、不断变化的,是偶然的、特殊的、可以自由选择的。那么,构成人性的这两种因素究竟是何关系?

我们应该沿袭中国古典哲学传统而称之为"体用"关系:人性的质之有无是人性的"体",而人性的量的多少则是人性的"用"。因为人性的质之有无只能通过人性的量之多少表现出来:人性的质是人性的内容,并因其一成不变性而是人性的"体";人性的量则是人性的形式,并因其众多之变化而是人性的"用"。孟子曰:"恻隐之心,人皆有之。"这是必然的、普遍的、不变的、不可自由选择的。但是,怜悯心并不能赤裸裸地独自存在,而只能存在和表现于每个人的可多可少、可强可弱、时强时弱、时多时少的怜悯心之中。怜悯心的这些变化的、特殊的、偶然的属性,是怜悯心的量,是怜悯心的表现形式,并因其变异性而是怜悯心的"用";而它所表现出来的不变的、必然的、普遍的怜悯心,则是怜悯心的质,是怜悯心的内容,并因其不变性而是怜悯心的"体"。

这样一来,人性便是"体"与"用"的统一体:人性的"体",亦即人性的质之有无,完全是生而固有、一成不变的,是必然的、普遍的、不能自由选择的;人性的"用",亦即人性的量之多少,在一定的限度内,是后天习得、不断变化的,是特殊的、偶然的、可以自由选择的。于是可以说:人性是质与量、体与用、不变与变化、普遍与特殊、必然与偶然的统一体。

二、伦理学的人性概念:人的伦理行为事实如何之本性

显然,人性与其他任何具有多层次本性的复杂事物一样,都是若干门不同科学的研究对象,而皆非一门科学的研究对象:一门科学只研究其一部分本性。那么,伦理学所研究的人性究竟是人性的哪一部分呢?伦理学是关于道德的科学,因而只能研究可以言道德善恶的人性,而不能研究不可言道德善恶的人性:不可言道德善恶的人性乃是其他科学——如心理学——的研究对象;只有可以言道德善恶的人性,才是伦理学的研究对象。于是,人性又依其能否言道德善恶的性质而分为两类。一类是可以言道德善恶的,亦即人的伦理行为事实如何的本性,如同情心和嫉妒心等,是伦理学的研究对象,是伦理学所研究的人性,是作为伦理学对象的人性。另一类是不能言道德善恶的,亦即伦理行为之外的人性,如知情意等,是心理学等科学的研究对象,是心理学等科学所研究的人性,是作为心理学等科学对象的人性。这样,便存在着两种人性概念。一种是广义的:人性乃是人生而固有的普遍本性。这就是作为一般科学术语的人性概念。另一种是狭义的:人性是人的伦理行为事实如何之本性。这就是伦理学的人性概念:伦理学的人性概念就是伦理行为概念。那么,究竟何谓伦理行为?黄建中认为,所谓伦理行为,无非是道德所规范的行为,是能够进行道德评价的行为,是具有道德价值的行为:

第五章 人性

伦理行为者,善恶价值判断所加之行为也。大戴礼本篇云:"知可为者,知不可为者,知可言者,知不可言者,知可行者,知不可行者;是故审伦而明其别,谓之知,所以正夫德也。"判别行为之可不可而断其善恶价值,固伦理之职矣。善恶价值判断所加者,乃有觉有意之行为,非无觉无意之动作。……觉识与意志即行为之特殊性质,"伦理行为"未始不及于此,而又曾入善恶价值之新性质焉。①

诚如黄建中所言,行为的特征是受意识支配:行为是有机体受意识支配的实际反应活动。相应的,伦理行为的特征是受具有道德价值的意识之支配:伦理行为是受具有道德价值、可以进行道德评价的意识支配的行为,说到底,也就是受利害己他意识支配的行为;非伦理行为则是受不具有道德价值因而不可以进行道德评价的意识支配的行为,说到底,也就是受无关己他利害意识支配的行为。试想,一般说来,赏花、观鱼、散步不是伦理行为。为什么?岂不就是因为赏花、观鱼、散步一般说来并不受利害人己的意识支配,是超利害意识行为?然而,如果一个人赏花、观鱼、散步是为了陪伴、愉悦朋友,那就是受利他意识支配的行为,因而便是伦理行为了。

伦理行为是受利害己他意识支配的行为。所以,一眼看去,便知伦理行为分为利他行为、利己行为、害他行为、害己行为四大类型。然而,细究起来,伦理行为又由伦理行为目的与伦理行为手段构成:一方面,伦理行为目的又分为利他目的、利己目的、害他目的、害己目的;另一方面,伦理行为手段也分为利他手段、利己手段、害他手段、害己手段。所以,伦理行为目的与伦理行为手段结合起来,便形成16种伦理行为:

类型 手段 \ 目的	利己	利他	害己	害他
利 己	1. 完全利己	5. 为他利己	9. 利己以害己	13. 利己以害他
利 他	2. 为己利他	6. 完全利他	10. 利他以害己	14. 利他以害他
害 己	3. 害己以利己	7. 自我牺牲	11. 完全害己	15. 害己以害他
害 他	4. 损人利己	8. 害他以利他	12. 害人以害己	16. 完全害他

1. "完全利己",即目的利己、手段利己的行为,也就是目的与手段都既不利人又不损人而仅仅利己的行为。这种行为的经典概括,当推杨朱的两句名言:"拔一毛而利天下不为也"、"不以天下易其胫一毛"。

---

① 黄建中:《比较伦理学》,国立编译馆1947年版,第78—79页。

2. "为己利他",即目的利己、手段利他的行为,也就是以造福社会和他人为手段而求得自己利益的行为。合理利己主义极为推崇这种行为,霍尔巴赫甚至说:"德行不过是一种用别人的福利来使自己得到幸福的艺术。"①

3. "害己以利己",即目的利己、手段害己的行为,也就是通过牺牲自己的一部分利益以求得自己另一部分利益的行为。如"卧薪尝胆"和"头悬梁,锥刺骨"以及吸烟、喝酒、截肢、移皮、受虐狂等等。

4. "损人利己",即通过损人手段以达到利己目的的行为,如偷盗、贪污、敲诈勒索、施虐狂等等。

5. "为他利己",即目的利他、手段利己的行为。孔子说的"君子谋道不谋食。……学也,禄在其中矣"②就是此意:"学"、"谋道"是目的利他,而"禄"、"食"是手段利己。

6. "完全利他",即目的利他、手段也是利他的行为,如孟子所说的出于怜悯心而救孺子于深井的行为。

7. "自我牺牲",即目的利他、手段害己的行为,也就是牺牲自我利益以保全他人利益的行为,如董存瑞托炸药、黄继光堵枪眼、王杰扑地雷、刘英俊拦惊马、徐洪刚斗歹徒等等。孔子盛赞这种行为:"志士仁人,无求生以害仁,有杀身以成仁。"③

8. "害他以利他",即目的利他、手段害他的行为,如父母为了改掉儿子偷窃恶习而痛打儿子、医生为确诊治病而给患者做胃镜等令患者十分痛苦的检查等等。

9. "利己以害己",即目的害己、手段利己的行为,也就是以快乐较多或痛苦较少的手段来达到害己目的的行为。古罗马安东尼的妻子克莉奥佩特拉访求无数易死秘方,最后选用小毒蛇咬死自己,便是以痛苦较小的手段实现自杀目的的"利己以害己"。

10. "利他以害己",即目的害己、手段利他的行为。例如,一个人受内疚感驱使而让医生在自己身上进行新针灸疗法试验,从而实现其折磨自己的渴望,便是利他以害己。

11. "完全害己",即目的害己、手段也害己的行为。这种行为,如弗洛伊德所说,也引发于诸如内疚感、罪恶感的自恨心。如一个印第安人酒后杀母因而内疚,于是不论冬夏都不着衣物,严冬时露宿雪地。

---

① 〔法〕霍尔巴赫:《自然的体系》上卷,管士滨译,商务印书馆1964年版,第247页。
② 《论语·卫灵公》。
③ 同上。

12. "害人以害己",即目的害己、手段害人的行为,如一个人受内疚感驱使而欲入狱惩罚自己,于是便故意破坏公物、扰乱治安以便让警察抓住自己的行为。

13. "利己以害他",即目的害他、手段利己的行为,如为了杀死仇人而锻炼身体、练功习武等等。

14. "利他以害他",即目的害他、手段利他的行为,如西施委身吴王以求灭吴。

15. "损己以害人",即目的害人、手段害己的行为。托尔斯泰《安娜·卡列尼娜》中的安娜卧轨自杀就是一种损己以害人,因为她卧轨时不断喃喃自语"报复他":她自杀的目的是为了报复佛伦斯基。

16. "完全害人",即目的害人、手段也害人的行为。这是典型的复仇行为,是古老而又常见的社会现象,多少年来,一直成为戏剧、小说和电影的重要题材。特别是中国的旧式或新派武侠小说,大都以这种完全害人的复仇行为为主题,几乎千篇一律:张三的父母被李四杀害,张三逃进深山老庙,为了杀害李四报仇雪恨而勤学苦练,一朝武艺学成便出庙下山寻杀李四,如此等等。

这16种伦理行为,由人的全部伦理行为目的与全部伦理行为手段结合而成,因而便包括人类一切社会一切人的一切伦理行为。因此,不论任何社会任何人的伦理行为如何怪诞、奇特、罕见,均无逃乎这16种伦理行为而尽在其中:只不过或者是其纯粹类型,或者是其复合形态罢了。可是,人们究竟为什么会做出这些行为?或者说,这些行为——特别是无私利他——的动因、根据、原动力究竟是什么?也就是说,伦理行为最深刻的本性是什么?说到底,伦理学所探究的最深刻的人性是什么?

三、最深刻的人性:爱与恨

伦理学所探究的最深刻的人性——亦即引发一切伦理行为的动因、根据和原动力——是什么?是爱与恨。对于这个道理,休谟的阐述最为精辟:

> 爱永远跟随着有一种使所爱者享有幸福的欲望,以及反对他受苦的厌恶心理;正像恨永远跟随着有希望所恨者受苦的欲望,以及反对他享福的厌恶心理一样。骄傲与谦卑、爱与恨这两组情感在其他许多点上都互相符合,而却有那样明显的一种差异,这是值得我们注意的。欲望和厌恶对于爱和恨的这种结合,可以用两个不同的假设加以说明。第一个假设是:爱和恨不但有一个刺激起他们的原因,即快乐和痛苦,和它们所指向的一个对象,即一个人或有思想的存在者;

而且还有它们所努力以求达到的一个目的,即所爱者或所恨者的幸福或苦难;这些观点混合起来,只形成一种情感。依照这个体系来说,爱只是希望别人幸福的一种欲望,而恨只是希望别人苦难的一种欲望。欲望和厌恶就构成爱和恨的本性。它们不但是不可分的,而且就是同一的。但是这显然是与经验相反的。固然,我们爱任何人,就不能不希望他幸福,我们恨任何人,就不能不希望他受苦,可是这些愿望只是在我们朋友的幸福的观念和我们敌人的苦难的观点被想象呈现出来时才发生的,它们并非爱和恨所绝对必需的条件。这些是爱恨感情中的最明显而最自然的情绪,但不是唯一的。爱和恨的情感可以在成百种的方式下表现自己,并存在相当长的时期,而我们并不反省它们的对象的幸福或苦难:这就清楚地证明,这些愿望与爱恨并不是同一的,也不是它们的要素。①

确实,爱与恨乃是一种心理反应,它们与快乐、利益与痛苦、损害有必然联系:爱是自我对其快乐之因的心理反应,是对给予自己利益和快乐的东西的心理反应;恨是自我对其痛苦之因的心理反应,是对给予自己损害和痛苦的东西的心理反应。问题的关键在于,使一个人快乐和痛苦的既可能是他人,也可能是自我本身。所以,爱与恨便分为爱人之心与自爱心以及恨人之心与自恨心:爱人之心是对于成为自己快乐之因的他人的心理反应;恨人之心是对于成为自己痛苦之因的他人的心理反应;自爱心是对于成为自己快乐之因的自己本身的心理反应;自恨心是对于成为自己痛苦之因的自己本身的心理反应。推演休谟爱恨理论可知:这四种爱与恨便是产生一切伦理行为——亦即目的利害人己四种伦理行为——的动因、根据、原动力。

1. 爱人之心:同情心与报恩心

根据休谟关于爱的因果关系之分析,每个人——不管他多么自私——都或多或少地存在着目的利人、无私利他的行为。因为每个人不管多么自私,都或多或少会从他人那里得到快乐和利益,从而必然或多或少有爱人之心;而爱人之心这种对于成为自己快乐之因的他人的心理反应,便会驱使自己相应的为了他人的快乐和利益而劳作:爱人之心会导致无私利人的行为。问题是,为什么爱人之心会导致无私利人的行为?

原来,一个人爱谁,便会对谁产生同情心,便会与谁发生同样的感情。如果不是爱,而是恨,那便不但不会同情,而且恰好相反:看到所恨的人快乐自己会痛苦;看到所恨的人痛苦自己会快乐。所以,同情心是从爱人之心分化产生出来的,是爱人之心的表现。这样,当一个人在爱他人的时候,就会与他所爱的人融

---

① 〔英〕休谟:《人性论》下册,关文运译、郑之骧校,商务印书馆1983年版,第404—405页。

为一体：看到所爱的人快乐，自己便会同样快乐；看到所爱的人痛苦，自己便会同样痛苦。于是，一个人便会帮助他所爱的人得到快乐、摆脱痛苦，就像使自己得到快乐、摆脱痛苦一样；而实际上，他这种行为的目的，不但毫不为己而且还往往是自我牺牲。

试想，母亲为什么会辛辛苦苦不为自己而为子女谋取幸福、快乐，甚至为此而不惜牺牲自己的幸福？岂不就是因为母亲深爱自己的子女，对他们怀有强烈的同情：感觉到他们的苦乐，就像自己的苦乐一样？我们不是常常看到，当有了什么好吃的东西，母亲总是宁愿让给儿女吃而自己不吃？为什么母亲会这么做？因为——母亲们都这么说——她感受到儿女吃时的快乐，这种快乐的感受甚至比自己吃所感受的快乐还强烈。

那么，爱人之心是否只能通过产生同情心而导致无私利人？不是的。爱人之心是对于成为自己快乐之因的他人的心理反应。如果这快乐和利益是他人无意给予我的，如稚子的憨态、情人的美丽，那么，这种快乐和利益便仅仅是快乐和利益而不是恩。我对于这种快乐和利益便仅仅有爱的心理反应而不会有报恩心，是非报恩心之爱。这种爱无疑只能通过产生同情心而无私利人。反之，如果我所得到的快乐和利益是他人有意给予的，如父母的养育、朋友的帮助，那么，这种快乐和利益便叫做恩。我对于这种快乐和利益便不仅有爱的心理反应，而且相应地产生一种也有意给对方以快乐和利益的心理。这就是所谓的恩爱、报恩心之爱：报恩心便是对有意给自己快乐和利益的人所产生的也有意给他以快乐和利益的心理。

不难看出，报恩心所引发的这种给恩人以利益和快乐的行为之目的，并不是为了——而是因为——从恩人那里得到快乐和利益；是目的为了给予恩人快乐与利益，而原因在于恩人曾给予自己快乐与利益；是为了报答恩人，而不是为了再从恩人那里得到快乐和利益；是给予而非索取；是为恩人而不是为自己。一句话，报恩心所引发的是一种无私利他的行为。这样，当一个人在爱他人的时候，如果这种爱是对他人有意给予自己快乐和利益的心理反应，那么，他便会对他人心怀感激、发生报恩心，从而为他的恩人谋取快乐和利益：爱人之心通过产生报恩心而导致无私利他的行为。

可见，一个人之所以能够无私利人，是因为他有爱人之心。爱人之心所以会导致无私利人，一方面是因为它使爱者与被爱者融为一体从而发生同情心；另一方面则是因为它使爱者对被爱者心怀感激从而发生报恩心。

2. 恨人之心：嫉妒心与复仇心

根据休谟对于恨的因果关系之分析，每个人，不管他多么善良，都或多或少地存在着目的害人的行为。因为每个人不管多么善良,都或多或少会从他人那里受到痛苦和伤害,从而必然或多或少有恨人之心;而恨人之心这种对于成为自己痛苦之因的他人之心理反应,显然便会驱使自己相应的为了使他人痛苦而活动:恨人之心会导致目的害人的行为。试想,古今中外,恨曾经并且还将驱使多少人为了损害所恨的人而不惜损害自己,甚至身陷囹圄、命丧黄泉!可是,为什么恨人之心会导致目的害人的行为?

原来,一个人恨谁,便会对谁产生反感,便会与谁发生相反的感情。这种反感的典型便是嫉妒心:嫉妒心是因与他人的优劣相比较而与他人发生相反感情的心理。嫉妒心这种最为阴暗的人性也源于他人对自己的伤害和给自己造成的痛苦。不过,这种伤害和痛苦却不是他人有意造成的,而是自己与他人相比较的结果:一方面是与他人的优势相比而使自己居于劣势的结果;另一方面则是与他人的劣势的改善相比而使自己优势减弱的结果。他人无意伤害我,但是,他人的优势却不能不使我居于劣势;他人的劣势的改善也不能不威胁我的优势。他人的优势使我居于劣势和他人劣势的改善而威胁我的优势,不能不使我对他人产生怨恨之心,不能不使我与他人发生相反感受:这就是所谓的嫉妒心。

这样,在我恨他人的时候,如果这种恨是对他人的优势或劣势的改善之心理反应,那么我便会对他人心怀嫉妒,因而看到他人快乐和幸福,我便会感到痛苦和不幸;看到他人痛苦和不幸,我便会感到快乐和幸福。于是,我便会设法使他人遭受痛苦和不幸,就像使自己得到快乐和幸福一样;我便会设法使他人丧失快乐和幸福,就像使自己摆脱痛苦和不幸一样。然而,实际上我这种行为的目的,却是纯粹害人而毫不利己;不但毫不利己,而且往往还是自我损害。举例说,1963年,纽约有一个其貌不扬的临时工,在一场棒球比赛散场之后,驾车冲上人行道,把在这场比赛中获胜的漂亮英雄压倒。这个谋杀者供认其犯罪动机在于,他不能忍受这位相貌出众的运动员那么丰神俊爽、光彩夺目:嫉妒心使他为了害人而不惜违法害己。

那么,恨人之心是否只能通过产生与所恨的人的相反感情——特别是嫉妒心——而导致目的害人的行为?不是的。恨人之心是对于成为自己痛苦之因的他人的心理反应。如果这痛苦和损害是他人无意给予我的——如他人的优势或他人的劣势的改善——那么,这种痛苦和损害便仅仅是痛苦和损害,而不是仇。我对于这种痛苦和损害便仅仅有嫉妒心等恨的反应,而不存在复仇心,是非复仇心之恨。反之,如果这种痛苦和损害是他人有意给予的——如他人对我诬陷迫害——那么,这种痛苦和损害便叫做"仇"。我对于这种痛苦和损害便不仅仅有恨的心理反应,而且还相应地产生一种也有意给他人以痛苦和损害的心理反应,亦即复仇心之恨:复仇心是对有意伤害自己的人所产生的也有意给他以伤害的心理。所以,复仇心是一种特殊的恨人之心,是恨人之心的一种表现和结果。

因此,复仇心所引发的行为目的,也是害人而非利己;不但不是利己,而且也往往以自我损害为手段:为了给予仇人痛苦和损害,不惜自己再遭受痛苦和损害。这种目的害人的复仇行为,是古老而又常见的社会现象。

总之,一个人之所以会目的害人,只是因为他有恨人之心。如果这种恨是对他人有意给予自己痛苦和损害的心理反应,那么,他便会对他人心怀仇恨、发生复仇心,从而使仇人遭受痛苦和损害;如果造成这种恨的痛苦和损害是他人无意给予的,是他人的优势或劣势的改善的客观结果,那么,他便会对他人心怀嫉妒、与他人发生相反感情,从而使他人遭受痛苦和损害:恨人之心通过衍生嫉妒心和复仇心而导致目的害人之行为。

3. 自恨心:内疚感、罪恶感与自卑心

推演恨人之心导致目的害人可知:一个人的恨如果转向了自己,便可能引发目的害己的行为。因为,一方面,恨是一个人对给予他损害和痛苦的东西的必然的、不依人的意志而转移的心理反应。每个人所遭受的痛苦和伤害,固然大都来自他人,但也往往是自己造成的。一个人的痛苦和伤害如果是他人造成的,他便必然会恨他人,便必然会产生恨人之心;如果是自己造成的,他也必然会恨自己,也必然会产生自恨心:自恨心是对于成为自己痛苦之因的自己本身的必然的、不依自己的意志而转移的心理反应。另一方面,恨是破坏性、损害性行为的动因。如果所恨的对象是他人,便会导致目的害人的行为;如果所恨的对象是自己,便会导致目的害己的行为。那么,自恨心究竟是怎样引发目的害己之行为的?

原来,每个人或多或少都有遵守道德从而做一个好人的道德愿望。这样,一个人如果自己损害他人,干出了违背道德的恶行,自己便会因做一个好人的道德愿望得不到实现而陷入良心谴责的痛苦,便会产生内疚感、罪恶感:内疚感和罪恶感是对自己因损害他人而造成自己良心痛苦的心理反应,因而属于自恨心范畴。这种自恨心往往是一种相当强烈的持续的焦虑,是震撼心灵的极深刻的情绪上的动荡不安;如果不能为自爱心所中和、抵消,便会以各种残害自己的行为来自我惩罚以赎罪,从而解除罪恶和内疚、摆脱焦虑、达到内心的安宁。试举几例。据报道,一位军官因与其女儿发生性关系而生罪恶感,便向上级自首,断送自己的锦绣前程。一个印第安人因酒后杀母而生罪恶感,于是,严冬时便不穿衣物露宿雪地来折磨自己。一个21岁的女孩因手淫而生罪恶感,因而利用病床的弹簧做工具,将自己双手的骨头弄断。

那么,内疚感和罪恶感是引发目的害己行为的全部动因吗?不是。因为痛

苦的最主要的情境条件是：行为失败而达不到目的。如果一个人认为失败的原因在自己，是由于自己的无能，那么，他对于因自己的无能所造成的自己的失败之痛苦的心理反应，便是一种与内疚感和罪恶感有所不同的自恨心：自卑感。这种不同在于，内疚感和罪恶感是对自己的无德的恨；而自卑感则是对自己的无能的恨，是把自己的痛苦归因于自己的无能的心理。更确切些说，自卑感与自尊心相反，是认为自己无能使自己受尊敬的心理，是认为自己没有能力有作为、有价值的心理：不自信是自卑感的根本特征。因此，自卑之为自卑的根本特征，并非自认卑下，而是自认无能改变自己之卑下。这样，仅仅认为自己卑下，还不是自卑。认为自己卑下但能加以改变，恰恰是自信、自尊。只有认为自己卑下且无能加以改变，才是自卑：自卑感是自认无能改变自己之卑下的心理。由此可以理解，为什么生理缺陷最易引起自卑，因为生理缺陷是自己无能、无法加以改变的。

自卑感与内疚感、罪恶感虽然有所不同，但毕竟都是自恨心，因而所引发的目的害己行为之心理机制往往相同：自我惩罚。对此，达尔文曾举一例：在大猩猩凶狠地打斗时，被打败者往往拼命打自己，因为它痛感自卑，愤恨自己无能，因而自我惩罚。我们平时也曾看见，有的母亲因管教不了儿女而用手掌甚至木棍猛打自己的脸和头。这也是一种引发于自卑之自恨的自我惩罚：恨自己竟无能到了管教不了自己儿女的地步。不过，大体说来，自卑感与内疚、罪恶感的害己心理还是不同的：自卑的害己特点在于自暴自弃。因为大体说来，一个人如果自卑，认为自己没有能力有所作为，那么，他显然就会放弃作为、自暴自弃——谁会为自认不可能的事情奋斗呢？

总之，一个人之所以会目的害己，只是因为他有自恨心。如果这种恨是对于因自己缺德所造成的良心的痛苦的心理反应，那么，他便会发生内疚感和罪恶感，从而以各种残害自己的行为来赎罪；如果这种恨是对于因自己的无能给自己造成的痛苦的心理反应，那么，他便会发生自卑感而自暴自弃：自恨心通过衍生自卑感和内疚感或罪恶感而导致目的害己之行为。

4. 自爱心：求生欲与自尊心

如果说目的害己是一种难以令人置信的人性的奇特发现，那么，目的利己则是最为平常无奇的自明之理。这种行为是如此不言而喻，以致伏尔泰说道：正如没有必要去证明人有脸一样，没有必要去证明一个人为什么会有利己目的；因为人人莫不求利避害，求利避害是人的本能①。伏尔泰的这句极富智慧的俏皮

---

① 《睿智与偏见——伏尔泰随笔集》，余兴立等选译，上海三联书店1990年版，第8页。

话,看似至理名言,实则大谬不然。因为人不仅有利己目的,而且还有恰相反对的害己目的。如果说利己是人的本能,那么,他为什么还会害己呢?说利己是本能,就如同说害己是本能一样,等于什么都没有说。因此,正如需要证明人为什么会有害己目的一样,需要证明人为什么会有利己目的。

但是,不难看出,一个人之所以会有利己目的,只是因为他有自爱心,他爱自己,爱自己的生命。因为,如果他不是爱自己而是恨自己,那么,如上所述,他便不会利己而会害己了。最能说明这个"利己目的源于生命之爱"的道理的,是列宁病逝前夕,请人朗诵他十分喜爱的杰克·伦敦的小说《热爱生命》。小说的主人公是个淘金者。在他淘金归来的荒野雪地里,失去了食物和子弹,只好吃一点野菜、浆果和偶尔在水坑中抓到的几条小鱼。如此不知走了多少天,终于虚弱得再也站不起来,只能爬了。爬到第六天,被几个考察队员看见。但他们只觉得是"发现了一个活着的动物,很难把它称作人。它已经瞎了,失去了知觉。它就像一条大虫子在地上蠕动着前进。它用的力气大半都不起作用。但是它老不停。它一面摇晃,一面向前扭动,照它这样,一个钟头大概可以爬上二十尺"。

究竟是什么动力使他如此顽强地求生?是对他的生命的爱"逼着他向前走的",杰克·伦敦一再说,"是他的生命,因为这生命不愿意死"。可是,他为什么爱自己的生命而不愿意死呢?只是因为生命的快乐乃是人的最根本、最重要、最大的快乐。这是生物进化的结果:生物进化一方面使动物具有快乐和痛苦的感受性而趋乐避苦;另一方面则使有利生命的刺激引起快乐感受、有害生命的刺激引起痛苦感受。这样,动物才会因趋乐避苦而趋利避害,从而生存下来。问题的关键正在于:既然对于有利生命的东西的心理反应便是快乐,对于有害生命的东西的心理反应便是痛苦;那么,对于生命本身的心理反应便是最根本、最重要、最大的快乐。庄子将这个道理概括为四个字:"至乐活身。"①生命本身、活着本身便是每个人最根本、最重要、最大的快乐,因而每个人对自己生命的爱、他的求生欲,便是他最根本、最重要、最大的欲望和需要。显然,每个人的这种求生欲必将导致使自己的生命得以存在和发展的行为,也就是求利避害、求乐避苦的行为,说到底,也就是目的利己的行为。

于是,我们可以得出结论说:目的利己的行为,直接说来,源于求生欲;根本说来,则源于生命的快乐。然而,求生欲所能引发的,无疑仅仅是一部分并且是基本的、低级的目的利己行为:活着。仅仅求生欲,还不能引发那些比较高级的目的利己行为:活得有作为、有成就、有价值。引发这些行为的,乃是另一种自爱心:自尊心。何谓自尊心?

---

① 《庄子·至乐》。

原来,一个人的自己,无非由自己的生命和自己的人格两方面构成。求生欲是自爱在自己生命方面的表现,是对自己的生命的爱,是对生命自我的爱。反之,自尊心则是自爱在自己人格或行为方面的表现,是对自己的人格或行为的爱,是对人格自我或行为自我的爱。可是,一个人为什么会爱自己的人格,会爱他的行为自我?现代心理学表明:每个人的行为,目的都是为了满足一定的需要、实现一定的欲望。如果他的行为获得成功,从而满足了需要、实现了欲望、达到了目的,那么,他便快乐;反之,他便痛苦。不言而喻,每个人的行为不论如何屡遭失败,却总有数说不尽的成功,总有数说不尽的快乐——尽管这些成功和快乐可能极为琐碎渺小——而这成功和快乐,说到底,是他自己努力求得的,是他自己的行为和人格之结果。所以,每个人的一切快乐之终极原因,具体讲来,是他自己的行为;总体地看,则是他自己的人格。这就是每个人为什么都爱自己的人格的秘密。

爱自己的人格,不言而喻,也就是使自己的人格受尊敬的心理,也就是使自己的人格受自己和他人尊敬的心理:爱自己的人格与自尊心是同一概念。所以,冯友兰写道:"孟子说:'舜何人也,予何人也,有为者亦若是。'有这一类底志趣者,谓之有自尊心。"①不过,一个人怎样才能得到自己和他人的尊敬呢?无疑只有使自己有所作为、有所成就、有贡献、有价值才能得到自己和他人的尊敬:"为鸡狗禽兽矣,而欲人之尊己,不可得也。"②因此,自尊心必将导致使自己有作为、有价值的目的利己的行为:自尊者必自强自立也。

可见,一个人之所以会有利己目的,只是因为他有自爱心:一方面是因为自爱在自己生命方面的表现是求生欲,因而必导致维持自己生命的低级的目的利己行为;另一方面是因为自爱在自己人格方面的表现是自尊心,因而必导致使自己有所作为的高级的目的利己行为。

*　　　　　*　　　　　*

不难看出,目的利己、目的害己、目的利人和目的害人四类伦理行为之动因、根据和原动力的研究,固然是一切伦理行为最深刻的本性,是最深刻的人性,却实为人性之定质分析:它仅仅分析了人为什么能无私,却没有分析人能在多大程度上无私。更确切些说,它仅仅揭示了引发各种伦理行为目的的动因、原动力,说明了每个人为什么会有利己、利他、害己、害他四大目的,从而为这些目的——特别是两千年来一直争论不休的无私利他目的——的存在找到了根据。

---

① 冯友兰:《三松堂全集》第四卷,河南人民出版社 1986 年版,第 442 页。
② 《列子·说符》。

然而，人究竟能在多大程度上无私？爱人与自爱的相对数量是否也有规律可循？儒家的回答是肯定的，那就是鼎鼎有名的所谓"爱有差等"定律：这是对人性的定量分析。

四、最深刻的人性定律：爱有差等

伦理行为动因的研究表明：我之所以无私为他人谋利益，是因为我爱他人；而我之所以爱他人，又只是因为我的利益和快乐是他人给的。这就是说，我能否为了他人谋利益，取决于我能否爱他人；而能否爱他人又取决于他人能否给我利益和快乐。于是，我为了他人谋利益的多少，也就取决于我对他人的爱的多少；而我对他人爱的多少，也就取决于他人给我的利益和快乐的多少：谁给我的利益和快乐较少，谁与我必较疏远，我对谁的爱必较少，我必较少地为了谁谋利益；谁给我的利益和快乐较多，谁与我必较亲近，我对谁的爱必较多，我必较多地为了谁谋利益。

试想，为什么我会觉得自己的祖国比他人的祖国对我更亲近？为什么我对自己祖国的爱多于对他人祖国的爱？为什么我无私为自己祖国谋利益多于无私为他人祖国谋利益？岂不仅仅是因为自己的祖国给我的利益多于他人的祖国？否则，如果我自幼及老一直生活于他人的祖国，从而他人的祖国给我的利益多于自己的祖国，那么，他人的祖国必亲近于自己的祖国、对他人祖国的爱必多于对自己祖国的爱、无私为他人祖国谋利益必多于无私为自己祖国谋利益。为什么自己的父母更亲近于他人的父母、对自己父母的爱多于对他人父母的爱、无私为自己父母谋利益多于无私为他人父母谋利益？岂不仅仅是因为自己的父母给我的利益多于他人父母？否则，如果我不幸被父母遗弃而被他人的父母收养，从而他人父母给我的利益多于自己父母，那么，他人父母必亲近于自己父母、我对他人父母的爱必多于对自己父母的爱、我无私为他人父母谋利益必多于无私为自己父母谋利益。

人生在世，为什么我最亲近的人是自己的父母、配偶、儿女、兄弟、姐妹？为什么我对他们的爱最多、为他们谋利益最多？岂不仅仅是因为他们给我的利益和快乐最多？否则，如果父母遗弃我、妻子背叛我、儿女虐待我、兄弟姐妹敲诈我，从而他们给我的利益和快乐少于朋友给我的利益和快乐，那么，朋友对于我必亲近于父母、妻子、儿女、兄弟，我对朋友的爱必多于对父母、妻儿、兄弟、姐妹的爱，我为朋友谋利益必多于为父母、妻子、儿女、兄弟、姐妹谋利益。

可见，谁给我的利益和快乐较少，谁与我必较远，我对谁的爱必较少；谁给我

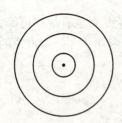的利益和快乐较多,谁与我必较近,我对谁的爱必较多。于是,说到底,我对我自己的爱必最多:自爱必多于爱人。这就是"爱有差等"之人性定律。这个定律,如所周知,可以用若干同心圆来表示。

圆心是自我,圆是他人。离圆心较远的圆,是给我利益和快乐较少因而离我较远的人:我对他的爱必较少。反之,离圆心较近的圆,是给我的利益和快乐较多因而离我较近的人:我对他的爱必较多。因此,我对圆心即自我本身的爱必最多,亦即自爱必多于爱人。

这一人性定律,如所周知,原本是儒家的发现。《论语》等儒家典籍对此解释说:

爱父母,是因为我最基本的利益是父母给的;爱他人,是因为我的利益也是他人给的。但是,父母给我的利益多、厚、大;而他人给我的利益少、薄、小。所以,爱父母与爱他人的程度便注定是不一样的,是有多与少、厚与薄之差等的:谁给我的利益较少,我对谁的爱必较少;谁给我的利益较多,我对谁的爱必较多。因此——墨子进而引申说——我对我自己的爱必最多。《墨子·耕柱》篇便借巫马子之口,对孔子的爱有差等这样概述道:

巫马子谓子墨子曰:"我与子异,我不能兼爱。我爱邹人于越人,爱鲁人于邹人,爱我乡人于鲁人,爱我家人于乡人,爱我亲人于我家人,爱我身于吾亲,以为近我也。"

对于这段话,冯友兰说:"巫马子是儒家的人,竟然说'爱我身于吾亲',很可能是墨家文献的夸大其词。这显然与儒家强调的孝道不合。除了这一句以外,巫马子的说法总的看来符合儒家精神。"[1]其实,冯友兰只说对了一半。他忽略了"爱有差等"具有双重含义:一是作为行为事实如何的客观规律的"爱有差等";一是作为行为应该如何的道德规范的"爱有差等"。从道德规范看,"爱我身于吾亲"确与儒家的孝道不合,也与儒家认为"为了自己即是不义"的义利观相悖。墨子断言"爱我身于吾亲"是儒家的主张,无疑是夸大、歪曲。这一点,冯友兰说对了。但是,从行为规律来说,既然谁离我越近、给我的利益越多,我对谁的爱必越多,那么,我对我自己的爱无疑必最多:爱我身必多于爱吾亲。边沁也看破了这一点。他写道:"每个人都是离自己最近,因而他对自己的爱比对任何其他人的爱,都是更多的。"[2]因此,"爱我身于吾亲"虽是作为儒家道德规范的"爱

---

[1] 冯友兰:《中国哲学简史》,北京大学出版社1985年版,第87页。
[2] Ignacio L. Gotz, *Conceptions of Happiness*, University Press of America, Inc. Lanham', New York, 1995, p. 287.

有差等"所反对的,却是作为行为规律的"爱有差等"的应有之义,是其必然结论,而绝非墨子夸大其词。

这个爱有差等之人性定律,无疑是极其重要的人性定律。然而,耐人寻味的是,西方对于这一定律的研究要晚近得多。一直到19世纪,德国伦理学家包尔生才提到这个定律,并称之为"心理力学法则":

显然,我们的行为实际上是由这样的考虑指导的:每个自我——我们可以说——都以自我为中心将所有其他自我安排到自己周围而形成无数同心圆。离中心越远者的利益,它们引发行为的动力和重要性也就越少。这是一条心理力学法则(a law of psychical mechanics)。①

* * *

以上,我们通过人性的概念分析以及定质和定量分析,完成了"道德价值实体"篇,揭示了作为伦理学对象的人性的主要内涵:(1)伦理行为目的和手段的利他、利己以及害他、害己四类型;(2)伦理行为目的和手段结合而形成的伦理行为之16种;(3)最深刻的人性:一切伦理行为的原因、根据和原动力;(4)最深刻的人性定律:爱有差等。这些就是人的伦理行为事实如何之主要本性,亦即伦理学所主要研究的人性:它们是一切人生而固有、永恒不变、必然的、普遍的属性,也就是人性的"体",因而也就只能存在和表现于人们那些变化的、特殊的、偶然的属性之中。人们这些变化的、特殊的、偶然的属性,就是人性的"用":人性是内容与形式、体与用、不变与变化的统一体。举例说:

每个人都具有利己、利他、害己、害他四种行为目的;都具有引发利己目的的自爱心(求生欲与自尊心)、引发害己目的的自恨心(内疚感、罪恶感与自卑心)、引发利他目的的爱人之心(同情心与报恩心)以及引发害他目的的恨人之心(复仇心与嫉妒心);都遵循爱有差等的人性定律。这是普遍的、必然的、不变的,因而是人性的"体"或人性之内容。然而,品德高尚者的利他目的(及其爱人之心)多,而害他目的(及其恨人之心)少;品德败坏者则恰恰相反。这是特殊的、偶然的、变化的,因而是人性的"用"或人性的表现形式。

人性是内容与形式、体与用、不变与变化的统一体,乃是伦理学对其进行研究的意义之所在。因为一方面,如果知道人性的哪些因素是必然的、不可改变的,便不会要求人们改变这些不可改变的人性,便不会制定违背人性的恶劣道德,而能够制定符合人性的优良道德;另一方面,如果知道哪些人性因素是偶然

---

① Friedrich Paulsen, *System of Ethics*, Translated By Frank Thilly, Charles Scribner's Sons, New York, 1908, p. 393.

的、可以改变的，便可以减少、禁止其与道德相违者，而增进、发扬其与道德相合者，从而使优良道德规范得到实现。那么，在人性——人的伦理行为事实如何之本性——中，究竟哪些可变因素是与道德相合抑或相违的？符合人性之不变与可变因素的优良道德究竟是怎样的？这就是下一篇"道德价值和道德规范"的研究对象：以道德最终目的、道德终极标准为尺度，来衡量这些人的伦理行为事实如何的本性之善恶，从中推导、制定出伦理行为之应该如何的优良道德规范。

思 考 题

1. 人所固有的动物性究竟是不是人性？这是两千年来人性概念争论的焦点。主流的观点当以孟子和戴震为代表，认为人所固有的动物性绝非人性，人性只是人之所以为人者的特性。反之，非主流的观点则以告子和荀子为代表，认为人性就是人生而固有的本性，人生而固有的任何本性都是人性。主流观点的主要根据，乃在于这样一种明摆着的事实：人性与犬性、牛性是不同的。《孟子·告子上》记载了孟子与告子的辩论："孟子曰：'生之谓性也，犹白之谓白与？'曰：'然。''白羽之白也，犹白雪之白，白雪之白犹白玉之白与？'曰：'然。''然则犬之性犹牛之性，牛之性犹人之性与？'"确实，人性与犬性、牛性是不同的。但是，由此能否得出结论说，人性就是人不同于犬、牛的人之特性？

2. 何谓爱有差等？《论语》等儒家典籍对此解释说：爱父母，是因为我最基本的利益是父母给的；爱他人，是因为我的利益也是他人给的。但是，父母给我的利益多、厚、大；而他人给我的利益少、薄、小。所以，爱父母与爱他人的程度便注定是不一样的，是有多与少、厚与薄之差等的：谁给我的利益较少，我对谁的爱必较少；谁给我的利益较多，我对谁的爱必较多。那么，由此是否可以得出结论说：我对我自己的爱必最多？是否可以得出结论说：为己必多于为人？是否可以得出结论说：每个人必定恒久为自己，而只能偶尔为他人？

3. 所谓心理利己主义，也就是认为每个人的一切行为目的只能是利己的理论。当代西方著名伦理学家马奇(Peter Markie)指出："心理利己主义在许多人看来是令人信服的，理由很多，比较典型的是：a. 我的每一行为都引发于我的动机或我的欲望或我的本能，而不是其他人的。这一事实可以表述为：我的行为不论何时，总是追求我自己的目的或企图满足我自己的欲望。由此我们可以得出结论说，我总是为我自己寻求什么或追求我自己的满足。b. 不言而喻，当一个人满足了自己的需要，他必会感到快乐。这便使许多人联想到，我们做的每一件事所真正欲求的,都是我们自己的快乐。"①请回答:心理利己主义认为"每个人的一切行为目的只能是利己"的这两个理由能成立吗?

参 考 文 献

《孟子·告子上》。
《荀子·正名》。
《庄子·至乐》。
苗力田主编:《亚里士多德全集》第八卷,中国人民大学出版社1992年版。
王海明:《人性论》,商务印书馆2005年版。
Stevn M. Cahn and Peter Markie, *Ethics: History, Theory, and Contemporary Issues*, Oxford University Press, New York, Oxford, 1998.
Charles A. Ellwood, *An Introduction to Social Psychology*, D. Appleton and Company, New York, Lonon, 1920.

---

① Stevn M. Cahn and Peter Markie, *Ethics: History, Theory, and Contemporary Issues*, Oxford University Press, New York, Oxford, 1998, p. 558.

第三篇　道德价值与道德规范：伦理行为应该如何的优良道德

第六章　善：道德总原则

本章提要：无私利他的正道德价值最高，是伦理行为最高境界的应该如何，是道德最高原则，是善的最高原则，是至善；单纯利己的道德价值最低，是伦理行为最低境界的应该如何，是道德最低原则，是善的最低原则，是最低的善；为己利他是利他与利己的混合境界，其道德价值介于无私利他与单纯利己之间，是伦理行为基本境界的应该如何，是道德基本原则，是善的基本原则，是基本的善。利他主义（其代表主要是儒家、墨家、康德和基督教）否定为己利他和单纯利己，而把无私利他奉为评价行为是否道德的唯一准则；合理利己主义（其代表主要是爱尔维修、霍尔巴赫、费尔巴哈、车尔尼雪夫斯基、老子、韩非、梁启超）否定无私利他和单纯利己，而把为己利他奉为评价行为是否道德的唯一准则；个人主义（其代表主要是尼采、海德格尔、萨特、杨朱、庄子）否定无私利他或为己利他，而把单纯利己奉为评价行为是否道德的唯一准则。所以，利他主义与合理利己主义以及个人主义不过是分别夸大无私利他、为己利他、单纯利己三大善原则而堕入谬误的片面化真理而已。

优良的道德总原则"善"，如前所述，只能通过道德目的或道德终极标准，从人性中推导出来：它是运用道德目的或道德终极标准来衡量、分析人性善恶之结果。所以，人性之善恶，乃是道德总原则理论的基本问题，也是人类思想的大问题；因而不论中外，自古以来，人们便围绕着它一直争论不已。不过，这些争论能够形成各种系统的人性善恶学说并且世代相沿两千多年，却是西方绝无而仅为中国哲学所特有。这些构成中国哲学一大特色的人性善恶之学说可以归结为四种：性无善恶论、性善论、性恶论、性有善有恶论。对于这些学说的分析，无疑是科学地确立道德总原则"善"的出发点。

一、人性之善恶：人性善恶学说

1. 性无善恶论

性无善恶论是认为人性不可言道德善恶的理论。告子是这种理论的代表：

告子曰："性犹湍水也，决诸东方则东流，决诸西方则西流。人性之无分于善不善也，犹水之无分于东西也。"……告子曰："生之谓性。"……告子曰："食色，性也。"①

诚然，食色与同情、嫉妒、爱恨等人性一样，都是人生而固有、不学而能的本性，是人的天生的、天然的、自然的、本能的东西。但是，这些人性却不属于自然物而属于人的行为范畴：它们都属于行为心理范畴，是行为的内在动因、内在因素。这些行为的内在因素，就其量的多少来说，是每个人都能够自由支配的：可以压抑、升华而变弱变少；也可以发展、放纵而变强变多。因此，一个人的食色、爱恨、同情心、嫉妒心等人性与不受他自由支配的他身上的那些自然物——如眼睛大小、鼻子高低——不同，是可以言善恶的：爱和同情心显然有利于社会和每个人的生存与发展，符合道德目的、道德终极标准，因而是善的；恨和嫉妒心显然有害于社会和每个人的生存与发展，违背道德目的、道德终极标准，因而是恶的。告子性无善恶论的错误，就在于把人生而自然固有的人性，当作自然界之事物，因而由自然物不可言善恶而得出结论说：生而自然固有的人性无所谓善恶。

2. 性善论

性善论是认为人性本善而非恶的理论。孟子是这种理论的开创者和主要代表人物。孟子认为人性是善的而不是恶的，因为在他看来，人性乃是人生而固有的不同于犬牛的人之所以为人者的特性，亦即恻隐之心、羞恶之心、恭敬之心和是非之心：

告子曰："生之谓性。"孟子曰："生之谓性也，犹白之谓白与？"曰："然。""白羽之白也，犹白雪之白，白雪之白犹白玉之白与？"曰："然。""然则犬之性犹牛之性，牛之性犹人之性与？"……孟子曰："乃若其情，则可以为善矣，乃所谓善也。如夫为不善，非才之罪也。恻隐之心，人皆有之。羞恶之心，人皆有之。恭敬之心，人

---

① 《孟子·告子上》。

皆有之。是非之心,人皆有之。恻隐之心,仁也。羞恶之心,义也。恭敬之心,礼也。是非之心,智也。仁义礼智,非由外铄我也,我固有之也。"①

可见,孟子认为人性是善的而不是恶的论点之真正依据,不是它的道义论,而是它的人性界说:人性是人之所以异于禽兽、人之所以为人者。因为,如果人性是人之所以为人者(亦即所谓四心),那么,不论按照道义论的道德终极标准(完善每个人的品德)还是功利论的道德终极标准(增进每个人的利益)来衡量,人性显然都是与其相符的,因而便都是善的,而不是恶的。人性是人之所以为人者的界说,初看起来,似能成立。因为人性显然是与犬性、牛性不同的:人性就是人不同于犬、牛的人之特性。但是,细究起来,却大谬不然。因为没有任何事物是完全不同的。人性与犬性、牛性不可能完全不同。人性与犬性、牛性既有不同的一面,亦即人之所以为人者的特性;又有与犬性、牛性相同的一面,亦即人的动物性。人的动物性与人的特性一样,都是长在人身上的东西,怎么能不是人性呢? 性善论的错误,就在于只看到人性与犬性、牛性不同的一面,而抹杀人性与犬性、牛性相同的一面,将人性与人性的一部分——亦即人的特性——等同起来,因而片面断言:人性只是人性区别于犬性、牛性的人之所以为人者的特性。

3. 性恶论

性恶论是认为人性本恶而非善的理论,荀子是这种理论的代表人物。人性为什么是恶的? 原来,在荀子看来,人性乃是人生而固有的利己心、嫉妒心、好声、好色、好愉逸:

今人之性,生而有好利焉,顺是故争夺生而辞让亡焉;生而有疾恶焉,顺是故残贼生而忠信亡焉;生而有耳目之欲,有好声色焉,顺是故淫乱生而礼义文理亡焉。然则从人之性,顺人之情,必出于争夺,合于犯分乱理而归于暴。故必将有师法之化,用此观之,然则人之性恶明矣。其善者伪也。②

不难看出,性恶论是不能成立的。因为不论一个人多么坏,不论他的爱人之心、同情心和报恩心是多么微弱,他也不可能完全丧失爱人之心、同情心和报恩心:他能一点都不爱和同情他的儿女、他的情人、他的父母吗? 人人皆生而固有爱人之心、同情心和报恩心,只不过有些人较多,有些人较少罢了。所以,爱人之心、同情心和报恩心便与恨人之心、嫉妒心、复仇心一样,都是人性。性恶论的错误,显然在于抹杀人性的爱人利他方面,而将人性与人性的自爱利己方面等同起

---

① 《孟子·告子上》。
② 《荀子·性恶》。

来。这是性恶论错误之一方面。另一方面,顺从人的生而好利的本性,既可能争夺生而辞让亡,也可能辞让生而争夺亡:个人利益的追求既可能有害社会和他人,从而是恶的源泉;也可能有利社会和他人,从而是善的源泉。性恶论的错误,显然还在于夸大自爱利己有害社会和他人的方面,抹杀其有利于社会和他人的方面,从而得出了人性——亦即自爱利己——是恶的结论。这就是性恶论的双重错误。

4. 性有善有恶论

性善论与性恶论看似相反,实则错误相同。因为,一方面,人性本来是多元的:既生而固有同情心而能利他,又生而固有自爱心而必利己。可是,两论对于人性的界定却都同样是片面的:性善论以为人性仅仅是同情利他;性恶论则以为人性仅仅是自爱利己。另一方面,道德终极标准本来是"增进每个人的利益总量"。可是,性善论与性恶论乃是儒家内部的不同流派,因而都是道义论,于是便都将品德的完善境界"无私利他"——亦即儒家所谓的"仁"——奉为评价人性善恶的道德终极标准。性恶论者用它来衡量他所谓的人性,自然要说人性是恶的,因为自爱利己不是品德的完善境界,不符合道义论所理解的道德终极标准;反之,性善论同样用它来衡量他所谓的人性,自然要说人性是善的,因为同情利他是品德的完善境界,符合道义论所理解的道德终极标准。

性善论与性恶论都是片面的、错误的,意味着,人性既不是纯粹善的,也不是纯粹恶的,而是有善有恶的:性有善有恶论是真理。但是,与性善论和性恶论一样,性有善有恶论的代表人物却仍然是儒家:世硕、董仲舒和扬雄。性有善有恶论始于战国时的儒家世硕:

> 周人世硕,以为人性有善有恶:举人之善性,养而致之则善长,恶性养而致之则恶长。如此,则性各有阴阳,善恶在所养焉。故世子作《养书》一篇。宓子贱、漆雕开、公孙尼子之徒,亦论性情,与世子相出入,皆言性有善有恶。[①]

这种性有善有恶论是真理吗?粗略看来,无疑是真理。但细究起来,却不尽然。因为人性善恶之评价,一方面取决于人性之界说,取决于人性所指称的究竟是什么;另一方面则取决于人性善恶的标准之确定,取决于道德终极标准究竟是什么。如果对这两方面或其一的见地不同,那么对人性究竟是善还是恶的观点便会不同;如果对这两方面的认识皆为真理,那么,关于人性善恶的学说便是真理;只要其中之一错误,那么,关于人性善恶的学说便包含错误。对于人性的界

---

① (东汉)王充:《论衡·本性》。

定,儒家性有善有恶论认为人性既固有同情心而能利他,又固有自爱心而必利己,确实是比较全面的,避免了性善论和性恶论的片面性。但是,对于道德终极标准,儒家性有善有恶论却与性善论、性恶论犯了同样的错误:片面地把"仁"、"无私利他"奉为评价人性善恶之标准。这样,它便与性善论和性恶论一样,误以为自爱利己是恶而同情利他是善,只不过它把二者均看作人性罢了。

真正堪称真理的,无疑是这样一种性有善有恶论:一方面,它与儒家性有善有恶论一样,认为人的一切生而固有的普遍本性——不论是同情利他还是自爱利己——都是人性;另一方面,它与儒家性有善有恶论不同,不是将"增进每个人的品德完善"或"无私利他"——而是将"增进每个人的利益总量"——奉为衡量人性善恶之标准。这样,不但同情利他的人性是善的,而且自爱利己的人性也是善的,而只有诸如嫉妒害人等人性才是恶的。不过,这种简单的性有善有恶论仅仅堪称真理,而未必能够确立衡量一切伦理行为善恶的道德总原则。要确立衡量一切伦理行为善恶的道德总原则,显然必须从这种简单的性有善有恶论出发,运用道德终极标准来衡量全部人性之善恶,从而才能够科学地推导出规范人类一切伦理行为的道德总原则。那么,这种所谓全部人性究竟是什么?

二、全部人性之善恶:善恶总原则

所谓全部人性,如前所述,包括自爱心(求生欲与自尊心)和自恨心(内疚感、罪恶感与自卑心)以及爱人之心(同情心与报恩心)和恨人之心(复仇心与嫉妒心);包括利己、利他、害己、害他4种目的或手段;说到底,包括这4种目的与手段结合起来所形成的16种人性或16种伦理行为:所谓全部人性之善恶,也就是这16种人性或16种伦理行为之善恶。这16种伦理行为,如前所述,可以表示如下表:

类型\目的 手段	利 己	利 他	害 己	害 他
利 己	1. 完全利己	5. 为他利己	9. 利己以害己	13. 利己以害他
利 他	2. 为己利他	6. 完全利他	10. 利他以害己	14. 利他以害他
害 己	3. 害己以利己	7. 自我牺牲	11. 完全害己	15. 害己以害他
害 他	4. 损人利己	8. 害他以利他	12. 害人以害己	16. 完全害他

不难看出,这16种人性或伦理行为,按其对于道德目的、道德终极标准的符合还是违背之效用,可以归结为两大方面。一方面,人类全部道德的、应该的、善的伦理行为可以归结为三大行为类型、三大道德境界、三大道德原则、三大善原则:

第一大行为类型包括4种目的利他行为(除去害大于利的害他以利他),可以名之为"无私利他"。第二大行为类型包括为己利他和惩罚他人的目的害人以及自我惩罚的目的害己两种等害交换行为,不妨仍名之为"为己利他";因为为己利他的基本境界显然是等利交换,因而便大体与等害交换的道德价值相等。第三大行为类型包括完全利己和害己以利己(除去害大于利的害己以利己),可以名之为"单纯利己"。这样,人类全部的善行便不过三类:无私利他、为己利他、单纯利己。利他的道德价值无疑高于利己的道德价值。所以,无私利他的正道德价值最高,是伦理行为最高境界的应该如何,是道德最高原则,是善的最高原则,是至善;单纯利己的道德价值最低,是伦理行为最低境界的应该如何,是道德最低原则,是善的最低原则,是最低的善;为己利他是利他与利己的混合境界,所以其道德价值便介于无私利他与单纯利己之间,是伦理行为基本境界的应该如何,是道德基本原则,是善的基本原则,是基本的善。

另一方面,人类全部不道德的、不应该的、恶的行为也可以归结为三大行为类型、三大不道德境界、三大不道德原则、三大恶原则。第一大类型包括4种目的害他行为(除去出于复仇心的等害交换的惩罚他人的行为)和害大于利的害他以利他,可以名之为"纯粹害人"。第二大类型是"损人利己"。第三大类型包括4种目的害己行为(除去出于内疚感和罪恶感的等害交换的自我惩罚的行为)和害大于利的害己以利己,可以名之为"纯粹害己"。这样,人类的全部恶行也不过三类:纯粹害人、损人利己、纯粹害己。害他的负道德价值无疑高于害己的负道德价值。所以,纯粹害他的负道德价值最高,是伦理行为最高境界的不应该如何,是不道德的最高原则,是恶的最高原则,是至恶;纯粹害己的负道德价值最低,是伦理行为最低境界的不应该如何,是不道德的最低原则,是恶的最低原则,是最低的恶;损人利己的负道德价值则介于纯粹害他与纯粹害己之间,是伦理行为基本境界的不应该如何,是不道德的基本原则,是恶的基本原则,是基本的恶。

这样,我们便通过道德目的、道德终极标准,从人类全部伦理行为事实如何的客观本性中,一方面推导出无私利他、为己利他、单纯利己三大善原则及其相互关系;另一方面则推导出纯粹害己、损人利己、纯粹害他三大恶原则及其相互关系。这善恶六大原则及其相互关系可以用一个数轴来表示:

三、利他主义与利己主义：道德总原则理论

自古以来，伦理学家们便围绕道德总原则而探求不已、论战不息。这些争论可以归结为利己主义——合理利己主义和个人主义——与利他主义。

利他主义主要是儒家和康德以及基督教的道德总原则的理论，在它看来，只有无私利他才是善的、道德的，而只要目的利己便是恶的、不道德的：利他主义是将无私利他奉为评价行为善恶的道德总原则的理论。孟子将这种观点表述得十分透辟：

孟子曰：鸡鸣而起，孳孳为善者，舜之徒也。鸡鸣而起，孳孳为利者，跖之徒也。欲知舜与跖之分，无他，利与善之间也。①

这是因为，儒家和康德、基督教伦理学家一样，认为道德最终的起源和目的乃是自律的：道德起源于道德自身，起源于每个人完善自我品德的需要，目的在于道德自身，在于完善每个人的品德，实现人之所以异于禽兽、人之所以为人者。从此出发，他们进一步推论说，目的利己的行为并不是品德的完善境界，因而便不符合道德最终目的，是不义的、不道德的、恶的，是小人的行为；只有目的利他的行为，才是品德的完善境界，才符合道德目的，因而才是道德的、善的、义的，才是君子的行为：这就是孟子断言"孳孳为利者，跖之徒也"的缘故。

合理利己主义（rational egoism）公认的代表人物，虽为爱尔维修、霍尔巴赫、费尔巴哈、车尔尼雪夫斯基，但霍布斯、洛克、曼德威尔以及我国的老子、韩非、李贽、龚自珍、梁启超、陈独秀等等，无疑也属于合理利己主义论者。因为他们一致否定无私利他和单纯利己，而将"为己利他"奉为评价人们行为善恶唯一准则的道德总原则：合理利己主义就是把"为己利他"奉为评价人们行为善恶唯一准则的道德总原则的理论。这种理论的经典阐述，当推霍尔巴赫的《自然的体系》：

---

① 《孟子·尽心上》。

当我们说"利益就是人的行动的唯一动力"的时候,我们就是由此指出,每个人都是为自己幸福以自己的方式而劳动的,这个幸福,就是被他寄托在或是可见的、或是隐蔽的、或是真实的、或是想象的某种对象之中,而他的行为的整个体系也是倾向于取得这个幸福。承认了这一点,那么,决没有哪个人可以称得上是无私心的人;这个名称只是给予我们不知他的动因或是我们赞许他的利益的那种人的……但是,经验和理性很快给他证明,如果没有援助,光靠自己,他是不能给自己提供为幸福所必需的一切东西的;他和一些同他一样有感觉、有理智、专心于个人的幸福,并且能够帮助他获得自己所愿欲的东西的人们一起生活;他觉察这些人,只有在对他们的安乐有关系时,才给自己方便;因此他得到结论:为了自己的幸福,就需要自己在行为上,时时刻刻出之以一种宜于得到那些最能协力实现自己目的的人们的欢心、称赞、尊敬和援助的方式;他看到,对于人的安乐,最需要的还是人,并且为了使别人有利于自己的利益,就应该使他在协助自己计划的实现中发现种种真实的好处:把真实的好处给与人们,这就是有德行;有理性的人因此不能不感到,成为有德行的人是对自己有利的。德行不过是一种用别人的福利来使自己成为幸福的艺术。有德行的人,就是把幸福给与那些能回报他以幸福、为他的保存所需要,并且能给他以一种幸福的生存的人们的人。①

个人主义公认的代表,无疑是中国古代哲学家杨朱和庄子以及现代西方哲学家尼采、海德格尔、萨特。细察这些人的著作可知,它虽然与合理利己主义一样,认为每个人的行为目的只能是为了自我因而否定无私利他;但是,它却反对合理利己主义的"为己利他",认为社会和他人对自我利轻害重,利己目的绝不应依靠社会和他人从而通过利他或损人手段实现,只应依靠自我从而通过既不利人又不损人的"单纯利己"的手段实现。为什么?杨朱和庄子说:社会、集体和他人给我的不过是身外名货;而我要得到这身外名货,便须"危身伤生、刈颈断头":这岂不是"断首以易冠、杀身以易衣"②?尼采、海德格尔、萨特的观点与此相同,只不过论据不是如此生动直观,而是著名的异化论。尼采的异化论最为典型,可以称之为"末人"理论。这一理论认为,一个人若生活于社会和他人之中,便不能不听任社会和他人宰治、丧失选择自由、迷失自我而异化为不完全的人,亦即所谓"末人":

自从我住在人群里,我便发现:有人少了眼睛,别一个少了耳朵,第三个人

---

① 周辅成编:《西方伦理学名著选辑》,商务印书馆1987年版,第75—76页。
② 《吕氏春秋·审为》。

没有脚,还有许多人失去了舌头或鼻子,甚至于失去了头颅。但是,我认为这只是最小的恶。我看见,我曾看见更坏的可怕的事情,我不愿全说,但我又不愿全不说:——有些人缺少一切而一件东西却太多,——有些人仅有一个大眼睛,一个大嘴巴,一个大肚子,或是别的大东西,——我称他们为反面的残废者……真的,朋友们,我在人群里走着,像在人类之断片与肢体里一样!我发现了人体割裂,四肢抛散,如在战场上屠场上似的,这对于我的眼睛,实是最可怕的事。我的眼睛由现在逃回过去里;而我发现的并无不同:断片,肢体与可怕的机缘,而没有人!①

由此,萨特得出结论说,集体与他人不过是自我的地狱:"地狱,就是别人。"②因此,一个人要实现其利己为我、自我选择和自我实现之目的,便应该远离社会和他人,出世而隐居或入世而孤独,从而也就只有以依靠自我为手段了:既不给予也不索取、既不损人也不利人地单纯利己,应是实现为我目的的唯一手段;个人主义是否认无私利他与为己利他而把"单纯利己"奉为评价行为善恶唯一准则的道德总原则理论。所以,萨特用来显示他所主张的道德原则的《厌恶》主角洛根丁是这样的一个人:"我是孤零零地活着,完全孤零零一个人。我永远也不和任何人谈话。我不收受什么,也不给予什么。"③

综观道德总原则理论可知,一方面,利他主义、合理利己主义与个人主义三种理论不过是分别夸大和片面化、绝对化"无私利他"、"为己利他"和"单纯利己"三大道德原则以致堕入错误的三大极端而已:利他主义是最高道德原则"无私利他"的片面化和绝对化;合理利己主义是基本道德原则"为己利他"的片面化和绝对化;个人主义是最低道德原则"单纯利己"的片面化和绝对化。另一方面,个人主义与合理利己主义虽然互相反对,但从根本上说完全一致,都同样与利他主义对立而以利己为行为的唯一目的、出发点和最终归宿,因而便都属于利己主义:利己主义便是认为人的行为目的只能利己,从而否定无私利他而把利己不损人——为己利他与单纯利己——奉为评价行为善恶的道德总原则的理论。因此,合理利己主义与个人主义之分歧,是利己主义的内部分歧。这种分歧,说到底,不过在于主张究竟以什么为实现利己目的的手段。合理利己主义主张依靠社会和他人利益而以利他为手段,倡导为己利他;显然符合人的社会本性,是合乎情理、合乎理性、合乎理智的,因此叫做合理利己主义。反之,个人主义却主张既不利人又不损人地单纯利己,显然违背人的社

---

① 〔德〕尼采:《查拉斯图拉如是说》,严溟译,文化艺术出版社1987年版,第165—166页。
② 柳鸣九编选:《萨特研究》,中国社会科学出版社1981年版,第303页。
③ 〔法〕萨特:《厌恶及其它》,郑永慧译,上海译文出版社1987年版,第13页。

会本性,是不合情理、不合理性、不合理智的,是非理性的,是不合理的利己主义。

思 考 题

1. 冯友兰说:"凡是求自己的利的行为,不能有道德价值。"反之,斯宾诺莎则断言:"一个人愈努力并且愈能够寻求他自己的利益或保持他自己的存在,则他便愈有德性。反之,只要一个人忽略他自己的利益或忽略他自己存在的保持,则他便算是软弱无能。"谁是谁非?

2. 二十多岁的张华为了救一个掉在粪坑中的老人而自我牺牲,这个老人生命的价值小于张华生命的价值。那么,在这种场合,张华自我牺牲符合最大利益净余额原则吗?当自我利益与他人利益发生冲突不能两全时,利他之利可能小于利己之利。那么,在这种场合,利己害人、损人利己符合最大利益净余额原则吗?在这种场合,究竟应该利己害人、损人利己还是损己利人、自我牺牲?

3. 试比较性善论、性恶论、性有善有恶论、性无善恶论:前三者的共同缺陷是什么?后者错在哪里?

4. 波吉曼(Louis P. Pojman)说:"利他主义是认为人们的行为有时能够以某种方式而将他人利益置于自己利益之前的理论。"[1]这个定义能成立吗?

5. 桑德斯(Steven M. Sanders)在界定利己主义时写道:"利己主义是认为每个人在任何时候都应该最大限度地追求自己利益而不应该牺牲他人利益的学说。"[2]这种观点正确吗?

6. 许多人——如哈耶克、卢克斯以及我国一些学者——否认个人主义属于利己主义范畴,而认为它是一种关于个人价值、尊严和自由的人道主义或自由主义理论。这种观点能成立吗?

7. 庄子曰:"为善无近名,为恶无近刑,缘督以为经,可以保身。"这就是说,既不应该为善利人,因为为善没有不近乎名的;也不应该为恶损人,因为为恶没有不近乎刑的;而只应该走中间道路:既不利人又不损人地单纯利己。这样理解是否歪曲了庄子?

---

[1] Louis P. Pojman, *Ethical Theory: Classical and Contemporary Readings*, Wadsworth Publishing Company, USA, 1995, p. 50.
[2] John K. Roth, *International Encyclopedia of Ethics*, Braun-Brumfield Inc., U.C., 1995, p. 250.

参 考 文 献

《论语·里仁》。
《墨子·兼爱》。
《孟子》之《告子下》、《滕文公上》、《尽心上》。
《庄子》之《让王》、《天道》。
《新约·哥林多前书·第十章》。
〔德〕康德:《道德形而上学原理》,苗力田译,上海人民出版社1986年版。
冯友兰:《中国哲学简史》,北京大学出版社1985年版。
〔法〕霍尔巴赫:《自然的体系》上卷,管士滨译,商务印书馆1964年版。
〔德〕尼采:《查拉斯图拉如是说》,严溟译,文化艺术出版社1987年版。
Steven lukes, *Individualism*, Basil Blackwell, Oxford, 1973.
Pierre Birnbaum, *Individualism*, Clarendon Press, Oxford, 1990.
Louis P. Pojman, *Ethical Theory: Classical and Contemporary Readings*, Wadsworth Publishing Company, USA, 1995.
John K. Roth, *International Encyclopedia of Ethics*, Braun-Brumfield Inc., U.C., 1995.
A. I. Melden, *Ethical Theories: A Book of Readings*, Prentice-Hall Inc., Englewood Cliffs, New Jersey, 1967.
Barbara MacKinnon, *Ethics*, Wadsworth Publishing Company, San Francisco, 1995.
J. L. Mackie, *Ethics: Inventing Right and Wrong*, Singapore Richard Clay Pte Ltd., 1977.

第七章 公正：社会治理根本道德原则

> **本章提要**：公正是同等的利害相交换的行为："等利害交换"是衡量一切行为是否公正的公正总原则。公正的根本问题是权利与义务的交换或分配：权利与义务相等是公正的根本原则。每个人所享有的权利应该与他的贡献成正比而与他所负有的义务相等，则是社会公正根本原则。当我们依据贡献对每个人的权利进行分配时，便不难发现社会公正的根本原则可以归结为"平等"：一方面，每个人因其最基本的贡献完全平等——每个人一生下来便都同样是缔结、创建社会的一个股东——而应该完全平等地享有基本权利、完全平等地享有人权，可以名之为完全平等原则；另一方面，每个人因其具体贡献的不平等而应享有相应不平等的非基本权利，也就是说，人们所享有的非基本权利的不平等与自己所做出的具体贡献的不平等比例应该完全平等，可以名之为比例平等原则。

公正或正义既是今日世界性热点问题，又是伦理学及其在政治学和法理学以及经济学中的应用性的跨学科难题。追溯人类以往研究，可知该难题原本由四大系列原则合成：公正总原则、公正根本原则、社会公正的根本原则和平等原则。

一、等利害交换：公正总原则

公正、正义、公平和公道是同一概念。只不过，正义一般用在比较庄严、重大的场合；公平与公道一般用于社会生活的各种日常领域；公正则介于正义与公平或公道之间：它比公平和公道更郑重一些，比正义更平常一些，因而适用于任何场合。所以，公正是最一般的称谓，可以代表正义、公平和公道。可是，究竟何谓公正？这是两千年来人类一直争论不休的难题。其实，休谟关于公正起源和前提的理论已经蕴含了破解这一难题的答案：

> 正义起源于人类协议；这些协议是用以补救由人类心灵的某些性质和外界对象的情况结合起来所产生的某种不便的。心灵的这些性质就是自私和有限的慷慨；至于外物的情况，就是它们的容易转移，而与此结合着的是它们比起人类的需要和欲望来显得稀少。……如果每一个人对其他人都有一种慈爱的关怀，或者如果自然大量供应我们的一切需要和欲望，那么作为正义的前提的利益计较，便不能再存在了，而且现在人类之间通行的财产和所有权的那些区别和限制也就不需要了。把人类的慈善或自然的恩赐增加到足够的程度，你就可以把更高的德和更有价值的幸福来代替正义，因而使正义归于无用……如果每样东西都同样丰富地供给于人类，或者每个人对于每个人都有像对自己的那种慈爱的感情和关怀，那么人类对正义和非义也就都不会知道了。因此，这里就有一个命题，我想，可以认为是确定的，就是：正义只是起源于人的自私和有限的慷慨，以及自然为满足人类需要所准备的稀少的供应。①

可见，休谟将公正的起源和前提归结为两个必要条件：一个是客观条件，亦即财富的相对匮乏；另一个是主观条件，亦即人性的自爱利己。为什么财富的匮乏是公正的起源和前提呢？岂不就是因为公正的要义就是斤斤计较的等利交换，而财富的匮乏必然要求斤斤计较的等利交换？如果财富不是匮乏而是极大丰富，每个人需要什么就能够拥有什么，那么，人们就不需要斤斤计较的等利交换，就不需要公正了。所以，财富的匮乏是公正的客观的起源和前提意味着：公正的要义就是斤斤计较的等利交换。那么，为什么自利和有限的慷慨又是公正的起源和前提呢？岂不也是因为，公正的要义就是等利交换，而自利和有限的慷慨必然要求斤斤计较的等利交换？如果每个人都爱他人胜过爱自己、为他人胜过为自己，那么，人们显然就不需要斤斤计较的等利交换，就不需要公正原则了。所以，自利和有限的慷慨是公正的主观的起源和前提意味着：公正的要义就是斤斤计较的等利交换。

因此，休谟关于公正起源和前提的理论意味着，公正的实质就是等利交换，因而其外延也包括等害交换；等害交换是等利交换的反面。所以，精确言之，公正就是同等的利害相交换的行为，就是等利（害）交换的行为。通俗些说，公正就是种瓜得瓜、种豆得豆，善有善报、恶有恶报。善有善报，你给我穿靴，我给你搔痒，亦即等利交换，是正面的、肯定的、积极的公正；恶有恶报，以牙还牙、以眼还眼，亦即等害交换，是反面的、否定的、消极的公正。反之，不公正则是不同等的

---

① 〔英〕休谟：《人性论》下册，关文运译、郑之骧校，商务印书馆1983年版，第534—536页。

利害相交换的恶行,是不等利交换和不等害交换的恶行,是不等利(害)交换的恶行,是恶的不等利(害)交换;至于善的不等利害交换,则显然无所谓公正不公正,而是超越公正、高于公正的分外善行:仁爱和宽恕。

举例说,救人和杀人,无所谓公正不公正。但是,若出于报恩,救的是自己昔日的救命恩人,便是等利交换,便是公正的行为;若是为父报仇,杀的是曾杀死自己父亲的仇人,便是等害交换,因而也是一种公正的行为;若是忘恩负义,见昔日恩人有难而坐视不救,便是不等利交换的恶行,便是不公正的行为;若是因对方辱骂自己而竟然杀死对方,便是不等害交换的恶行,因而也是一种不公正的行为。善的不等利害交换,如滴水之恩涌泉相报和以德报怨,则无所谓公正不公正,而是超越公正、高于公正的分外善行:仁爱和宽恕。

公正是等利(害)交换,显然意味着:"等利(害)交换"乃是衡量一切行为是否公正的总原则:凡是等利(害)交换的行为都是公正的;凡是公正的行为都是等利(害)交换的。反之,不公正是恶的不等利(害)交换,则意味着:"恶的不等利(害)交换"是衡量一切行为是否不公正的总原则:凡是恶的不道德的不等利(害)交换的行为,都是不公正的;凡是不公正的行为,都是恶的不道德的不等利(害)交换。

不难看出,就道德价值的高低来说,公正远远低于仁爱和宽恕;但就道德价值的大小轻重来说,却远远大于、重要于仁爱和宽恕,也远远大于、重要于其他一切道德。因为要达到道德目的,从而保障社会和利益共同体的存在、发展,最终增进每个人的利益,必须一方面避免人们相互间的伤害,另一方面则必须使每个人努力增进社会和他人利益。避免人们相互间的伤害的最重要、最有效、最根本的道德原则,无疑是等害交换的公正原则。因为等害交换意味着:你损害社会和他人,就等于损害自己;你损害社会和他人多少,就等于损害自己多少。这样,每个人要自己不受损害,就必须不损害社会和他人;每个人要自己不受丝毫损害,就必须丝毫不损害社会和他人。增进社会和他人利益的最重要、最有效的原则,无疑是等利交换的公正原则。因为等利交换意味着:你增进社会和他人的利益,就等于增进自己的利益;你为社会和他人增进多少利益,就等于你为自己增进多少利益。这样,每个人要增进自己的利益,就必须增进他人的利益;每个人要使自己的利益最大化,就必须使社会和他人的利益最大化。于是,合而言之,公正——等害交换和等利交换——便是保障社会存在与发展,最终增进每个人利益的最根本、最重要、最有效的原则,因而是最根本、最重要的道德原则,是社会治理最根本、最重要的道德原则。所以,亚里士多德说:"在各种德性中,人们认为公正是最重要的。"[1]

---

[1] 苗力田主编:《亚里士多德全集》第八卷,中国人民大学出版社1992年版,第96页。

二、权利与义务交换：公正根本原则

人生在世，最根本、最重要、最主要的利害交换，无疑是权利与义务的交换：权利与义务的交换是公正的根本问题；权利与义务交换原则是公正根本原则。因为所谓权利，顾名思义，就是应该受到权力保障的利益，是应该受到权力保障的索取或要求，也就是应该受到社会管理者依靠权力加以保护的利益、索取或要求，说到底，也就是应该受到政治和法律保障的利益；反之，义务则是应该受到权力、法律或政治保障的服务、贡献或付出，是应该受到社会管理者依靠权力和法律加以保障的服务、贡献或付出。因此，权利与义务不过是同一种利益对于不同对象的不同称谓：它对于获得者或权利主体是权利，对于付出者或义务主体则是义务。雇工的权利与雇主的义务就是同一种利益——雇工工资：它对于雇工是权利，对于雇主则是义务。儿女的权利与父母的义务也是同一种利益——儿女的抚养：它对于儿女叫做权利，对于父母则叫做义务。这样一来，一个人的权利，必然是他人的义务；反之亦然。这就是一个人的权利与他人的义务的必然的、客观的、事实如何的关系。这种关系，通常被叫做"权利与义务的逻辑相关性"。对于这一相关性原理，彼彻姆（Tom L. Beauchamp）曾有很好的概括：

X 享有权利做 Y 或拥有 Y，显然意味着，道德体系（或法律体系）把做或不做的义务强加于某些人，以便 X 能够做 Y 或拥有 Y（如果 X 想要 Y）。这一分析符合被广泛接受的观念，亦即权利的语言可以翻译成义务的语言。换言之，权利与义务是逻辑相关的：一个人的权利使他人承担免除干涉或提供某些利益的义务，反过来，一切义务同样使对方享有权利。①

一个人享有什么权利，对方便负有什么义务：这是必然的事实。然而，一个人为什么应该享有权利而使对方承担义务？显然只能是因为他负有义务而使对方享有权利：一个人所享有的权利只应该是对他所负有的义务的交换。反过来，一个人为什么应该负有义务而使对方享有权利？显然也只能是因为他享有权利而使对方承担义务：一个人所负有的义务只应该是对他所享有的权利的交换。于是，一个人所享有的权利与他所负有的义务只应该是一种交换关系。那么，权利与义务究竟应该是一种怎样的交换关系？应该权利多于义务还是义务多于权利抑或权利义务平等？

---

① Tom L. Beauchamp, *Philosophical Ethics*, McGraw-Hill Book Company, New York, 1982, p. 202.

一个人的权利与他的义务,细究起来,具有双重关系:一方面是他所享有的权利与他所负有的义务的关系;他方面则是他所行使的权利与他所履行的义务的关系。一个人所享有的权利与他所负有的义务,显然不是他自己能够自由选择的,而是社会分配给他的。所以,"一个人所享有的权利与义务"和"社会分配给一个人的权利与义务"是同一概念。不言而喻,社会分配给一个人的权利与义务只有相等才是公正的、应该的;如果不相等,则不论权利多于义务还是义务多于权利,都是不公正、不应该的。所以,社会分配给一个人的权利与义务相等(即一个人所享有的权利与所负有的义务相等)乃是社会公正的根本原则;而社会分配给一个人的权利与义务不相等(即一个人所享有的权利与负有的义务不相等)则是社会不公正的根本原则。

　　相反的,一个人所行使的权利与他所履行的义务,则是他自己能够自由选择的:他能够放弃所享有的一些权利而使所行使的权利小于所享有的权利,也能够不履行所负有的一些义务而使所履行的义务小于所负有的义务。不难看出,一个人所行使的权利应该至多等于所履行的义务。这就是说,一个人所行使的权利应该等于或小于而不应该多于他所履行的义务。因为一个人所行使的权利如果多于他所履行的义务,显然是不应该的;如果等于所履行的义务,无疑是公正的;如果小于所履行的义务,则无所谓公正不公正,而是高于公正的分外善行。而每个人行使权利、履行义务,是他自己能够自由选择的,因而是个人公正的根本问题。所以,一个人行使的权利等于所履行的义务,是个人公正的根本原则;而一个人所行使的权利大于所履行的义务,则是个人不公正的根本原则。

　　总而言之,权利与义务具有二重关系。一方面是事实,是必然性的关系,即一个人的权利与他人的义务必然相关:一人的权利就是他人的义务,反之亦然;另一方面则是应该,是应然性关系,即一个人所享有的权利应该等于他所负有的义务,而他所行使的权利则应该至多等于他所履行的义务:一个人所享有的权利与他所负有的义务相等,是社会公正的根本原则;一个人所行使的权利与他所履行的义务相等,是个人公正的根本原则;权利与义务相等是公正的根本原则。

三、贡献原则:社会公正根本原则

　　不难看出,社会公正根本原则"社会分配给每个人的权利应该与其义务相等"是不完善的。因为它显然是对公正根本原则"权利与义务相等"的直接推演、演绎,而没有与公正根本原则不同的新东西,亦即没有社会对权利与义务进行分配的源泉和依据。因此,与其说它是社会公正根本原则,不如说它是公正根本原则——若把它作为社会公正根本原则,显然是有缺欠的、不完善的。完善的社会公正根本原则必须具有公正根本原则所没有的新东西,即社会对权利义务进行分配的源泉与依据。那么,社会对权利义务进行分配的源泉与依据究竟是什么?无疑是贡献:贡献是权利的源泉和依据;按照贡献分配权利是社会公正根本原则。这就是所谓"贡献原则"。对于这一原则,艾德勒曾有十分精辟的阐述:

把每个人生产的财富归还他本人。这句格言,只有在个人独立工作以生产财富的情况下才能成立。在这种情况下,生产得多的人,有权得到他全部生产的财富。当人们通过各种组织安排,以各种生产工具从简单劳动向复杂劳动过渡以共同创造财富时,这句格言就必须改为:按照每个人对大家协同生产创造财富所作贡献的大小,进行分配。①

确实,贡献是权利的源泉和依据;换言之,社会应该按照贡献分配权利,按照权利分配义务;说到底,社会分配给每个人的权利应该与他的贡献成正比而与他的义务相等。这就是完善的、真正的社会公正根本原则。因为权利与义务分属"索取"与"贡献"概念而同属"利益"范畴:权利是应受权力保障的应该且必须得到的利益,是应该且必须的索取;义务则是应受权力保障的应该且必须付出的利益,是应该且必须的贡献。一目了然,贡献在先,索取在后:贡献是索取的源泉。因为每个人只有先为社会贡献利益(贡献),尔后社会才有利益分配给每个人(索取):社会分配给每个人的利益,无非是每个人所贡献的利益,无非是每个人所贡献的利益之交换而已。因此,社会分配给每个人多少利益,也就只应该依据每个人贡献了多少利益:贡献是索取和权利的依据。

贡献是权利的源泉和依据意味着:贡献在先、权利在后。然而,实际上很多极为重要的权利,如职务、地位、权力等等的分配,却往往应该先于贡献。孙武、韩信、诸葛亮等等岂不都是先为将军、军师,尔后方有功勋、贡献?这岂不否定了按贡献分配权利原则?并未否定。因为贡献有实在与潜在之分。诸葛亮等职务权利之分配,真正讲来,也依据于他们的贡献而先有贡献、后有权利;只不过这种在先的贡献乃是潜在的而非实在的罢了。

所谓潜在贡献,也就是才能、品德等自身的、内在的贡献因素和运气、出身等非自身的、外在的贡献因素,也就是导致贡献的因素、原因,是尚未作出但行将作出的贡献,是可能状态的贡献。反之,实在贡献则是德才、运气、出身诸贡献因素相结合的产物,是已经做出来的贡献,是现实状态的贡献。职务、地位、权力等权利的分配,往往应该依据每个人的潜在贡献,但并非应该依据任何潜在贡献:不

---

① 〔美〕艾德勒:《六大观念》,郗庆华等译,三联书店1991年版,第183页。

应该依据运气、出身等外在贡献因素；只应该依据品德和才能两大内在贡献因素。

诚然，运气和出身等外在贡献因素是决定贡献大小的重要因素：运气和出身较好，贡献便可能较大；运气和出身较差，贡献则可能较小。但这只是偶然的、可能的，而不是必然的、注定的。因为我们到处都能看到：运气和出身好的人，往往因自己不努力而错过好机遇，终生一事无成；运气和出身不好者，却因自己刻苦奋斗而功勋昭著。所以，运气、出身等外在贡献因素乃是一种偶然性的潜在贡献，是可能变成也可能变不成实在贡献的潜在贡献，是偶然导致而不可预测、不可指望的贡献，是贡献的偶然因素。这样，如果按照运气和出身等贡献的外在因素分配权利，便可能导致不作贡献而享有权利，因而也就背离了按贡献分配权利的原则。所以，任何权利的分配都不应依据运气、出身等贡献的外在因素。

反之，品德和才能是每个人自身内在的贡献因素，只要二者结合起来，便是决定贡献大小的充分条件：德才较高的人，贡献必较大；德才较低的人，贡献必较小。所以，德才乃是必然性的潜在贡献，是必将成为实在贡献的潜在贡献，是尚未作出但必将作出的贡献，是必然导致因而可以准确预测的贡献，是贡献的必然因素。这样，按照德才分配权利也就是按照必将作出的贡献分配权利，因而不过是按照贡献分配权利的一种特殊的、潜在的形式：德才是权利分配的潜在依据；贡献是权利分配的实在依据。

* * *

当我们依据贡献原则，进一步对每个人的基本权利与非基本权利进行分配时，将会发现：一方面，每个人所享有的基本权利应该完全平等；另一方面，每个人所享有的非基本权利应该比例平等。这就是由贡献原则所推导出的平等总原则。它是平等总原则，因为它又分化、繁衍出若干更为具体而且极其重要的平等原则：政治平等原则、经济平等原则和机会平等原则。这些平等原则既复杂又重要于它们所由以推出的贡献原则以及所有其他公正原则，于是便不但从"社会公正"的领域中分离出来，而且从"公正"的王国中分离出来，组成独立的"平等"王国：平等是最重要的公正。

四、平等：最重要的公正

1. 平等总原则

对于平等总原则，两千年来，思想家们一直探求不息、争论不已。最早揭示

这一原则的,是亚里士多德。他这样写道:

> 平等有两种:数目上的平等与以价值或才德而定的平等。我所说的数目上的平等是指在数量或大小方面与人相同或相等;依据价值或才德的平等则指在比例上的平等。……既应该在某些方面实行数目上的平等,又应该在另一些方面实行依据价值或才德的平等。①

亚里士多德及其追随者所确立的平等原则之莫大功绩,在于确立了平等总原则的两大层次:一方面是绝对的、完全的平等,另一方面是相对的、比例的平等。然而,他们未能解决:完全平等与比例平等分配的权利究竟各是什么权利?罗尔斯的《正义论》解决了这个难题:完全平等分配的应该是每个人的基本权利;比例平等分配的应该是每个人的非基本权利。但是,罗尔斯对这两个原则内容的表述是不确切的。让我们来看看他对这两个原则的最后、全面的陈述:

> 第一个原则:每个人对最大限度的平等的基本自由之完整体系——或与其一致的类似的自由体系——都应该享有一种平等的权利。第二个原则:社会和经济的不平等应该这样安排,使它们:(a)与公正的储蓄原则一致,而赋予最少受益者以最大利益;(b)附属于机会公平平等条件下之职务和地位向所有人开放。②

第二个原则自亚里士多德以来便是"比例平等"。可是,在罗尔斯这里,却被表述为"差别、不平等"原则。这是平等理论的一大退步。因为罗尔斯之前平等理论的最大功勋与其说是提出极为简单的完全平等原则,显然不如说是在差别、不平等的权利分配之中,提出比例平等原则:它的现象是差别、不平等;而其实质则是一种特殊的平等,即比例平等。然而,罗尔斯却从比例平等的真知灼见退至差别、不平等的皮相之见,致使亚里士多德以来的两个平等原则退化而为平等原则与差别不平等原则。我们的使命显然是在复兴亚里士多德"完全平等"与"比例平等"的基础上,进一步说明:对于基本权利进行完全平等分配与对于非基本权利进行比例平等分配的依据究竟是什么?

所谓基本权利,也就是人们生存和发展的必要的、起码的、最低的权利,是满足人们政治、经济、思想等方面的基本的、起码的、最低的需要的权利;而非基本权利则是人们生存和发展的比较高级的权利,是满足人的政治、经济、思想等方面的比较高级需要的权利。举例说,一个人能否享有选举权与被选举权是个能

---

① 苗力田主编:《亚里士多德全集》第九卷,中国人民大学出版社 1994 年版,第 163 页。
② John Rawls, *A Theory of Justice*, Revised Edition, The Belknap Press of Harvard University Press, Cambridge, Massachusetts, 2000, p. 266.

否享有最低的、起码的、基本的政治权利问题；至于他能否当选或担任何种官职，则是个能否享有比较高级的、非基本的政治权利问题。吃饱穿暖是最低的、起码的、基本的经济权利；而精食美服则是比较高级的、非基本的经济权利。言论出版自由是最低的、起码的、基本的思想权利；但究竟能否在某学术会议上发言或在某出版社出书以及高稿酬还是低稿酬等等则都是比较高级的、非基本的思想权利了。那么，为什么每个人所享有的基本权利应该完全平等呢？

原来，正如无数先哲所论，人是社会动物。脱离社会，人便无法生存。所以，每个人的一切利益，说到底，便都是社会给予的：社会对于每个人具有最高效用、最大价值。而社会又不过是每个人的结合，不过是每个人所结成的大集体。因此，每个人不论如何，只要他生活在社会中，便为他人做了一大贡献：缔结、创建社会。任何人的其他一切贡献皆基于此！因为若没有社会，任何人连生存都无法维持，又谈何贡献？没有社会，贝多芬能贡献命运交响曲、曹雪芹能写出《红楼梦》、瓦特能发明蒸汽机吗？

所以，缔结社会在每个人所做出的一切贡献中是最基本、最重要的贡献。不仅此也，须知每个人的这一贡献还是以自己蒙受相应的损失、牺牲为代价的。因为人们结成任何一个集体，都会有得有失。比如，结婚就会失去单身汉的自由，但能生儿育女，得到家庭的温馨。人类社会也是由一个个人所结成的集体，只不过这个集体并不是每个人自愿结成，而是生来就有、不可选择的罢了。也就是说，从历史上看，人类并不是先有脱离社会的自然状态，尔后这些自然状态的个人通过契约而结成社会。但是，历史上不存在的东西，并不妨其在逻辑上存在。从逻辑上看，每个人脱离自然状态而结成社会，也同样有得有失，如失去自然自由等等。这一点，社会契约论者已经说得很清楚了。那么，每个人在社会中能得到什么呢？显然，每个人不论贡献如何，最低都应该得到作为人类社会的一员、一分子、一个人所应该得到的东西。可是，作为人类社会的一员、一个人究竟应该得到什么呢？无疑至少应该得到生存和发展的必要的、起码的、最低的权利，即享有所谓的基本权利。进言之，每个人不仅应该享有基本权利，而且应该完全平等地享有基本权利。因为虽然人的才能有大小、品德有高低、贡献有多少，但在缔结、创建社会这一最基本、最重要的贡献和因其所蒙受的损失上却完全相同——因为每个人并不是在成为总统或平民、文豪或文盲之后才来缔结、创建社会的，而是一生下来就自然地、不可选择地参加了社会的缔结、创建。而每个人一生下来显然完全同样地是结成社会的一分子、一股东，完全同样地参加了社会的缔结、创建。每个人之所以不论具体贡献如何都应该完全平等地分有基本权利，就是因为并且仅仅是因为每个人参与缔结社会这一最基本、最重要的贡献和因此所蒙受的损失是完全相同的。所以，分配给那目不识丁的老百姓与那名震寰宇的大总统同样多的基本权利,就绝不是什么恩赐,而是必须偿还的债务。潘恩说得好:"社会并未白送给他什么。每个人都是社会的一个股东,从而有权支取股本。"①

可见,基本权利平等分配不但未违背而且恰恰是依据按贡献分配权利的原则:基本权利是每个人因其同样是缔结社会的一股东而应平等享有的权利,是每个人因其同样是结成人类的一个人而应平等享有的权利。正是因此,基本权利才被叫做"人权"。而且,每个人结成人类社会与结成其他集体有所不同:每个人只要一生下来,就自然地、不可选择地参加了社会的缔结、创建而成为人类社会一股东。所以,基本权利是人人与生俱来、自然赋予的:天赋人权。一句话,基本权利、人权和天赋权利是同一概念。

所谓非基本权利比例平等,不过是说,谁的贡献较大,谁便应该享有较大的非基本权利;谁的贡献较小,谁便应该享有较小的非基本权利:每个人因其贡献不平等而应享有相应不平等的非基本权利。这样,人们所享有的权利虽是不平等的,但每个人所享有的权利的大小之比例与每个人所作出的贡献的大小之比例却是完全平等的——或者说,每个人所享有的权利的大小与自己所作出的贡献的大小之比例是完全平等的。这就是非基本权利比例平等原则。举例说,张三做出一份贡献,应享有一份权利;李四做出三份贡献,便应享有三份权利。这样,张三与李四所享有的权利是不平等的。但是,张三与李四所享有的权利之比例与他们所作出的贡献之比例却是完全平等的;换言之,他们所享有的权利与自己所作出的贡献的比例是完全平等的:

$$张三\frac{一份权利}{一份贡献} 等于 李四\frac{三份权利}{三份贡献} \quad 或者 \quad \frac{张三一份权利}{李四三份权利} 等于 \frac{张三一份贡献}{李四三份贡献}$$

非基本权利应该比例平等原则表明,社会应该不平等地分配每个人的非基本权利。但是这种权利不平等的分配必须完全依据贡献的不平等,从而使人们所享有的权利与自己所作出的贡献的比例达到平等。为了做到这一点,在这种权利不平等的分配中,正如罗尔斯的补偿原则所主张的,获利较多者还必须给较少者以相应的补偿权利。因为获利多者比获利少者较多地利用了双方共同创造的资源——"社会"、"社会合作"。并且,获利越少者对共同资源"社会合作"的利用往往便越少,因而所得的补偿权利便应该越多;获利最少者对"社会合作"的利用往往便最少,因而便应该得到最多的补偿权利。

举例说,那些大歌星、大商贾、大作家,是获利较多者。他们显然比工人农民

---

① 《潘恩选集》,马清槐译,商务印书馆1956年版,第143页。

们等获利较少者较多地使用了双方共同创造的资源:"社会"、"社会合作"。若是没有社会、社会合作,这些大歌星、大商贾、大作家们统统都会一事无成;若非较多地使用了社会合作,他们也绝不可能做出那些巨大贡献。这些获利较多者的贡献之中既然包含着对共同资源的较多使用,因而也就间接地包含着获利较少者的贡献。于是,他们因这些巨大贡献所取得的权利,便含有获利较少者的权利。所以,便应该通过个人所得税等方式从获利较多者的权利中,拿出相应的部分补偿、归还给获利较少者。否则,获利多者便侵吞了获利少者的权利,是不公平的。

不难看出,完全平等原则优先于比例平等原则:当二者发生冲突时,应当牺牲后者以保全前者。举例说,当一个社会的物质财富极度匮乏时,如果人人吃饱从而平等享有基本权利,那么,就几乎不会有人吃好而享有非基本权利。这样,每个人就几乎完全平等享有经济权利,因而便违反了比例平等原则,侵犯了有大贡献者在经济上所应该享有的非基本权利。反之,如果一些有大贡献者吃好而享有非基本权利,那么,就会有人饿死而享受不到基本权利。这样,基本权利便不是人人平等享有的,因而便违反了完全平等原则,侵犯了一些人的基本权利。在这种情况下,应该怎么办?显然应该违反比例平等原则而侵犯某些有大贡献者的非基本权利"吃好",以便遵循完全平等原则而保全每个人的基本权利"吃饱":人权是神圣、优先、不可侵犯、不可剥夺的。严格说来,任何一个社会,如果它是公平的、正义的,那么,在这种社会里,只要有一个人不能吃饱、没有享受到人权,那么,任何人,不管他的贡献有多大,便都不应该吃好、不应该享有非基本权利。

然而,为什么一个人不论多么渺小,他的人权也优先于另一个人——不管他多么伟大——的非基本权利?因为正如罗尔斯所说,社会不过是"一个目的在于增进每个成员利益的合作体系"①。每个人都是这个合作体系、合作集体的一个股东。在这个大集体中,毫无疑义,贡献多者所享有的权利应该多;贡献少者所享有的权利应该少。但是,一个人的贡献再少,也与贡献最多者同等是缔结社会的一个股东,因而至少也应该享有最低的、起码的、基本的权利,即人权。反之,那些有大贡献者的贡献再大,也完全是以社会的存在为前提,因而也就完全是以每个人缔结社会这一最基本的贡献为前提。所以,有大贡献者究竟应否享有非基本权利,也就完全应该以每个人是否已享有基本权利为前提。一句话,每个人的人权、基本权利之所以是优先的、神圣不可侵犯的,就是因为赋予这一权利的

---

① John Rawls, *A Theory of Justice*, Revised Edition, The Belknap Press of Harvard University Press, Cambridge, Massachusetts, 2000, p. 4.

每个人参加缔结社会的这一基本贡献,优先于、重要于任何其他贡献。不过,人权的神圣性、优先性、不可侵犯性、不可剥夺性并不是绝对的、无条件的,而是相对的、有条件的。因为一个人如果侵犯了他人的人权,那么,他也就不应该享有相应的人权了。他的人权只有相对于其他人的非基本权利来说,只有在与其他人的非基本权利发生冲突的条件下,才是优先的、神圣的、不可侵犯、不可剥夺的。

完全平等与比例平等不过是权利分配原则的两个侧面。于是,合而言之,可以得出结论说:一方面,每个人因其最基本的贡献完全平等——每个人一生下来便都同样是缔结、创建社会的一个股东——而应该完全平等地享有基本权利、完全平等地享有人权,可以名之为"完全平等原则";另一方面,每个人因其具体贡献的不平等而应享有相应不平等的非基本权利,也就是说,人们所享有的非基本权利的不平等与自己所做出的具体贡献的不平等比例应该完全平等,可以名之为"比例平等原则"。这就是构成最根本的社会公正——亦即分配制度公正——的两个平等原则,因而也就是最重要的公正原则:平等是最重要的公正。

我们通过平等总原则及其理论的研究,最终确立了平等总原则:基本权利完全平等与非基本权利比例平等。那么,这一原则是否足以解决我们在现实生活中所遭遇的平等问题呢?答案是否定的。因为平等问题,正如萨托利所说,是个"戈尔地雅斯难结":"平等的复杂程度——我称之为迷宫——其程度比自由的复杂程度更大。"①这样,要真正解决平等问题,仅有平等总原则是不够的,还须以平等总原则为指导,根据平等的具体类型,从中推导出相应具体的平等原则:政治平等原则、经济平等原则和机会平等原则。

2. 政治平等原则

所谓政治平等原则,亦即政治权利平等原则。政治权利,显而易见,也就是掌握政治权力进行政治统治的权利。这种权利,细究起来,分为两大类型:直接统治权利与间接统治权利。直接统治权利是担任政治职务的权利:担任政治职务而成为统治者,也就能够对被统治者进行直接统治了。间接统治权利则是所谓的参政权,主要包括选举、罢免、创制、复决四种权利。这是通过管理统治者而间接统治被统治者的权利,说到底,也就是被统治者反过来对统治者进行管理,从而使统治者按照被统治者自己的意志进行统治的权利。马克思认为间接统治权利就是政治方面的人权而名之为"政治自由":

---

① Giovanni Sartori, *The Theory Democracy Revisited*, Chatham House Publisher Inc., Chartham, New Jersey, 1987, p. 352.

我们现在就来看看所谓人权,而且是真正的、发现这些权利的北美人和法国人所享有的人权吧!这种人权的一部分是政治权利,只有同别人一起才能行使的权利。这种权利的内容就是参加这个共同体,而且是参加政治共同体,参加国家。这些权利属于政治自由的范畴。①

政治自由是一种人权。所以,根据人权应该完全平等原则,每个人都应该完全平等地享有政治自由。换言之,每个人都应该完全平等地共同决定国家政治命运。说到底,每个人都应该完全平等地共同执掌国家最高权力:"每个人只顶一个,不准一个人顶几个。"②这就是政治权利完全平等原则,这就是政治人权原则,这也就是所谓的人民主权原则,因而也就是民主政治的基本依据之一。

不难看出,一方面,这一原则所规定的平等或民主,乃是实现人与人相互间一切平等的根本保障。因为,如果实行民主,从而每个人都完全平等地共同执掌国家最高权力,那么,每个人的其他平等,如经济平等和机会平等,能否实现,便完全取决于自己的意志,因而是有保障的。反之,如果不实现民主,国家最高权力不是完全平等地掌握在每个人手中,而是仅仅掌握在一个人或一些人手中,那么,每个人的其他平等能否实现,便完全取决于握有最高权力的那一个人或那一些人的意志,而不是取决于自己的意志,因而是无保障的。所以,民主或最高权力的平等,决定其他一切平等,是实现一切其他平等的根本保障。

另一方面,这一原则所规定的平等或民主,无疑是人与人之间的最重要、最根本的平等。因为,按照这一原则从而实行民主,每个人便完全平等地共同执掌国家最高权力,每个人便完全平等地是国家的最高权力的掌握者,每个人便完全平等地是国家的最高统治者,每个人便是完全平等地握有最高权力的国家的主人。这样一来,人们相互间便真正达到了平等:即使他们相互间的贫富贵贱相当悬殊,毕竟没有主奴之分,而同样是握有最高权力的国家的主人,因而根本说来是完全平等的。反之,如果违背这一原则而不实行民主,从而国家最高权力掌握在一个人或一些人手中,那么,便只有最高权力的执掌者才是主人,而其他人则都是最高权力执掌者的奴隶,因而不论如何,人们相互间毕竟是一种主奴关系,因而根本说来是极不平等的。

那么,每个公民完全平等握有国家最高权力的平等原则,是否就是所谓的政治平等原则?否。每个公民都应该完全平等握有国家最高权力,还不是政治平等原则的全部内容。它仅仅是政治平等原则的一部分,亦即政治自由、政治人权之平等原则;而不是其另一部分,亦即不是政治职务平等原则:政治平等原则分

---

① 《马克思恩格斯全集》第1卷,人民出版社1956年版,第436页。
② 《潘恩选集》,马清槐译,商务印书馆1963年版,第145页。

二而为政治自由平等原则与政治职务平等原则。与政治自由恰恰相反:政治职务不是人权或基本权利,而是非人权权利或非基本权利。所以,根据非基本权利比例平等原则,人们应该按其政治贡献大小而比例平等地享有担任政治职务的权利。也就是说,谁的政治贡献大,谁便应该担任较高的政治职务;谁的政治贡献小,谁便应该担任较低的政治职务:每个人因其政治贡献不平等而应担任相应不平等的政治职务。这样,人们所享有的担任政治职务的权利虽是不平等的,但每个人所享有的担任政治职务的权利与自己的政治贡献之比例却是平等的。如图:

$$\text{张三} \frac{\text{较高政治职务}}{\text{较高政治贡献}} \text{等于} \text{李四} \frac{\text{较低政治职务}}{\text{较低政治贡献}}$$

由此可以推知,一方面,不应该仅仅按照政治才能分配政治职务,即"任人唯才"。因为如果一个人有才无德,政治才能高而道德品质坏,那么,他不但不会为社会和他人做出政治贡献,反而会严重危害社会和他人。另一方面,也不应该仅仅按照道德品质分配政治职务,即"任人唯德"。因为如果一个人有德无才,道德品质好而政治才能低,那么,他不但不可能为社会和他人做出较大政治贡献,反而往往会好心办坏事,同样严重危害社会和他人。于是,也就只应该兼顾德才分配政治职务,即"任人唯贤":一个人只有德才兼备,只有政治才能高又道德品质好,才能为社会和他人做出较大政治贡献。

合而言之:每个人因其政治贡献(政治才能+道德品质)的不平等而应担任相应不平等的政治职务。换言之,每个人所担任的政治职务的不平等与自己的政治贡献(政治才能+道德品质)的不平等的比例应该完全平等。这就是政治权利比例平等原则,这就是政治职务分配原则。最早确立这一原则的是亚里士多德。他这样写道:"合乎正义的职司分配(政治权利——引者)应该考虑到每一受任的人的才德或功绩。"①

综观政治权利平等原则,可以得出结论说:一方面,每个人不论具体政治贡献如何,都应该完全平等地享有政治自由,亦即完全平等地共同执掌国家最高权力从而完全平等地共同决定国家的政治命运;另一方面,每个人又因其具体政治贡献(政治才能+道德品质)的不平等而应该担任相应不平等的政治职务,从而使每个人所担任的政治职务的不平等与自己的政治贡献(政治才能+道德品质)的不平等的比例完全平等。这就是政治平等总原则,这就是政治平等原则的全部内容。

---

① 〔古希腊〕亚里士多德:《政治学》,吴寿彭译,商务印书馆1996年版,第136页。

3. 经济平等原则

不难看出，每个人在经济上所享有的权利与其在经济上所作出的贡献或义务，说到底，实为同一事物，即都是劳动产品：我的经济贡献，说到底，是我给予社会和他人的产品；而我的经济权利，说到底，则是社会和他人给予我的产品。所以，社会对于每个人经济权利的分配过程，说到底，无非是每个人所创获的产品的互相交换的过程。准此观之，便应该按照每个人所创获的产品的交换价值，而分配给他含有同量交换价值的经济权利，说到底，便应该按照每个人所提供的产品的社会必要劳动时间，分配给他含有同量社会必要劳动时间的经济权利：按劳分配。这就是经济权利的按劳分配原则。马克思论及这一原则时便这样写道：

> 这里（即按劳分配——引者）通行的是商品等价物的交换中也通行的同一原则，即一种形式的一定量的劳动可以和另一种形式的同量劳动相交换……生产者的权利是和他们提供的劳动成比例的；平等就在于以同一的尺度——劳动——来计量。①

可见，按劳分配原则也就是经济权利比例平等原则。因为按劳分配，每个人所享有的经济权利虽因各自劳动量不平等而是不平等的；但每个人所享有的经济权利与自己所贡献的劳动量的比例却是完全平等的。如图：

$$\text{张三} \frac{\text{三份经济权利}}{\text{三份劳动量}} \text{ 等于 } \text{李四} \frac{\text{一份经济权利}}{\text{一份劳动量}}$$

然而，比例平等仅仅是非基本权利分配原则。所以，按劳分配也就仅仅是非基本经济权利分配原则。那么，基本经济权利、经济人权的分配原则是什么？是按需分配。因为根据"基本权利应该完全平等"的平等总原则可以推知：每个人不论劳动多少贡献如何，都应该完全平等享有基本经济权利、完全平等享有经济人权。而完全平等分配基本经济权利，也就是按人类基本物质需要分配基本经济权利。这一方面是因为基本经济权利就是满足每个人基本物质需要的权利；另一方面则是因为人们物质需要的不平等仅仅存在于非基本的、比较高级的领域，而基本的、最低的、起码的物质需要则是完全平等的："自然需要对所有人都是一样的。"②所以，按基本物质需要分配基本经济权利，实际上等于按需要分配基本经济权利：按需分配。

---

① 《马克思恩格斯选集》第三卷，人民出版社 1972 年版，第 11 页。
② Mortimer J. Adler, *Six Great Ideas*, A Touchstone Book, Simon & Schuster, New York, 1997, p. 180.

合观按需分配与按劳分配,可以得出结论说:一方面,每个人不论劳动多少、贡献如何,都应该按人类基本物质需要完全平等地分配基本经济权利(即按需分配);另一方面,则应按每个人所贡献的社会必要劳动时间,而分配给他含有同量社会必要劳动时间的非基本经济权利,以便使每个人所享有的非基本经济权利的不平等与自己所贡献的社会必要劳动时间的不平等的比例完全平等(即按劳分配)。这就是经济平等总原则。

4. 机会平等原则

机会从其提供者的情形来看,显然可以分为两类:社会、政府提供的机会与非社会提供的机会。非社会提供的机会比较复杂,主要包括:家庭提供的机会、天资提供的机会、运气提供的机会。罗尔斯认为,每个人只应该因自己能够负责的自由的选择和努力获得权利,而绝不应该因自己无法负责的因素——家庭、天资、运气等等——获得权利。所以,家庭、天资、运气等自己无法负责的因素所提供的机会不平等是不应得的、不应该的、不公平的:

由于出身和天资的不平等是不应得的,对于这些不平等就应该以某种方式予以补偿。这种补偿原则主张,为了平等对待所有人,从而达到真正的机会平等,社会就必须更多关注那些天资较低和出身的社会地位较差的人们。这一主张就是要按照平等的导向纠正那些偶然因素所造成的偏差。遵循这一原则,较大的资源应该花费在智力较低而非较高的人们的教育上——至少在一生的某一阶段,如早期学校教育。①

这显然是一种机会应该完全平等的主张,因而是美好的、完美的、理想的,然而却是不现实、不公平的。现实地看,机会不但不可能完全平等,而且家庭、天资、运气等自己无法负责的因素所提供的机会不平等是应得的、公平的,而使其平等却是不公平的。因为家庭、天资、运气等非社会提供的机会,显然是幸运者的个人权利,因而无论如何不平等,社会和他人都无权干涉。只不过,幸运者在利用较多机会去做贡献、获权利的过程中,必定较多地使用了与机会较少者共同创造的资源:社会、社会合作。反之,机会较少者对社会合作的利用自然较少。机会较多者的贡献之中既然包含着对共同资源的较多使用,因而也就间接地包含着机会较少者的贡献。于是他们因这些较大贡献所取得的权利,便含有机会较少者的权利。所以,便应该通过高额累进税、遗产税、社会福利措施等方式从他们的权利中,拿取相应部分补偿、归还给机会较少者。这样,机会较多者的权

---

① John Rawls, *A Theory of Justice*, Revised Edition, The Belknap Press of Harvard University Press, Cambridge, Massachusetts, 2000, p. 86.

利与其义务才是相等的、公平的；否则，机会较多者便侵吞了机会较少者的权利，是不公平的。

但是，社会——主要通过各种管理组织——提供的机会，则属于公共权利，是全社会每个人的权利。更确切地说，正如杰弗逊所指出的，社会提供的机会乃是全社会每个人的基本权利，是每个人的人权[①]。因为机会平等原则所说的"机会"，并不是竞争基本权利的机会——基本权利不需竞争而为人人完全平等享有——而是竞争非基本权利的机会。而社会所提供的竞争非基本权利的机会，显然不是非基本权利，而是基本权利、是人权。这样，根据基本权利、人权应该完全平等的原则，社会所提供的竞争非基本权利的机会，也就应该为人人完全平等享有：人人应该完全平等享有社会所提供的发展自己潜能的受教育机会；人人应该完全平等享有社会所提供的作出贡献的机会；人人应该完全平等享有社会所提供的竞争权力和财富、职务和地位等非基本权利的机会。然而，罗尔斯却认为社会、政府所提供的机会不应该平等，而应该不平等：应该给出身不利、天赋较低的人以较多机会，从而使每个人的机会完全平等。这样一来，岂不侵犯了出身有利、天赋较高的人的人权？

可见，罗尔斯犯了一种相反相成的双重错误：一方面，他误以为家庭、天资、运气等自己无法负责的因素所提供的机会不平等是不应该、不公平的；于是，另一方面，便误以为社会所提供的机会应该相反的不平等，以便补偿家庭等因素所造成的机会不平等，从而使每个人的机会"真正地"、完全地平等。机会应该完全平等的美好理想是导致这一双重错误之根源。

综观上述，可以得出结论说：社会所提供的发展才德、作出贡献、竞争职务和地位以及权力和财富等非基本权利的机会，是全社会每个人的基本权利，是全社会每个人的人权，应该人人完全平等。反之，家庭、天赋、运气等非社会所提供的机会，则是幸运者的个人权利，无论如何不平等，他人都无权干涉；但幸运者利用较多机会所创获的较多权利，却因较多地利用了共同资源"社会合作"而应补偿给机会较少者以相应权利。这就是机会平等原则。

总观平等总原则和平等具体原则可知，平等原则所解决的乃是每个人的人权、基本权利和非人权权利、非基本权利以及每个人的政治权利、经济权利和机会权利的公正分配问题：这些在一切公正问题中无疑具有最重要的意义。因此，平等原则是最重要的公正原则；而公正原则又是人类最重要的道德原则，是社会治理最重要的道德原则。所以，平等原则便是人类最最重要的道德原则，是社会治理最最重要的道德原则。但是，公正与平等不是社会治理最高的道德原

---

① 〔美〕艾德勒、范多伦编：《西方思想宝库》，吉林人民出版社1988年版，第1047页。

则,不是社会治理最完美的道德原则;社会治理最高最完美的道德原则乃是我们下一章的研究对象:人道。

思 考 题

1. 试析休谟关于公正起源和前提的理论:为什么财富的匮乏和人性的自私是公正原则得以确立的两个前提?

2. 穆勒和康德认为仁爱、慈善等是"不完全强制性义务",并由这些义务并不赋予义务人以权利得出结论说:义务并不必定赋予义务人以权利,因而义务与权利并不必定相关。这种观点正确吗?

3. 康德否定动物拥有权利,他说:"对动物而言,我们没有直接的责任……我们对动物的责任只是对人的间接责任。"对于康德的这一理论,雷根曾这样总结道:"可以将这种理论叫做'间接义务论'。不妨这样来解读它:假设你的邻人踢你的狗。那么,你的邻人就做了一种错误的事情。但这不是对你的狗的错误;而是对你的错误。毕竟,使人难过是错误的,而邻人踢你的狗使你难过。所以,被伤害的是你,而不是你的狗。换句话说,邻人通过踢你的狗而损害了你的财产。既然损害他人的财产是错误的,那么你的邻人就做错了事情——当然是对你而不是对你的狗。就像你的轿车的挡风玻璃弄破了,你的轿车并没有受到伤害一样,邻人并没有使你的狗受到伤害。你的邻居所牵涉到你的狗的义务,不过是对你的间接义务。广而言之,我们对于动物的所有义务,都是我们人类彼此相待的间接义务。"①这种间接义务论是真理吗?

4. 赵汀阳认为人权依据于"不做坏人"、"做道德人":"在道德上是人的人拥有人权,在道德上不是人的人不拥有人权。"②邱本认为人权依据于"合法人":"一个合法的人就应该享有人权,只有依法认为不是人而必须剥夺其人权的人,才不应享有人权。"③谁是谁非?

5. 罗尔斯认为,在权利的分配过程中,那些能力较强、贡献较大从而获利较多的人,应该——比如说通过个人所得税、高额累进税等等——给能力较小、贡献较少从而获利较小的人以补偿权利;诺齐克则认为这样做侵犯了那些能力较强、贡献较大从而获利较多的人的权利。谁是谁非?

---

① Stevn M. Cahnand, Peter Markie, *Ethics: History, Theory, and Contemporary Issues*, Oxford University Press, New York, Oxford, 1998, p.822.
② 赵汀阳:《有偿人权和做人主义》,《哲学研究》1996年第9期,第21页。
③ 邱本:《无偿人权和凡人主义》,《哲学研究》1997年第2期,第41页。

6. 一种原则的自由性,是指该原则是不是个自由的原则;而一种原则的正义性,则是指该原则是不是个正义的原则。那么,怎样证明一种原则是不是自由的原则?只能看该原则是否被人人一致同意:人人一致同意的,就是自由的原则;并非人人一致同意的,就是不自由的原则。罗尔斯由正义原则的自由性的证明是人人一致同意而得出结论说,正义原则的正义性的证明是人人一致同意:"正义原则被证明,是因为它们在一种平等的原初状态中能够得到一致同意。"① 请回答:罗尔斯对正义原则正义性的这种证明方法能否成立?

参考文献

《马克思恩格斯全集》第 1 卷,人民出版社 1956 年版。

苗力田主编:《亚里士多德全集》第八卷,中国人民大学出版社 1992 年版。

〔英〕休谟:《人性论》下册,关文运译、郑之骧校,商务印书馆 1983 年版。

〔英〕穆勒:《功用主义》,唐钺译,商务印书馆 1957 年版。

〔美〕罗尔斯:《正义论》,何怀宏等译,中国社会科学出版社 1988 年版。

〔美〕诺齐克:《无政府、国家和乌托邦》,何怀宏译,中国社会科学出版社 1990 年版。

〔美〕纳什:《大自然的权利》,杨通进译,青岛出版社 1999 年版。

Louis P. Pojman, *Ethical Theory: Classical and Contemporary Readings*, Wadsworth Publishing Company, USA, 1995.

Douglas W. Rae, *Equalities*, Harvard University Press, Cambridge, Massachusetts, 1981.

Thomas Nagel, *Equality and Partiality*, Oxford University Press, 1991.

Frank S. Lucash, *Justice and Equality: Here and Now*, Cornell University Press, 1986.

D. D. Raphael, *Justice and Liberty*, The Athlone Press, London, 1980.

---

① John Rawls, *A Theory of Justice*, Revised Edition, The Belknap Press of Harvard University Press, Cambridge, Massachusetts, 2000, p. 19.

第八章 人道：社会治理最高道德原则

本章提要：自由是自我实现的根本条件，两者成正相关变化：一个人越自由，他的个性发挥得便越充分，他的创造潜能便越能得到实现，他的自我实现的程度便越高。自由是每个人自我实现、发挥创造潜能的根本条件，同时也就是社会繁荣进步的根本条件。因为社会进步的一切要素，都不过是人的活动的产物，都不过是人的能力发挥之结果，因而说到底，无不以自由为根本条件。因此，"使人自由"是人道——使自我实现是人道深层总原则——的根本原则，是社会治理最高原则。衡量这一原则是否得到实现的三条标准是：① 自由的法治标准：一个人道社会的任何强制，都必须符合该社会的法律和道德；该社会的所有法律和道德，都必须直接或间接得到全体成员的同意。② 自由的平等标准：在一个人道的社会，人人应该平等地享有自由：在自由面前人人平等；人人应该平等地服从强制：在法律面前人人平等。③ 自由的限度标准：一个人道社会的强制，应该保持在这个社会的存在所必需的最低限度；而它的自由，则应该广泛到这个社会的存在所能容许的最大限度。

一、人道主义：人道总原则

人道主义的系统理论虽然诞生于 14 世纪兴起的文艺复兴运动，但那时并没有人道主义一词，而只有 humanitas：该词是拉丁文，本意指人的世俗教育。humanitas 源于 humanus（人的、人性的、人道的、文明的），大约在 19 世纪初，才演化为人道主义一词：Humanismus（德文）和 humanism（英文）。所以，人道主义一词迟至 19 世纪才出现。人道主义的含义，就其词源来说，就是人文主义，就是人文教育、世俗教育,就是通过古典的人文科学教育而最大限度地发展人的精神才智。因此,人道主义与人文主义的词源含义是完全相同的。这就是为什么humanism 既可以译为人道主义,也可以译为人文主义的缘故。但是,人道主义的定义与其词源含义并不完全相同:人道主义与人文主义并非同一概念。就定义来说,人道主义并不完全像其词源那样,意指复兴古典人文教育;而是指复兴古典人文教育的那种新精神、新态度和新信念。这种新精神、新态度和新信念可以归结为一句话:人本身,特别是人的创造性潜能之实现,乃是最高价值;因而应该善待一切人,特别是应该使每个人的创造性潜能得到实现。

1. 人道主义:关于人是最高价值的思想体系

人道主义,就其定义来说,首先是指这样一种思想体系,这种思想体系的根本观点,是认为人本身是最高的价值或尊严。对于这个道理,文艺复兴时期的人道主义思想家论述颇丰。庞波那齐说:"人是万物中的上选。"[1]斐微斯说:"人这个演员最值得赞美。"[2]但是,说得最透辟的,当推但丁。他这样写道:

> 我实实在在敢说:人的高贵,就其许许多多的成果而言,超过了天使的高贵,虽然天使的高贵,就其统一性而言,是更神圣的。《诗篇》在下列诗篇里,对于我们人类的高贵所产生的果实数量之多是体会到的;在以"我们的主啊,你的名在全地何其美!"这句诗开始的诗篇里,他赞美了人类,仿佛对于神对人类的爱感到惊异,写道:"凡人算什么,上帝,你竟眷顾他!你叫他比天使微小一点;并赐他荣誉尊贵为冠冕,你派他管理你手所造的。"[3]

可是,人道主义这种认为人本身是最高价值的观点能成立吗?答案是肯定的。但是,人本身之为最高价值并不是绝对的,而是相对的。因为不言而喻,只有相对于人来说,人才具有最高价值;而相对于非人类存在物——如豺狼虎豹——来说,人不但可能不具有最高价值,而且可能具有负价值:人类可能是豺狼虎豹的死敌。那么,为什么相对于人来说,人具有最高价值?这可以从两方面来看。

一方面,正如霍尔巴赫和斯宾诺莎诸多先哲所言,对于人来说,人本身之所以是最高价值,乃是因为人最需要的东西就是人,因而人对于人具有最高效用、最高价值:"在所有的东西中间,人最需要的东西乃是人。"[4]人最需要的东西之

---

[1] 北京大学西语系资料组编:《从文艺复兴到十九世纪资产阶级哲学家政治思想家有关人道主义人性论言论选辑》,商务印书馆 1973 年版,第 55 页。
[2] 同上书,第 65 页。
[3] 北京大学西语系资料组编:《从文艺复兴到十九世纪资产阶级文学家艺术家有关人道主义人性论言论选辑》,商务印书馆 1973 年版,第 3 页。
[4] 周辅成编:《西方伦理学名著选辑》下卷,商务印书馆 1987 年版,第 89 页。

所以是人,是因为每个人的一切利益,都是人类社会给予的:人类社会对于每个人具有最高效用、最高价值。人类社会又不过是每个人之和。所以,人类社会是每个人的最高价值,归根结底,便意味着,每个人对于每个人具有最高价值:人对于人具有最高价值。

另一方面,对于人来说,人本身之所以是最高价值,则是因为人本身或每个人是社会的目的;而社会则不过是为人本身或每个人服务的手段而已。人是社会的目的,因而也就是社会的价值尺度,是评价社会一切事物的价值标准而超越于社会一切事物的价值之上。一句话,人是最高的价值或尊严:"一个有价值的东西能被其他东西所代替,这是等价;与此相反,超越于一切价值之上,没有等价物可代替,才是尊严。"①

既然人本身是最高价值,那么,不言而喻,对于任何人,不管他多么坏,对他的坏、他给予社会和他人的损害,固然应予相应的惩罚,应把他当作坏人看;但首先应因其是人而爱他、善待他、把他当人——亦即最高价值——看:这是善待他人的最高道德原则。所以,人们大都将"博爱"或"把人当人看"与"人本身是最高价值"并列,作为人道主义的根本特征来界说人道主义:人道主义便是视人本身为最高价值从而将"善待一切人、爱一切人、把一切人都当作人来看待"奉为善待他人最高原则的思想体系;简言之,便是视人本身为最高价值从而将"把人当人看"奉为善待他人最高原则的思想体系。

2. 人道主义:关于人的自我实现是最高价值的思想体系

细究起来,作为最高价值的"人本身"是个十分笼统含糊的概念。因为人的缺点、残忍、嫉妒、病痛、不幸等也是"人本身"的东西。这些东西若说有价值,也只是负价值,而根本谈不上什么最高价值。所以,作为最高价值的"人本身",并非"人本身"的全部东西,而只是其中的部分东西。是什么东西呢?让我们听听文艺复兴时期人道主义大师皮科的回答吧:

我实在不满意许多人为人性的优美所提出的许多根据:比如说,人是动物之间的媒介;人是上帝的密友;人是低等动物的帝王;因为人的感官敏锐,理智聪明,智慧辉耀,所以是自然的解释者;人是不变的永恒与飞逝的时间中间的间隔,并且是世界的维系,否,毋宁是世界的婚礼歌;按大卫的见证,仅比天使微小一点。这些肯定,虽然都是明白的大理由,但是还不能算是值得最高赞扬的主要根据。因为我们何不更欣赏天使本身和天庭神圣的合唱呢?最后,我感到自己终于领悟了人为什么是生灵当中最幸福的,从而是值得一切赞赏的……上帝认定

---

① 〔德〕康德:《道德形而上学原理》,苗力田译,上海人民出版社1986年版,第87页。

人是本性不定的生物，并赐他一个位居世界中央的位置，又对他说："亚当，我们既不曾给你固定的居处，亦不曾给你自己独有的形式或特有的功能，为的是让你可以按照自己的愿望、按自己的判断取得你所渴望的住所、形式和功能。其他一切生灵的本性，都被限制和约束在我们规定的法则的范围之内。但是我们交与你一个自由意志，你不为任何限制所约束，可凭自己的自由意志决定你本性的界限。我们把你安置在世界中心，使你从此地可以更容易观察世间的一切。我们使你既不属于天堂，又不属于地上，使你既非可朽，亦非不朽，使你好像是自己的塑造者，既有自由选择，又有光荣，能将自己造成你所喜欢的任何模样。"……谁不羡慕我们这条变色龙？谁还能够更羡慕任何其他东西？①

　　皮科这一番极为精辟的妙论，道破了人本身是最高价值之真谛：作为最高价值的人本身，主要是指人本身的发展、完善、自我选择、自我实现，是指人的创造性潜能的实现，是人充分发挥、实现自己的创造性潜能从而使自己成为可能成为的最完善的人。这种观点能成立吗？答案是肯定的。因为：

　　一方面，人本身的自我实现所满足的乃是每个人的最高需要。现代心理学——特别是马斯洛心理学——的成果表明：人有五种基本需要，按照从低级到高级的顺序，依次是：生理需要、安全需要、爱的需要、自尊需要、自我实现需要。人本身的自我实现所满足的既然是人的最高需要，因而也就具有最高价值：最高价值岂不就是满足最高需要的价值？

　　另一方面，人本身的自我实现能够最大限度地满足全社会和每个人的一切需要。因为任何社会的财富，不论是物质财富还是精神财富，统统不过是人的活动的产物，不过是人的能力之发挥、潜能之实现的结果。所以，人本身的自我实现越充分、人的潜能实现得越多，社会的物质财富和精神财富便越丰富，社会便越繁荣进步，而每个人的需要也就会越加充分地得到满足。反之，人本身的自我实现越不充分、人的潜能实现得越少，社会的物质财富和精神财富便越贫乏，社会便越萧条退步，而每个人的需要的满足也就越不充分。所以，人本身的自我实现乃是一切财富的源泉，是最根本、最重要、最伟大的财富，因而也就能够最大限度地满足全社会和每个人的需要，从而具有最高价值。

　　可见，说包含着诸多负价值（缺点、残忍、病痛、嫉妒、不幸等）的人本身是最高价值，实乃浅层的、外在的、皮相的、初级的真理；而内在的、深层的、本质的、高级的真理则是：人本身的自我实现是最高价值。既然如此，那么不言而喻：便应该使人自我实现，使人发展、实现自己的创造性潜能而成为可能成为的最有价值

---

① 北京大学西语系资料组编：《从文艺复兴到十九世纪资产阶级哲学家政治思想家有关人道主义人性论言论选辑》，商务印书馆1973年版，第33—34页。

的、最完善的人——亦即所谓"使人成为人"——这是善待他人的最高原则。因此,人道主义论者大都把"使人成为人"与"人本身的自我实现是最高价值"并列,一起作为人道主义的根本特征来界定人道主义:人道主义便是认为人本身的发展、完善、自我实现是最高价值从而把人本身的发展、完善、自我实现奉为善待他人最高道德原则的思想体系,便是认为人本身的自我实现是最高价值从而把"使人自我实现而成为可能成为的最有价值的人"奉为善待他人最高道德原则的思想体系,简言之,便是视人本身的自我实现为最高价值从而把使人自我实现奉为善待他人最高道德原则的思想体系。

3. 人道总原则:将人当人看与使人成为人

从上可知,人道主义有两个定义:广义的与狭义的。广义人道主义是视人本身为最高价值从而将"善待一切人、爱一切人、把一切人都当作人来看待"当作善待他人最高原则的思想体系。所以,广义人道主义是一种博爱主义,是视人本身为最高价值的博爱主义,不妨名之为"人道博爱主义"或"博爱的人道主义"。反之,狭义人道主义则是认为人本身的自我实现是最高价值从而把"使人自我实现而成为可能成为的最有价值的人"奉为善待他人最高道德原则的思想体系。所以,狭义人道主义是一种自我实现理论,是视人本身的自我实现为最高价值的自我实现理论,不妨名之为"人道自我实现论"或"自我实现的人道主义"。对于人道主义的这种双重定义,大卫·戈伊科奇曾有所见:

> 罗马帝国的格利乌斯时代,曾经对两类人道主义做出重要区分:一类意指"善行",另一类意指"身心全面训练"。……善行从普罗米修斯式的人道主义中产生。身心全面训练则从智者的人道主义中产生。……而文艺复兴时期的人道主义,成为以往一切身心全面训练的人道主义范例。[①]

那么,广义人道主义与狭义人道主义的关系如何?人本身是最高价值,不过是外在的、浅层的、皮相的、初级的真理;而内在的、深层的、本质的、高级的真理则是:人本身的自我实现是最高价值。准此观之,广义人道主义便是外在的、浅层的、皮相的、初级的人道主义;反之,狭义人道主义则是内在的、深层的、本质的、高级的人道主义。从人道主义的广义与狭义及其关系可以看出,所谓人道,就其作为伦理学的基本范畴来说,亦即就其作为人道主义道德原则来说,说到底,就其作为规范人的行为应该如何的道德原则来说,也具有相应的广义与狭义:

---

① 〔美〕大卫·戈伊科奇等编:《人道主义问题》,东方出版社1997年版,第2—3页。

一方面,就广义的人道来说,人道乃是视人本身为最高价值而善待一切人、爱一切人、把任何人都当人看待的行为,是基于人是最高价值的博爱行为,是把人当人看的行为:这是善待他人的最高原则。反之,不人道、非人道则是无视人本身为最高价值而虐待人的行为,是残忍待人的行为,是把人不当人看的行为。就拿对待俘虏来说。如果首先把俘虏当作人来善待,其次当作俘虏对待,从而供其衣食、不予虐待,便叫做人道。反之,若将俘虏只当作俘虏而不当作人,从而残忍加以虐待,便叫做不人道、非人道。推而广之,任何人,不管他多么坏,对他的坏,固然应予相应惩罚;但首先应该因其是人、是最高价值而善待他:这就是人道。反之,若只把他当作坏人惩罚而不当作人来善待,便是不人道、非人道。这就是广义的因而也就是浅层的、初级的、皮相的、外在的人道与非人道。

另一方面,就狭义的人道来说,人道乃是视人本身的完善为最高价值而使人成为可能成为的完善的人的行为,亦即视人的创造性潜能的实现为最高价值而使人实现自己的创造性潜能的行为,说到底,也就是视人的自我实现为最高价值而使人自我实现的行为:这是善待他人的最高原则。简言之,人道便是使人实现自己创造性潜能的行为,便是使人自我实现的行为,便是使人成其为人的行为。反之,非人道、不人道也就是使人不能实现自己创造性潜能的行为,是使人不能自我实现的行为,是使人不能成其为人的行为。这就是狭义的、深层的、内在的、本质的、高级的人道与非人道。举例说,如果一位父亲十分疼爱儿女,为了他们的前途不惜倾家荡产。然而他却不允许儿女按照他们自己的意志努力,而处处强迫他们按照他的设计奋斗,遂使儿女们不能自我选择、自我实现。这位父亲之所为便属于狭义的、深层的、高级的非人道行为。反之,另有一位父亲,虽然时时处处培育关心教导儿女,却十分尊重他们的自由,允许他们按照他们自己的意志自我选择、自我实现。那么,这位父亲之所为就是狭义的、深层的、高级的人道行为。

人道与非人道之广狭定义表明,一方面,"把人当人看(即视人本身为最高价值而把任何人都首先当作人来善待)"是衡量一切行为是否人道的广义的、浅层的、初级的总原则:凡是把人当人看的行为,都是广义的、浅层的、初级的人道行为;凡是广义的、浅层的、初级的人道行为,也都是把人当人看的行为。所以,"把人当人看"是广义人道总原则。反之,凡是"把人不当人看(无视人本身为最高价值而残忍待人)"的行为,都是广义的、浅层的、初级的非人道行为;凡是广义的、浅层的、初级的非人道行为,也都是把人不当人看的行为:"把人不当人看"是广义非人道总原则。

另一方面,"使人成为人(即视人本身的自我实现为最高价值从而使人自我实现而成为可能成为的最有价值的人)"则是衡量一切行为是否人道的狭义的、深层的、高级的总原则:凡是使人成为人的行为,都是狭义的、深层的、高级的人道行为;凡是狭义的、深层的、高级的人道行为,也都是使人成为人的行为。所以,"使人成为人"是狭义人道总原则。反之,凡是使人不能成其为人的行为,都是狭义的、深层的、高级的不人道行为;凡是狭义的、深层的、高级的不人道行为也都是使人不能成其为人的行为:"使人不能成其为人"是狭义非人道的总原则。

4. 人道和人道主义的实质:社会治理的最高道德原则

不难看出,人道主义与其他道德理论,如利己主义与利他主义以及功利主义与义务论,有所不同。因为人道主义不仅与这些道德理论一样,是关于某种道德原则的理论;而且还与社会主义一样,是关于某种社会的理论。社会主义是一种关于公有制的理想社会的理论。同理,人道主义则是一种关于人道的理想社会的理论,是关于将人道奉为社会治理最高原则的理想的社会的理论,是关于把"将人当人看与使人成为人"奉为社会治理最高原则的理想的社会的理论:在这种社会中,一方面,每个人都被当作人、当作最高价值来善待;另一方面,每个人都能够实现自己的创造潜能、成为一个可能成为的最有价值的人。

因此,历代人道主义思想家努力追求的,并不是每个人如何善待他人的道德问题,而是要实现一种理想的社会,一种人道的社会,一种将人当人看和使人成为人的社会。14世纪至16世纪文艺复兴时期的人道主义,正如宫岛肇所言,并不是每个人如何善待他人的道德理论,而是一种通过复兴古典文化来反对封建专制和宗教统治,从而"成为开辟人类历史新时代和新社会的社会革新的原理"①。17世纪至18世纪启蒙时期的人道主义乃是废除封建社会而代之以新的市民社会的资产阶级革命理论。19世纪至20世纪的人道主义——特别是社会主义的人道主义——则是一种关于克服资本主义各种弊端的新的人道社会的理论。因此,宫岛肇说,哪里有国家和社会制度,哪里有统治者和被统治者,哪里就会有人道主义:

> 无论什么时代、什么社会,只要有国家这样一种社会组织,并由此形成某种程度的学术文化,大致都可以看到这种人道主义的先兆。因为我们必须承认,国家和社会的各种制度一旦出现,就由此产生统治者与被统治者、客观制度与个人欲求之间的对立和差别,人性的被歪曲和压抑,在某种程度上就必然地接踵而来。依此观点来看,无论是古希腊的社会文化,或者中世纪后期基督教神学时代,都有不同形式的赞美人性和尊重人性的思想,这些往往被学者们称之为古代、中世纪的人道主义。②

---

① 沈恒炎、燕宏远主编:《国外学者论人和人道主义》第三辑,社会科学文献出版社1991年版,第735页。
② 同上书,第734页。

可见，所谓人道主义，固然是一种关于道德原则的理论；但是，就其实质来说，乃是一种关于理想社会的理论，是一种关于人道社会的理论，是一种将人道奉为社会治理最高原则的社会的理论，是一种关于社会治理最高道德原则的理论。相应的，所谓人道，固然是一种应该如何善待他人的最高道德原则；但是，就其实质来说，乃是统治者应该如何善待被统治者的最高道德原则，是统治者应该如何治理社会的最高道德原则，是社会治理的最高道德原则。

二、自由：最根本的人道

1. 自由概念

所谓自由，如所周知，就是能够按照自己的意志进行的行为。但是，一个人的行为之所以能够按照自己的意志进行，显然是因为不存在按照自己意志进行的障碍。于是，自由也就是因强制或障碍的不存在而能够按照自己的意志进行的行为。问题在于，按照自己的愿望或意志进行的行为之障碍，既可能存在于自己身外，是外在障碍或限制，如他人、法律、舆论和社会的压力等等；也可能存在于自身之内，是内在障碍或限制，如贫困、无知、身体不佳和自己不能驾驭的感情等等。那么，这两种障碍的存在是否都意味着不自由？霍布斯认为只有外在障碍的存在才是不自由，而内在障碍的存在则是无能力：

> 自由一词就其本义来说，指的是没有阻碍的状况，我所谓的阻碍，指的是运动的外界障碍，对无理性与无生命的造物和对于有理性的造物同样可以适用。不论任何事物，如果由于受束缚或被包围而只能在一定的空间之内运动、而这一空间又由某种外在物体的障碍决定时，我们就说它没有越出这一空间的自由。因此，所有的生物当它们被墙壁或锁链禁锢或束缚时，或是当水被堤岸或器皿挡住，而不挡住就将流到更大的面积上去时，我们一般都说它们不能像没有这些外界障碍时那样自由地运动。但当运动的障碍存在于事物本身的构成之中时，我们往往就不说它缺乏运动的自由，而只说它缺乏运动的力量，像静止的石头和卧病的人便都是这样。①

确如霍布斯所言，如果使一个人不能按照自己的意志进行的障碍或强制存在于自己身内，是内在限制，那么，我们不能说他不自由，而只能说他无能力：没有利用自由的能力。只有当一个人不能按照自己的意志进行的障碍或强制存在

---

① 〔英〕霍布斯：《利维坦》，黎思复、黎廷弼译，商务印书馆1986年版，第162—163页。

于自己身外,是外在限制,我们才可以说他不是无能力,而是不自由。举例说,在一个可以随意出国旅行的自由的国家,一个公民不能按照自己的意志出国旅行的障碍,不是存在于自身之外,不是因为国家不准出国旅行;而是存在于自身,是因为自己无钱。那么,我们便不能说他没有出国旅行的自由,而只能说他没有出国旅行的能力:他完全有出国旅行的自由,而只是没有利用出国旅行的自由的能力。反之,一个公民不能按照自己的意志出国旅行的障碍,不是存在于自身(他很有钱、很健康,也有闲暇和兴趣);而只是存在于自身之外,比如说,是因为国家不准出国旅行。那么,他便不是没有出国的能力,而是没有出国的自由。

因此,一个人自由与否,与他实行自己意志的自身的、内在的障碍无关,而只与他自身之外的外在障碍有关:自由亦即不存在实行自己意志的外在障碍;而不存在内在障碍并不是自由,而是利用自由的能力或条件。诚然,对于因自身内在障碍的存在而没有"利用自由的能力或条件"的人来说,自由是毫无价值、毫无意义的。但是,这并不等于不自由。举例说,如果北京的玉泉山开放了,每个人都可以随意去爬这座山了。但是,不幸的是,我此时却患上严重的关节炎,它是我爬山的内在障碍,使我不能按照我的渴望去爬玉泉山了。这样,我便并不是没有爬玉泉山的自由,而是没有利用爬玉泉山的自由之能力、条件。当然,事实上,对于我来说,这与没有爬玉泉山的自由是一样的。但是,由此并不能说我没有爬玉泉山的自由,而只能说爬玉泉山的自由对我毫无用处:没有自由和有自由而毫无用处是根本不同的。试想,我有一台电脑,因为无知我不会使用它,它对我毫无用处;有没有它对于我来说事实上是完全一样的。但是,我不能因此就说我没有它。同样,对于那些目不识丁、穷困潦倒的人来说,思想自由和政治自由是毫无价值、毫无意义的:拥有这些自由与没有这些自由实际上是一样的。但是,我们不能因此就说他们没有思想自由和政治自由,就说他们思想不自由和政治不自由,就说他们遭受了思想奴役和政治奴役。

可见,自由与实行自我意志的障碍之消除,并不完全相同:自由仅仅是实行自我意志的自身之外的外在障碍之消除;实行自我意志的自身内在障碍之消除,并不是自由,而是利用自由的能力或条件。换言之,自由与否,乃是一个人的身外之事,而不是他身内之事;若是他的身内之事,则属于他的利用自由的能力范畴而无所谓自由不自由。这一"自由与利用自由的能力或条件"之辨,不仅具有极大的理论意义,而且具有莫大的现实意义。因为一个社会,如果那里的群众因为贫困和无知等自身内在障碍而没有利用自由的能力和条件,因而自由对于他们毫无用处,那么,我们当然应该努力为群众获得物质财富和教育而奋斗,应该努力实现公正与平等。但是,我们绝不可以将这些使自由从无用变得有用的能力和条件,当作自由本身;更不可顾此失彼,将自由弃置一旁。因为关于自由价值的研究将表明,自由乃是达成自我创造性潜能之实现和社会进步的最为根本的必要条件,从而是社会繁荣兴盛的最为根本的必要条件。这样,长久说来,人们只有生活在一个自由的社会,才能真正摆脱贫困与无知。

2. 自由价值

自由是没有外在障碍而能够按照自己的意志进行的行为,显然意味着:自由是一种能够的、可能的行为,是行为的可能性,亦即行为的机会。这就是说,自由的价值乃在于提供种种机会。所以,如果有自由,就有获得一切有价值的事物的机会,就可能获得各种有价值的事物;如果没有自由,就没有获得一切有价值的事物的机会,就不可能获得各种有价值的事物。因此,自由乃是获得一切有价值的事物的必要条件;而其中最重要的事物,就是自我实现,亦即实现自己的创造性潜能和力量,从而使自己成为一个可能成为的最有价值的人。所以,马斯洛一再说:"自我实现的个人比普通人拥有更多的自由意志和更少的屈从他人。"[1]"这些人较少屈服于压抑、限制和束缚,一句话,较少屈从社会化。"[2]"他们可以被叫做自主者,他们受自己的个性法则而非社会规则支配。"[3]由此,马斯洛甚至试图建立一个自我实现人、健康人的乌托邦。这个乌托邦,在他看来,很多事情难以把握,但有一点可以肯定:在那里人人享有最大限度的自由。他这样写道:

> 最近,在理论上建立一个心理学乌托邦一直是我的乐趣。在这个乌托邦中,人人都是心理健康的,我称之为精神优美。根据我们关于健康人的知识,我们是否能预见到,假如千户健康人家移居一处荒原,在那里他们可以随意设计自己的命运。他们会发展怎样一种文化呢?他们将选择什么样的教育、经济体制、性关系、宗教呢?我对某些事情很没把握,尤其是经济情况。但对另外一些事情我可以非常肯定。其中之一是,几乎可以肯定,这将是一个高度无政府主义的群体,一种自由放任但是充满爱的感情的文化。在这个文化中,人们的自由选择的机会将大大超出我们现已习惯的范围,人们的愿望将受到比在我们社会中更大的尊重。人们将不像我们现在这样过多地互相干扰,这样易于将观点、宗教信仰、人生观,或者在衣、食、艺术或者异性方面的趣味强加给自己的邻人。总之,这些精神优美的居民将会在任何可能的时候表现出宽容、尊重和满足他人的愿望,只是在某些情况下会阻碍别人,他们允许人们在任何可能的时候进行自由选择。

---

[1] John Stuart Mill, *On Liberty*, Robert Maynard Hutchins, *Great Books of The Western World*, Volume 43, Encyclopaedia Britannica Inc., 1980, p. 162.
[2] 同上书,p. 171.
[3] 同上书,p. 174.

在这样的条件下,人性的最深层能够自己毫不费力地显露出来。①

诚哉斯言!自由真乃每个人的实现自己创造性潜能——从而使自己成为一个可能成为的最有价值的人——的根本条件。因为所谓创造性,也就是独创性:创造都是独创的、独特的;否则便不是创造,而是模仿了。这样,一个人的创造潜能的实现,实际上便以其独特个性的发挥为必要条件,两者成正相关变化:一个人的个性发挥得越充分,他的创造潜能便越能得到实现,他的自我实现的程度便越大;他的个性越是被束缚,他的创造潜能便越难以实现,他的自我实现的程度便越低。这就是为什么古今中外那些大学者、大发明家、大艺术家、大文豪们,大都是些特立独行的怪物;而越是不能容忍个性的社会,就越缺乏首创精神:"一个社会中的特立独行的数量,一般来说,总是和该社会中所拥有的天才、精神力量以及道德勇气的数量成正比。"②

那么,一个人的个性究竟如何才能得到充分发挥呢?不难看出,一个人个性的发挥和实现程度,取决于他所得到的自由的程度。因为,正如海德格尔所说,一个人的个性如何、他究竟成为什么人,不过是他自己的行为之结果:"人从事什么,人就是什么。"③于是,一个人只有拥有自由,能够按照自己的意志去行动,他所造成的自我,才能是具有自己独特个性的自我;反之,他若丧失自由、听任别人摆布,按照别人的意志去行动,那么,他所造就的便是别人替自己选择的、因而也就不可能具有自己独特个性的自我。

这样,自我实现的根本条件是个性的发挥;个性发挥的根本条件是自由。于是,说到底,自由便是自我实现的根本条件,两者成正相关变化:一个人越自由,他的个性发挥得便越充分,他的创造潜能便越能得到实现,他的自我实现的程度便越高;一个人越不自由,他的个性发挥便越不充分,他的创造潜能便越得不到实现,他的自我实现程度便越低。

自由是每个人自我实现、发挥创造潜能的根本条件,同时也就是社会繁荣进步的根本条件。因为社会不过是每个人之总和。每个人的创造潜能实现得越多,社会岂不就越富有创造性?每个人的能力发挥得越充分,社会岂不就越繁荣昌盛?每个人的自我实现越完善,社会岂不就越进步?所以,杜威说:"自由之所以重要,是因为它是发挥个人潜力和促进社会发展的条件。"④诚然,自由不是社会进步的唯一要素。科学的发展、技术的发明、生产工具的改进、政治的民主化、

---

① 〔美〕马斯洛:《动机与人格》,许金声、程朝翔译,华夏出版社 1987 年版,第 329 页。
② John Stuart Mill, *On Liberty*, Robert Maynard Hutchins, *Great Books of the Western World*, Volume 43, Encyclopaedia Britannica Inc., 1980, p. 299.
③ 〔德〕海德格尔:《存在与时间》,陈嘉映、王庆节译,三联书店 1987 年版,第 288 页。
④ 张品兴主编:《人生哲学宝库》,中国广播电视出版社 1992 年版,第 237 页。

道德的优良化等等都是社会进步的要素。但是,所有社会进步的要素,统统不过是人的活动的产物,不过是人的能力发挥之结果,因而说到底,无不以自由——潜能发挥的根本条件——为根本条件。因此,自由虽不是社会进步的唯一要素,却是社会进步的最根本的要素、最根本的条件。所以,穆勒把自由精神叫做"前进精神"或"进步精神"而一再说:"进步的唯一无穷而永久的源泉就是自由。"① 这样,若要社会进步,根本说来,便应该给人以自由;若是压抑自由,便从根本上阻碍了社会进步。换言之,自由的社会,必定繁荣进步;不自由的社会,必定停滞不前——若是它还能进步,那并不是因为它不自由,恰恰相反,乃是因为在这不自由的社会里,存在着勇于反抗而不畏牺牲的自由的斗士们。

3. 自由原则

自由是每个人的自我实现的根本条件,显然意味着:使人自由是使人自我实现的根本原则。而使人自我实现,如前所述,乃是人道深层总原则。于是可以得出结论说:自由是人道的根本条件,使人自由则是人道的根本原则,简言之:自由是人道根本原则。所以,当代著名人道主义思想家保罗·库尔茨一再说:"人道主义的基本原则是保卫个人自由。"②自由不但是人道根本原则,而且更重要的,乃是社会治理的最高原则。因为,一方面,人的自我实现,如前所述,乃是最高价值。所以,自由是自我实现的根本条件,便意味着:归根结底,自由是最高价值,因而也就是社会治理的最高原则。另一方面,人道,如前所述,乃是社会治理的最高原则。所以,自由是人道根本原则,便意味着:归根结底,自由是社会治理的最高原则。人道主义大师但丁已经发现了这个至关重要的原理,他一再说:"好的国家是以自由为宗旨的。"③那么,具体说来,自由这种社会治理最高原则究竟是怎样的?

任何社会都不可能没有强制而完全自由。那么,究竟怎样的社会才是自由的社会?卢梭认为,自由的社会乃是这样的社会,在这个社会中,所有的强制都是全体成员一致同意服从而成为公共意志的体现。这样,该社会虽有强制,但每个人对它的服从,也就是在服从既属于别人也属于自己的意志,因而也就是自由的。他这样写道:

人是自由的,尽管屈服于法律之下。这并不是指服从某个个人,因为在那种

---

① John Stuart Mill, *On Liberty*, Robert Maynard Hutchins, *Great Books of The Western World*, Volume 43, Encyclopaedia Britannica Inc., 1980, p. 300.
② 〔美〕保罗·库尔茨:《保卫世俗人道主义》,余灵灵等译,东方出版社1996年版,第78页。
③ 北京大学西语系资料组编:《从文艺复兴到十九世纪资产阶级哲学家政治思想家有关人道主义人性论言论选辑》,商务印书馆1973年版,第21页。

情况下我所服从的就是另一个人的意志了;而是指服从法律,因为这时候我们服从的就只不过是既属于我自己所有,也属于任何别人所有的公共意志。①

可是,一个社会、国家的全体成员往往数以亿计,它的法律和道德怎样才能取得一致同意或认可,从而达成公共意志?无疑只有实行民主政治,从而通过代议制和多数裁定原则而间接地取得一致同意。这样,一方面,代表们所制定的法律和道德可能是很多公民不同意的;但代表既然是他们自己选举的,那么,这些他们直接不同意的法律和道德,却间接地得到了他们的同意。多数代表所确定的法律和道德,可能是少数代表不同意的;但他们既然同意少数服从多数的原则,那么,这些他们直接不同意的法律和道德,也就间接地得到了他们的同意。这种直接或间接得到全社会每个成员同意的法律和道德,便是所谓的"公共意志"。所以,只要实行民主政治,那么,不管一个社会有多少成员,该社会的法和道德都可以直接或间接得到每个成员的同意而成为"公共意志";从而每个人对它的服从,也就是在服从既属于别人也属于自己的意志,因而也就是自由的。

因此,所谓自由社会,须具备两个条件。第一个条件是,该社会必须是法治而不能是人治。也就是说,统治者必须按照法律和道德进行管理,而不能违背法律和道德任意管理。第二个条件是,该社会的法律和道德必须由全体成员或其代表制定或认可,从而是公共意志的体现,而不能是个别人物意志的体现。合而言之,一个自由—人道社会的任何强制,都必须符合该社会的法律和道德;该社会的所有法律和道德,都必须直接或间接得到全体成员的同意。这就是自由的法治原则,这就是衡量一个社会是否自由和人道的法治标准。

如果一个社会所有的强制都符合其法律和道德,并且所有的法律和道德都是公共意志的体现,那么,该社会就是个自由的、人道的社会吗?还不够。自由的、人道的社会还须具备另一个条件,那就是:人人都必须同样地、平等地服从强制;同样地、平等地享有自由。否则,如果一些人必须服从法律,另一些人却不必服从法律;一些人能够享有自由,另一些人却不能够享有自由,那么,这种社会显然不是个自由社会。所以,霍布豪斯说:

在假定法治保证全社会享有自由时,我们是假定法治是不偏不倚、大公无私的。如果一条法律是对政府的,另一条是对百姓的;一条是对贵族的,另一条是对平民的;一条是对富人的,另一条是对穷人的,那么,法律就不能保证所有的人都享有自由。就这一点来说,自由意味着平等。②

---

① 〔法〕卢梭:《社会契约论》,何兆武译,商务印书馆1994年版,第24页。
② 〔英〕霍布豪斯:《自由主义》,朱曾汶译,商务印书馆1996年版,第10页。

可见,人人应该平等地享有自由:在自由面前人人平等;人人应该平等地服从强制:在法律面前人人平等。这就是自由的平等原则,这就是衡量一个社会是否自由、是否人道的平等标准。

一个社会,如果实现了自由的法治标准和平等标准,就是个自由的、人道的社会吗?为了弄清这个问题,让我们假设有这样一个社会,该社会全体成员都愿意像军人一样生活,从而一致同意制定并且完全平等地服从最严格的法律。如是,这个社会确实实现了自由的法治标准和平等标准,但它显然不是个自由的、人道的社会:它的强制的限度过大,而自由的限度过小。所以,自由、人道社会之为自由、人道社会,还含有一个要素:强制和自由的限度。穆勒认为,一个自由社会的强制应该最小化:它只应用来防止害和恶,而不应用来求得利和善。他将这一原则的确证当作他《论自由》一书的目的:

> 本书的目的是肯定一条相当简单的原则,使社会对于个人的任何强制和控制,不论是合法惩罚形式的物质力量,还是公众舆论的道德强制,都应该且必须绝对以它为标准。这条原则就是,人类对其成员的行动自由进行干涉——个别地或集体地——只有在其目的是自我防卫的条件下,才能被证明为正当。这就是说,对于文明群体中的任何一成员,可以实施权力反对其意志而不失为正当,唯一的目的只能是为了阻止他对他人的损害。即使是为了他本人的利益——不论是物质的还是精神的——都不能被充分证明为正当。①

穆勒此论,虽似偏颇,但大体说来,却是能够成立的。因为从自由的价值——自由是每个人创造性潜能的实现和全社会发展进步的最为根本的必要条件——确实可以得出结论说,强制、不自由是每个人创造性潜能的实现和全社会发展进步的根本障碍:强制只能用来防止害和恶从而维持社会的存在,而只有自由才能用来求得利和善从而促进社会的发展。这就是说,在社会能够存在的前提下,社会的强制越多、自由越少,则每个人的创造性潜能的实现便越不充分,社会的发展进步长久地看便越慢,因而人们也就越加不幸;反之,社会的强制越少、自由越多,则每个人的创造性潜能的实现便越充分,社会的发展进步长久地看便越快,因而人们也就越加幸福。

于是,我们可以得出结论说:一个社会的强制,应该保持在这个社会的存在所必需的最低限度;一个社会的自由,应该广泛到这个社会的存在所能容许的最大限度。这就是自由的限度原则,这就是衡量一个社会是否自由、是否人道的自

---

① John Stuart Mill, *On Liberty*, Robert Maynard Hutchins, *Great Books of The Western World*, Volume 43. Encyclopaedia Britannica Inc., 1980, p. 271.

由限度之标准。

综上可知,自由的法治、平等与限度三大原则,乃是自由——人道社会的普遍原则,是衡量任何社会是不是自由社会、是不是人道社会的普遍标准:符合三者的社会便是自由的、人道的社会;只要违背其一,便不配享有自由、人道社会的美名。

三、异化:最根本的不人道

1. 异化概念

"异化"(alienation)一词原本源于拉丁语 alienatio,意为疏远、脱离、转让、他者化,主要指某者成为他者、某者将自己推诿于他者、某者把自己的东西移让给他者。从此出发,该词逐渐作为科学术语固定下来而分裂为二:一是作为普通的、一般的科学术语;一是作为特殊的、具体的科学术语,即作为人道主义思想体系的基本概念。作为普通的、一般的科学术语的异化,也就是事物向他物的变化,就是事物自己向异己物的变化,就是事物自身向异于自身的他物的变化。这种异化之典型概念,就是生物学中相对"同化"而言的"异化":异化与同化都是变化,只不过同化是他物向自身的变化,而异化则是自身向他物的变化。所以,作为一般科学术语的"异化",不过是一种具体的变化概念,完全隶属、依附于变化范畴而不具有独立的科学研究价值,因而也就不能独立作为科学对象而被任何科学专门研究。具有科学研究价值而成为科学专门研究对象的"异化",乃是作为人道主义思想体系基本概念的"异化"。那么,这种异化的含义是什么?让我们来看看马克思对异化劳动概念的分析:

> 劳动的异化性质明显地表现在,只要肉体的强制或其他强制一停止,人们就会像逃避鼠疫那样逃避劳动。外在的劳动,人在其中使自己外化的劳动,是一种自我牺牲、自我折磨的劳动。最后,对工人说来,劳动的外在性质,就表现在这种劳动不是他自己的,而是别人的;劳动不属于他;他在劳动中也不属于他自己,而是属于别人。在宗教中,人的幻想、人的头脑和人的心灵的自主活动对个人发生作用是不取决于他个人的,也就是说,是作为某种异己的活动、神灵的或魔鬼的活动的,同样,工人的活动也不是他的自主活动。他的活动属于别人,这种活动是他自身的丧失。①

这就是说,所谓异化劳动,乃是这样一种劳动,这种劳动是劳动者在被强制

---

① 〔德〕马克思:《1844 年经济学哲学手稿》,人民出版社 1985 年版,第 51 页。

的条件下做出的,因而便具有这样的特点:它虽是劳动者做出的却并不属于劳动者而属于强制者,是劳动者做出的不是自己的、异于自己的、异己的劳动:"自己做出异于自己"的劳动,是异化劳动区别于非异化劳动的根本特点;而"强制"则是产生这种异化劳动的原因。

因此,被强制、受奴役、不自由并非异化,而是异化发生的原因;异化则是自己做出的而又异于自己的行为。试想,一个人为什么会自己做出不是自己的行为而异化?岂不就是因为有外在强制存在而不自由、受奴役,因而不能按照自己的意志却只能按照他人的意志行事?举例说,抗日战争期间,日本兵持枪命令一中国老人当众奸污自己的儿媳,否则统统枪毙。老人只好照办。老人的这种行为是被强制、不自由的,因而它固然是老人自己做的,却不是受自己意志支配的自己的行为,而是受日本兵意志支配的日本兵的行为:是老人自己做出的异己行为。由此可见,自己做出异己行为之原因、异化之原因乃在于不自由:一切丧失自由而受他人奴役的行为,都是自己做出而又异于自己的异化行为:就行为者是自己来说,该行为是自己做出的;就行为意志不是自己的来说,该行为又不是自己的,而是非己的、异己的行为。

可见,不自由、受奴役、被强制是异化发生的原因;异化则是在不自由受奴役被强制的情况下,自己做出而又异于自己的行为,是自己做出的异己的、非己的行为,是自己做出的不是自己的行为。这就是作为人道主义基本概念的异化之定义。因此,作为人道主义思想体系基本概念的异化,也是指一种事物(某行为主体的行为)向异于自身的他物(非某行为主体的行为)的变化,因而也就隶属于作为一般科学术语的异化概念(事物向异于自身的他物的变化);只不过,作为一般科学术语的异化,其异化者是任何事物,是任何事物的变化:异化是一物向异于自身的他物的变化;而作为人道主义思想体系基本概念的异化,其异化者则只能是人,是人的行为:异化是行为者自己做出而又异于自己的行为。

2. 异化价值

粗略看来,异化都是恶的不道德的。其实不然,因为异化究竟是道德的还是不道德的,完全取决于被异化者意志的道德价值。如果被异化者是坏人,他要干的事是坏事,也就是说,它的意志有害于人而具有负道德价值,那么,使他放弃自己意志而屈从他人意志而发生的异化行为,显然具有正道德价值。简言之,剥夺坏人做坏事的自由而使其异化是道德的、应该的。举例说,强制罪犯劳动改造,使其做出不受自己损人意志支配——而受他人利人意志支配——的异己的、异化的行为,无疑具有正道德价值,是道德的、应该的。反之,给罪犯以损人自由从而消除其异化,则具有负道德价值,是不应该、不道德的。

然而,如果被异化者是好人,他自己的意志无害于人,那么,使其行为发生异化,是否仍可能具有正道德价值?是的,这种异化仍可能具有正道德价值。因为我们常常看到,成年人往往无法说服而只好强迫儿童放弃其不理智的意志、屈从成人意志。我们也常常看到有识者、优秀者有时无法说服而只好强制无知者、愚蠢者放弃其错误的意志、屈从正确意志。儿童、无知者、愚蠢者们的这些异化行为不论对自己还是对社会无疑都有很大好处,因而具有很大的正道德价值。但是,异化的这种好处和价值无论如何巨大,也都只可能是暂时的、局部的、非根本的;根本地、长久地、全局地看,异化只能具有负价值。因为异化是自己因受奴役、不自由而做出的不受自己意志支配而受他人意志支配的异己的、非己的行为。所以,一目了然,异化乃是自我实现——亦即实现自己的创造性潜能从而成为可能成为的最有价值的人——的根本障碍,两者成负相关变化:一个人越是异化,他受他人意志支配的异己的、非己的行为便越多,那么,他便越缺乏个性,他的独创潜能便越得不到发挥,他的自我实现程度便越低;一个人越不异化,他的受他人意志支配的异己行为便越少,那么,他便越具个性,他的独创潜能便越能得到发挥,他的自我实现程度便越高。所以,卢卡奇说:

异化首先意味着对于形成完整的人的一种障碍……我们所关注的中心始终是异化的本体论问题。从这种情况中,从像存在那样具有多元性的异化中产生出来的这些具体问题,只有在伦理学中才能根据它们的意义对它们进行相应的分析。这涉及到阻碍人成为真正的人、真正的个性的诸多最大障碍当中的一个障碍。[1]

异化是自我实现的根本障碍,意味着,异化是最根本的不人道,从而对于人类具有最高和最大负价值。这可以从两方面看:一方面,自我实现所满足的乃是每个人的最高需要。现代心理学——特别是马斯洛心理学——的成果表明,人有五种基本需要,按照从低级到高级的顺序,依次是:生理需要、安全需要、爱的需要、自尊需要、自我实现需要。异化所阻碍满足的既然是每个人的最高需要,因而对于每个人也就具有最高负价值,是每个人的最高不幸:最高负价值岂不就是阻碍满足最高需要的负价值?最高不幸岂不就是最高需要得不到实现的不幸?

另一方面,自我实现能够最大限度地满足全社会和每个人的一切需要。因为任何社会的财富,不论是物质财富还是精神财富,统统不过是人的活动的产

---

[1] 〔匈〕卢卡奇:《关于社会存在的本体论》下卷,白锡堃、张西平、李秋零等译,重庆出版社1993年版,第644、676页。

物,不过是人的能力之发挥、创造性潜能之实现的结果。所以,自我实现越充分、人的创造性潜能实现得越多,社会的物质财富和精神财富便越丰富,社会便越繁荣进步,而每个人的需要也就会越加充分地得到满足。反之,自我实现越不充分,人的潜能实现得越少,社会的物质财富和精神财富便越贫乏,社会便越萧条退步,而每个人的需要的满足也就越不充分。所以,自我实现乃是一切财富的源泉,是最根本、最重要、最伟大的财富,因而也就能够最大限度地满足全社会和每个人的需要,从而具有最大价值。这样,作为自我实现根本障碍的异化,岂不就是对全社会和每个人利益的最大损害?岂不就是全社会和每个人的最大不幸?岂不就具有最大负价值?

异化对于人类具有最高和最大的双重负价值意味着:异化的正价值只可能是暂时的、局部的、非根本的;而负价值则必定是长远的、全局的、根本的。于是,消除异化便是人类的极其重要的道德原则;"消除异化"显然与"使人自由"相当,因而也是人道根本原则——使人自由是人道正根本原则,是社会治理的正面最高原则;异化则是人道负根本原则,是社会治理的负面最高原则。那么,究竟如何才能消除异化呢?

3. 异化消除:共产主义的应然性与必然性

毋庸赘言,一切异化——亦即经济异化、政治异化、社会异化和宗教异化——的消除,均直接或间接依赖于经济异化的消除;经济异化是直接或间接造成其他异化的最根本的异化。因此,经济异化之消除乃是消除一切异化的根本途径。那么,究竟如何才能消除经济异化?所谓经济异化,无疑是自己创造不属于自己的物质财富的劳动,也就是创造不属于自己而属于异于自己的他人的物质财富的劳动,也就是创造异己物质财富的劳动:经济异化、异化经济、劳动异化、异化劳动四者原本是同一概念。所以,经济异化之为经济异化,就在于把物质财富的创造者和享有者分离开来:创造者并非享有者;享有者并非创造者。于是经济异化的基本表现便是:自己创造的物质财富越多,反倒越贫穷,创造与享有成反比。因此,马克思说:

> 按照国民经济学的规律,工人在他的对象中的异化表现在:工人生产得越多,他能够消费的越少;他创造价值越多,他自己越没有价值、越低贱;工人的产品越完美,工人自己越畸形;工人创造的对象越文明,工人自己越野蛮;劳动越有力量,工人越无力;劳动越机巧,工人越愚钝,越成为自然界的奴隶。国民经济学以不考察工人(即劳动)同产品的直接关系来掩盖劳动本质的异化。当然,劳动为富人产生了奇迹般的东西,但是为工人产生了赤贫。劳动创造了宫殿,但是给工人创造了贫民窟。劳动创造了美,但是使工人变成畸形。劳动用机器代替了

手工劳动,但是使一部分工人回到野蛮的劳动,并使另一部分工人变成机器。劳动产生了智慧,但是给工人产生了愚钝和痴呆。①

这就是说,经济异化的根本性质就是自己劳动创造的财富——亦即剩余价值——被他人占有,亦即所谓的"被剥削"。因此,经济异化便与其他异化一样,也起因于强制,是一种被强制的行为。那么,产生经济异化的强制究竟是什么?换言之,经济异化的起因是什么?

经济异化的起因,从历史发生的顺序来看,首先是非经济强制,尔后是经济强制。原始社会前期,生产力极其低下,没有剩余产品,没有剥削,因而也没有经济异化。原始社会后期,发生第一次社会大分工,生产率显著提高,从而使人的劳动能够生产出剩余产品。于是,战争俘虏便不再被杀死,而作为奴隶被强迫劳动创造剩余产品,从而发生了劳动异化、经济异化:经济异化、劳动异化最初起因于奴隶主对奴隶的人身占有之非经济强制。到了封建社会,经济异化则主要源于农民对地主的人身依附之非经济强制。只是到了资本主义,经济异化才主要起因于经济强制。因为在资本主义制度下,工人的人身是完全自由的,只是由于没有生产资料,为了生存,才被迫为资本家劳动、创造剩余价值从而发生经济异化:资本、私有财产之经济强制是劳动者经济异化的起因。

可见,经济异化具有双重起因:人身占有、人身依附等非经济强制和私有财产、资本等经济强制。不过,资本、私有财产等经济强制在成为经济异化原因之前,先是其结果。因为正如马克思所言,一切资本、私有财产归根结底,都是劳动者自己创造的,都是劳动者的劳动之物化,都是劳动者的异化劳动之结果。这样,经济异化的起因便可以表示如图:

非经济强制(人身占有和人身依附)——→经济异化——→经济强制(私有财产、资本)——→经济异化

这样一来,经济异化的消除显然可以归结为三大原则:一是消除人身占有;二是消除人身依附;三是消除私有制。私有制、私有财产虽然根本说来是经济异化的结果,但反过来不但成为经济进一步异化的原因,而且随着社会的发展,越来越成为经济异化的主要原因。所以,要消除经济异化,不但必须消除人身占有、人身依附等非经济强制,而且更重要的、越来越重要的,是必须消灭私有制而代之以公有制,最终实现共产主义。因此,马克思一再把劳动异化或经济异化的消除归结为废除私有制和实现共产主义:共产主义是社会治理的最高理想,是消除异化的真正人道社会的最高理想。

消灭人身占有和人身依附无疑是公正的、应该的;但是,消灭私有制、剥夺资

---

① 〔德〕马克思:《1844年经济学哲学手稿》,人民出版社1985年版,第49—50页。

本家也是公正的、应该的吗？是的。因为废除私有制、剥夺资本家等剥削者的财产从而实现共产主义，不过是把本来属于劳动者的财富或剩余价值还给劳动者，因而是消灭剥削从而实现经济公正的唯一途径：这就是共产主义的应然性。不过，究竟应该何时消灭私有制，却是个十分复杂的问题。恩格斯早就这样写道："能不能一下子就把私有制废除呢？不，不能……只有在废除私有制所必需的大量生产资料创造出来之后才能废除私有制。"① 所谓"大量"的生产资料究竟要"大量"到什么程度呢？恩格斯的回答是：要达到"给社会提供足够的产品以满足它的全体成员的需要"②。这就是说，生产高度发达到可满足社会全体成员的物质需要的程度，是废除私有制的必要条件。可是，为什么生产的高度发展是废除私有制的必要条件？

恩格斯指出：在生产不够发展、产品还不能满足全体社会成员物质需要的时候便废除私有制，那么，社会的统治者们势必会"把对社会的领导变成对群众的剥削"③。结果，虽然废除了私有制，却没有消除私有制的恶果：剥削、剩余价值和经济异化。所以，只要生产不够发展，那么剥削和经济异化便必然存在：只不过在私有制社会，剥削者主要是地主和资产阶级，因而剥削和经济异化是公开地、赤裸裸地存在；而在公有制社会，剥削者则主要是官僚阶级，因而剥削和经济异化是隐蔽地、变相地存在罢了。

生产高度发展是废除私有制的必要条件，还有更为重要的原因，那就是所谓的效率问题。在私有制社会，私有者所运用的资产为自己所有，其亏损或收益完全由自己承担：造成亏损，自己完全负担亏损；创造利润，自己完全占有利润。这无疑会激励人们以最小的成本去取得最大的利润。因此，私有制经济是有效率的经济。反之，公有制则不具备这种效率机制。因为在公有制中，每个人所使用的资产均不属于自己所有，他们既不负担自己造成的亏损，也不会因自己提高了效率而获得相应的收益——他们提高效率所获收益要由许多人分享，因而自己所能得到的也就微乎其微了。一句话，造成亏损自己不负担亏损；创造利润自己不占有利润。这样，在人们的思想觉悟还不够高的情况下，公有制经济便注定是低效率经济。

那么，人们的思想品德究竟如何才能普遍达到使公有制有效率的高度？无论是马克思唯物史观，还是马斯洛心理学，抑或是现实生活，都告诉我们：普遍提高人们的思想品德只有一个途径，那就是使社会生产高度发展。因为人们思

---

① 《马克思恩格斯选集》第一卷，人民出版社 1972 年版，第 219 页。
② 同上书，第 222 页。
③ 《马克思恩格斯全集》第 20 卷，人民出版社 1971 年版，第 306 页。

想品德的高低,直接说来,取决于人们做一个好人的道德需要的程度;根本说来,则取决于人们的物质需要相对满足的程度:人们的物质需要满足得越充分,做一个好人的道德需要便越多,人们的品德便越高尚。这个道理,我们的祖宗早已知晓,故曰:"仓廪实则知礼节,衣食足则知荣辱。"① 所以,生产高度发展从而使每个人的物质需要得到相对满足,乃是人们思想品德普遍提高的根本条件。

总之,废除私有制的必要条件,根本地说,只有一个:生产高度发展;全面地说,则一方面是物质的,即生产高度发展,另一方面则是精神的,即品德普遍提高。如果生产还不够高度发展、品德尚未普遍提高,那么,私有制虽有剥削和经济异化之恶果,却能够使经济有效率地发展。这时如果废除私有制实行社会主义或共产主义,不但不能避免剥削和经济异化,而且必定导致效率低下。这样,被剥削者所付出的代价便更大。所以,私有制及其恶果"剥削和经济异化",虽然就其固有性质来说,是一种极大的经济不公正,是不公正、不应该、不道德、具有负道德价值的;但在生产不够发展、品德不够高尚的社会,它们的存在和发展却能够防止更大的损害和不公,其净余额是利和善,符合"两害相权取其轻"的道德原则,因而是道德的、应该的、具有正道德价值。只有到生产高度发展、品德普遍提高的时候,私有制、剥削、经济异化才纯粹是有害无益、不公正、不道德、具有负道德价值的东西。只有在这时,才应该废除私有制实行社会主义或共产主义;只有在这时,废除私有制实行社会主义或共产主义,才能既消灭剥削和经济异化,又能保障公有制经济高效率发展;只有在这时,随着经济异化的消除,其他各种异化——政治异化、社会异化和宗教异化——才可能彻底被消除:共产主义是社会治理的最高理想,是人类社会发展的最高阶段。这种生产高度发展的时代无疑或迟或早必然到来;这就是为什么共产主义理想或迟或早必然会实现的缘故,这就是共产主义的必然性。

* * *

综观人道与公正诸原则可知,公正与人道有一个极其重要的共同点:它们不但都是应该如何善待他人而不是应该如何善待自己的道德原则;而且,更重要的是,它们都是社会的统治者应该如何治理的道德原则。诚然,被统治者也有个如何公正与人道地善待他人的问题。但是,主要讲来,它们只是约束统治者而不是约束被统治者的道德。因为公正的主要原则是社会公正,是社会对于每个人的权利与义务的分配的公正;能够对每个人的权利与义务进行分配的岂不只是社会的统治者吗?平等的全部原则不过是社会公正原则的推演,不过是社会对

---

① 《管子·牧民》。

于每个人的比较具体的权利（基本权利与非基本权利）的分配的公正：能够对每个人的这些权利进行分配的岂不也仅仅是社会的统治者吗？人道的主要原则是应该和怎样使人自我实现，是使人自由和消除异化：这些岂不也都仅仅是统治者的行为吗？所以，公正、平等、人道、自由、异化看似任意排列，实为一有机整体：它们构成了统治者应该如何进行社会治理的道德原则的体系：公正——特别是平等——诸原则是社会治理的最根本最重要的道德原则；人道——主要是使人自由和消除异化——诸原则是社会治理的最高最完美的道德原则。

思 考 题

1. 大卫·戈伊科奇说："罗马帝国的格利乌斯时代，曾经对两类人道主义做出重要区分：一类意指'善行'，另一类意指'身心全面训练'。……善行从普罗米修斯式的人道主义中产生。身心全面训练则从智者的人道主义中产生。……而文艺复兴时期的人道主义，成为以往一切身心全面训练的人道主义范例。"请回答：儒家属于哪一种人道主义？辨析儒家的人道主义与文艺复兴的人道主义之异同。

2. 文艺复兴运动的"自我实现"概念是指"使人成为人"，是指实现人的创造性潜能从而成为可能成为的最有价值的人：这种自我实现是最高价值吗？儒家、康德和基督教的"自我实现"概念是指"实现人之所以为人者"，是指实现人的爱人无私的道德潜能，从而与动物区别开来：这种自我实现是最高价值吗？究竟哪一种自我实现的定义是真理？

3. 霍布斯说："自由的含义，精确讲来，是指不存在障碍。所谓障碍，我指的是动作的外部阻碍。……但是，当动作的阻碍存在于事物本身的构成之中时，我们通常不说它缺乏自由，而只说它缺乏动作的能力，如静止的石头或卧床的病人。"[1]然而，今日学者，无论中西，几乎都将霍布斯关于自由的这一定义，看作是"消极自由"的定义。这种看法正确吗？

4. 伯林说："有一种似乎很有理的说法：如果一个人穷得负担不起法律并不禁止他的东西——如一片面包、环球旅游或诉诸法院——他也就和法律禁止他获得这些东西一样的不自由。"[2]这种说法到底有没有理？伯林认为，自由是不存在实行自己意志的外在障碍；不存在实行自己意志的内在障碍并不是自由，而是利用自由的能力或条件。伯林此见能成立否？

---

[1] Thomas Hobbes, *Leviathan*, Simon & Schuster Inc., New York, 1997, p. 159.
[2] Isaiah Berlin, *Four Essay on Liberty*, Oxford University Press, Oxford, New York, 1969, p. 122.

5. 伯林指出,在不自由的社会里,并不乏才华横溢之士:"如果这一点是事实,那么穆勒认为人的创造能力的发展是以自由为必要条件的观点,就站不住脚了。"究竟是谁——穆勒还是伯林——的观点站不住脚?

6. 伯林看到,民主社会不但仍然可能是个不自由的社会,而且还可能比君主社会更不自由;人们在懒散无能、同情自由的、仁慈的专制君主国所享有的个人自由可能多于不尚宽容的民主国家。伯林由此进而断言:"个人自由和民主统治之间,并没有什么必需的联系。'谁统治我'和'政府干涉我多少'从逻辑上看,是截然不同的两个问题。"① 伯林说得对吗? 如果只能二者择一,你宁愿选择民主暴政还是仁慈专制? 波普宁愿选择前者:"即使民主国家采取了坏的政策,也比屈从哪怕是明智的或仁慈的专制统治更为可取。"② 这是一个真正热爱自由的人的选择吗?

7. 按照国内外流行的观点,异化是自己的活动及其产物成为统治、支配、奴役自己的异己力量的变化过程。这就是说,只有被自己的活动及其产物奴役的行为才是异化;而被他人的活动及其产物所奴役的行为就不是异化了。这一点,高尔太讲得十分清楚:"异化是人的自由的丧失,但并非一切自由的丧失都是异化。战争、监狱和酷刑并不能把人变成非人,它们至多只能杀死人、虐待人,但它们所杀死所虐待的仍然是人。这不是异化。异化必须是人自己造成的对自己的否定。这种否定的力量不来自外间世界,而来自必然地颠倒了主客体关系的物结构。……主体由于自己的活动而转化为自己的对立物,这才是异化。"③ 照此说来,一个工人被资本家奴役的行为是不是异化,就要看奴役他的资本是怎么来的:如果是这个工人自己创造的,就是异化;如果不是这个工人自己创造的,比方说,是资本家自己积攒的或是外资或是别的什么人创造的,那就不是异化了。这种异化的定义能成立吗?

8. 人们往往以为,"自愿的不自由"和"自愿的异化"是个悖论:自愿的、自己同意的不自由便不再是不自由;自愿的、自己同意的被奴役便不再是被奴役;自愿的异化便不再是异化。对此,伯林曾有所言:"众人一致同意牺牲自由,这个事实,也不会因为它是众人所一致同意的,便奇迹似地把自由保存了下来。如果我同意被压迫,或以超然及嘲讽的态度,来默许我的处境,我是不是因此就算是被压迫得少一点? 如果我自卖为奴,我是不是就不算是个奴隶? 如果我自杀了,我是不是不算真正的死了,因为我是自动结束我的生命?"④ 试回答:"自愿的不自

---

① Isaiah Berlin, *Four Essay on Liberty*, Oxford University Press, Oxford, New York, 1969, p. 130.
② 〔英〕波普:《开放社会及其敌人》,杜汝辑、戴稚民译,山西高校联合出版社1992年版,第132页。
③ 《人是马克思主义的出发点》,人民出版社1981年版,第165页。
④ Isaiah Berlin, *Four Essay on Liberty*, Oxford University Press, Oxford, New York, 1969, pp. 164, xxxix.

由"和"自愿的异化"能否成立?

9. 从孔老夫子的大同社会到毛泽东的共产主义,从柏拉图的理想国到当代西方马克思主义,为什么古今中外,历代都有思想的巨匠、科学的泰斗、伟大的学者倡导共产主义?为什么这些人类最优秀、最深刻、最有才华的人为共产主义的理论和实践献出了他们毕生的心血乃至生命?原因是否可以归结为:私有制必定导致剥削或经济异化,因而造成经济不公;只有公有制、共产主义才可能消灭剥削或经济异化,从而实现经济公正?试论共产主义的应然性与必然性。

参考文献

《论语》。

《孟子》。

〔德〕马克思:《1844年经济学哲学手稿》,人民出版社1985年版。

沈恒炎、燕宏远主编:《国外学者论人和人道主义》一、二、三辑,社会科学文献出版社1991年版。

〔美〕保罗·库尔茨:《保卫世俗人道主义》,余灵灵等译,东方出版社1996年版。

〔英〕穆勒:《论自由》,程崇华译,商务印书馆1957年版。

〔英〕拉斯基:《国家的理论与实际》,王造时译,商务印书馆1959年版。

〔英〕爱德华·泰勒:《原始文化》,连树声译,上海文艺出版社1992年版。

Isaiah Berlin, *Four Essay on Liberty*, Oxford University Press, 1969.

Howard L. Parsons, *Humanism and Marx's Thought*, Springfield, Thomas, 1971.

Kenneth Neill Cameron, *Humanity and Society: A World History*, Monthly Review Press, New York, 1977.

Justus Hartnack, *Human Rights: Freedom, Equality and Justice*, Lewiston, Edwin Mellen Press, New York, 1986.

第九章 幸福：善待自己的普遍原则*

> **本章提要：** 幸福，直接说来，是人生重大的快乐；根本讲来，是人生重大需要、欲望和目的得到实现的心理体验，说到底，是达到生存和发展的某种完满的心理体验。一个人要得到幸福，必须遵循幸福的三大客观规律。(1) 幸福越高级，对于生存的价值便越小而对于发展的价值便越大，其体验便越淡泊而持久；幸福越低级，对于生存的价值便越大而对于发展的价值便越小，其体验便越强烈而短暂。这是幸福等级律。(2) 欲望、天资、努力、机遇和美德是幸福实现的充足且必要的五大要素。欲望是幸福实现的动力要素和负相关要素：欲望越大，幸福便越难实现；天资、努力、机遇、美德是幸福实现的非动力要素和正相关要素：天资越高、努力越大、机遇越好、品德越优，幸福便越易实现；欲望要素与天资、努力、机遇、美德四要素一致，幸福便会完美实现。这是幸福实现律。(3) 每个人就其行为总和来说，德福一致而成正相关变化的次数，必定多于德福背离而成负相关变化的次数：德福必定大体一致。缺德而一生幸福或者有德而一生不幸的事实仅仅表明：缺德者的其他条件（天资、努力、机遇）好而有德者其他条件差；而绝不意味着他们的德福大体背离。这是德福一致律。

古今中外，差不多每个思想家都论述过幸福。然而，几乎可以说，关于幸福的每个问题一直到现在皆未弄清：幸福问题是个万古长新的伦理学难题。这一难题，根据人类以往研究，包括五大方面：幸福概念、幸福价值、幸福性质、幸福规律和幸福原则。

---

* 本章为中央民族大学马克思主义学院哲学博士孙英教授撰写。

一、幸福概念：快乐论与完全论

幸福究竟是什么？从古到今，一直争论不休。这些争论，可以归结为两派：以穆勒、休谟、霍布斯为主要代表的"快乐论"与以亚里士多德、柏拉图、阿奎那为主要代表的"完全论"。快乐论认为幸福亦即快乐、不幸亦即痛苦。穆勒在论及功利主义时，对于这个道理讲得很清楚：

> 承认功用为道德基础的信条，换言之，最大幸福主义，主张行为的是与它增进幸福的倾向为比例；行为的非与它产生不幸福的倾向为比例。幸福是指快乐与免除痛苦；不幸福是指痛苦和丧失掉快乐。要对于这个学说所立的道德标准作明了的观察，定须还说许多话；尤其，对于痛苦与快乐的观念包括什么事物的问题，并这个问题多少是有待再讨论这两方面。然而，这些补充的说明对于这个道德观所根据的人生观没有什么影响；这个人生观就是承认只有快乐，并免痛苦，是因它是目的而认为可欲的事物，而且一切可欲的事物（在功用主义的系统内这种事物与在任何其他系统内一样多）是因为它自身本有的快乐，或是因为它是增进快乐避免痛苦的方法而成为可欲的事物。①

相反的，完全论则认为幸福是生存和发展之完满。包尔生把"完全论"的定义表述得最为清楚："幸福是指我们存在的完善和生命的完美运动。"②"完全论"又可以称之为"自我实现论"，因为它又进一步把生存和发展之完满与自我实现等同起来，认为幸福就是自我实现，就是自我潜能之实现，就是自我的创造性的、优越的潜能之实现。完全论大师亚里士多德便一再说：

> 幸福应存在于某种使用和实现中。因为我们曾见到，在既具有又使用的地方，事物的使用和实现就是目的。德性是灵魂的具有状态，而且，这种德性有其实现和使用；所以，它的实现和使用就应是目的。因此，幸福应存在于按照德性的生活中。既然最好的善是幸福，而在实现中的它又是目的和完满的目的，那么，如若按照德性而生活，我们就会有幸福和最好的善……我们必须讨论德性是什么，既然它的实现是幸福。笼统地说，德性是最好的品质。
>
> 但是，仅仅像这样说德性是品质还是不够的，还要说它是什么样的品质。应该这样说，一切德性，只要某物以它为德行，就不但要使这东西状况良好，并且要

---
① 〔英〕穆勒：《功用主义》，唐钺译，商务印书馆1959年版，第7页。
② 〔德〕包尔生：《伦理学体系》，何怀宏等译，中国社会科学出版社1986年版，第191页。

给予它优秀的功能。例如眼睛的德性,就不但使眼睛明亮,还要使它的功能良好(眼睛的德性,就意味着视力敏锐)。马的德性也是这样,它要马成为一匹良马,并且善于奔跑,驮着它的骑手冲向敌人。如若这个原则可以普遍适用,那么人的德性就是种使人成为善良,并获得其优秀成果的品质。[1]

可见,亚里士多德认为,幸福就是德性之实现;但他所谓的"德性",与我们今日所说的"德性"不同。我们所说的"德性",是指道德德性,亦即道德品质、品德。亚里士多德的"德性"则广泛得多,泛指"优良性、优良品质"、"优越性、优越品质"、"可赞赏性、可赞赏的品质"。这样一来,亚里士多德所谓的幸福或德性之实现,也就是自我"优良性、优良品质"之实现,也就是自我"优越性、优越品质"之实现,也就是自我"可赞赏性、可赞赏的品质"之实现:幸福就是自我实现,就是自我潜能之实现,就是自我的创造性的、优越的潜能之实现。

快乐论比较单纯,它的错误是不难看出的;因为快乐与幸福显然并非一个东西。当然,幸福与快乐都是需要、欲望和目的得到实现的心理体验。但是,两者并非同一概念。它们的区别,正如伊丽莎白·特尔弗(Elizabeth Telfer)所言,在于对人生的意义之不同[2]。苦乐据其对于人生的意义,可以分为两种。一种是不重要的苦乐,如某次饥饿之苦和某次佳肴之乐。这种苦乐显然仅仅是苦乐而不是不幸与幸福。谁能说遭受一次饥饿便是不幸而享有一次佳肴便是幸福呢?反之,另一种则是重大的苦乐,如经常遭受饥饿之苦和经常享有佳肴之乐。这种苦乐便是不幸与幸福了:经常享有佳肴之乐是享受物质幸福,经常遭受饥饿之苦是遭受物质不幸。所以,幸福与快乐、不幸与痛苦之区别,在于它们是否具有对当事者一生的重要性。这种重要性,具体讲来,一方面表现为长短:幸福是持续的、恒久的快乐;另一方面则表现为大小:幸福是巨大的快乐。合而言之,幸福是人生重大的快乐,是长久或巨大的快乐,是对一生具有重要意义的需要、欲望、目的得到实现的心理体验;不幸是人生重大的痛苦,是长久或巨大的痛苦,是对一生具有重要意义的需要、欲望、目的得不到实现的心理体验。而每个人的对一生有重大意义的需要、欲望、目的,一般说来,显然都要由理性指导、作为理想而经过较长时间的努力奋斗才能实现。所以,一般说来,幸福也就是理想实现的心理体验,是理想实现的快乐;不幸则是理想得不到实现的心理体验,是理想得不到实现的痛苦。

幸福与快乐的区别还在于:快乐未必有利于生存和发展;幸福则必定有利生存与发展。因为快乐有正常、健康与非常、病态之分:正常、健康的需要和欲

---

[1] 苗力田主编:《亚里士多德全集》第八卷,中国人民大学出版社1992年版,第250、252页。
[2] Elizabeth Telfer, *Happiness*, The Macmillan Press Ltd., 1980, p. 8.

望得到满足的心理体验,便是正常、健康的快乐;病态的、反常的需要和欲望得到满足的心理体验,则是病态的、反常的快乐。例如,酗酒与吸毒的快乐便是有害自己的生存和发展的快乐,便是所谓反常的、病态的快乐:快乐未必有利生存和发展。反之,幸福则不存在正常、健康与非常、病态之分:幸福必定都是正常的、健康的。因为幸福是人生理想实现的心理体验,是对一生具有重要意义的需要、欲望、目的得到实现的心理体验。所以,只可能有酗酒、吸毒的快乐,而不可能有酗酒、吸毒的幸福:任何人都绝不可能把酗酒、吸毒等有害自己生存和发展的快乐奉为自己的人生理想。所以,绝不会存在有害自己的生存和发展的幸福,绝不会存在病态的、反常的幸福:幸福必定有利生存和发展。

因此,幸福与快乐的区别,说到底,在于生存与发展完满与否。幸福是重大的人生快乐,是必定有利生存与发展的快乐。所以,幸福意味着生存与发展之某种完满。反之,快乐则不然。因为一方面,反常的病态的快乐恰恰意味着生存与发展之某种缺陷;另一方面,短暂的、渺小的、不重要的快乐虽然有利生存与发展,却达不到生存与发展之完满。谁能说美餐一次之快乐便达到了生存与发展之完满呢?所以,幸福,简单地说,它是人生重大的快乐;一般地说,它是人生理想实现的心理体验;精确地说,它是对一生具有重要意义的需要、欲望、目的得到实现的心理体验,是获得了对于一生具有重大意义的利益的信号和代表:它意味着机体获得了所需要和欲望的重大对象,满足了重大的需要和欲望,从而能够完满地生存和发展。

准此观之,完全论关于幸福的定义也是不能成立的。一方面,它们把生存发展之完满与自我实现等同起来,进而把幸福与自我实现幸福等同起来,是错误的。因为所谓自我实现,就是自我的创造性的、优越的潜能之实现:自我实现是以创造性为特征的。所以,马斯洛说:"自我实现需要至少须借助创造力。"①反之,"自我生存发展之完满"则广泛得多:它既可能是创造性的,也可能是消费性的。举例说,我一生碌碌无为却富裕终生,享尽荣华富贵。所以,我虽然没有实现自己的创造潜能,没有自我实现;但是,我却享有物质幸福,我的物质的、生理的方面的生存与发展达到了某种程度之完满。根据马斯洛的需要理论,人生由低级到高级至少有五种生存发展之完满:生理之完满、安全之完满、爱之完满、自尊之完满、自我实现之完满。自我实现只是人的生存发展最高境界之完满,只是人的多种多样的生存发展的完满之一,只是人的多种多样的幸福之一。所以,完全论把幸福或自我生存发展之完满与自我实现等同起来,犯了以偏概全的错误。

---

① 〔美〕马斯洛:《动机与人格》,许金声、程朝翔译,华夏出版社1987年版,第114页。

另一方面，自我实现论或完全论把幸福定义为生存发展之完满也是错误的。因为一棵树不论是阳光雨露之需要得到满足从而欣欣向荣而实现了自己生命之完善，还是久旱枯朽或横遭蹂躏而未能实现自己生命之完善，都无所谓幸福或不幸。我们更不能因为一块石头的重大需要——内外平衡之保持——得到了满足从而达到了某种存在之完满，便说它是块幸福的石头。究其原因，显然在于：树、石头与人虽都有存在和发展之完善，但树和石头却不具有——而人却具有——存在和发展完善之心理体验。由此看来，不但说"幸福是自我完善、自我实现"是以偏概全，而且说"自我实现、自我完善是幸福"也是不确切的。确切的表述只能是：自我实现的心理体验是幸福，生存发展之完满的心理体验是幸福。所以，幸福的最富区别性的、最为表层因而最为显著的特征，乃是生存和发展完善之心理体验，是对于重大的需要和欲望满足之心理体验，是重大的快乐。因此，幸福虽然不同于快乐，却毕竟是一种快乐：幸福是一种特殊的快乐，是一种特殊的心理体验，属于心理、意识范畴。

二、幸福价值

幸福是存在与发展达于完满时所产生的极度快乐的心理体验，因而对于每个人都具有极大的价值：幸福是至善。幸福是至善，显然意味着：快乐是善。快乐是善和幸福是至善，又意味着：痛苦是恶和不幸是至恶。对于这个道理，伊壁鸠鲁曾有极为透辟的阐述：

只有当我们痛苦而无快乐时，我们才需要快乐；当我们不痛苦时，我们就不需要快乐了。因为这个缘故，我们说快乐是幸福生活的开始和目的。因为我们认为幸福生活是我们天生的最高的善，我们的一切取舍都从快乐出发；我们的最终目的乃是得到快乐，而以感触为标准来判断一切的善。既然快乐是我们天生的最高的善，所以我们并不选取所有的快乐，当某些快乐会给我们带来更大的痛苦时，我们每每放过这许多快乐；如果我们一时忍受痛苦而可以有更大的快乐随之而来，我们就认为有许多种痛苦比快乐还好。就快乐与我们有天生的联系而言，每一种快乐都是善，然而并不是每一种快乐都值得选取；正如每一种痛苦都是恶，却并非每一种痛苦都应当趋避。[①]

然而，究竟为何一切快乐都是善而一切痛苦皆是恶？显然是因为，每个人无

---

① 周辅成编：《西方伦理学名著选辑》上卷，商务印书馆1954年版，第103—104页。

疑都具有求乐避苦的需要、欲望和目的。这样一来,快乐也就因其满足人的追求快乐的需要、欲望和目的而都是善;痛苦也就因其阻碍人的避免痛苦的需要、欲望和目的而都是恶。但是,人们往往认为,快乐并不都是善、痛苦也并不都是恶。因为一方面,有些快乐,如吸毒的快乐、赌博的快乐、烟酒的快乐等等,并不是善,而是恶;另一方面,有些痛苦,如卧薪尝胆、刻苦读书等等,并不是恶,而是善。

确实,吸毒的快乐、赌博的快乐、烟酒的快乐都是恶。但是,我们根据什么说这些快乐是恶?显然是因为这些快乐并不是纯粹的快乐,而是快乐与痛苦的混合物:就其自身来说,是飘飘然的、万虑顿除的、销魂荡魄的快乐;就其结果来说,则是倾家荡产、损害健康、奔向死亡等等的痛苦;并且痛苦远远大于快乐,其净余额是痛苦。所以,吸毒、赌博、烟酒等快乐是恶,并非因其快乐,而是因其痛苦的结果,因其净余额是痛苦。如果这些快乐没有这些痛苦的结果,那么,这些快乐便绝不是恶的,而是善的:如果没有倾家荡产、损害健康、奔向死亡等痛苦的后果,谁会说吸毒、赌博、烟酒的飘飘然的、万虑顿除的、销魂荡魄的快乐是恶呢?所以,有些快乐是恶,并没有否定一切快乐皆是善。这就是为什么,伊壁鸠鲁说:"我们并不选取所有的快乐,当某些快乐会给我们带来更大的痛苦时,我们每每放过这许多快乐。"

确实,卧薪尝胆、刻苦读书等等确实都是善。但是,我们根据什么说这些痛苦是善?显然是因为这些痛苦并不是纯粹的痛苦,而是痛苦与快乐的混合物:就其自身来说,是卧薪尝胆之痛苦,是寒窗苦读之苦;就其结果来说,则是光复祖国和君位之快乐,是功成名就之快乐;并且快乐远远大于痛苦,其净余额是快乐。所以,卧薪尝胆、刻苦读书等等是善,并非因其痛苦,而是因其快乐的结果,因其净余额是快乐。如果这些痛苦没有这些快乐的结果,那么,这些痛苦便绝不是善的,而是恶的:如果没有光复祖国和君位以及功成名就之快乐的后果,谁会说卧薪尝胆、寒窗苦读是善呢?所以,有些痛苦是善,并没有否定一切痛苦皆是恶。这就是为什么,伊壁鸠鲁说:"如果我们一时忍受痛苦而可以有更大的快乐随之而来,我们就认为有许多种痛苦比快乐还好。"

快乐是善,意味着:幸福是至善。因为正如伊壁鸠鲁所说,所谓至善,也就是最终的、终极的善,也就是绝对的目的善,亦即绝对不可能是手段而只能是目的的善:"最终的、终极的善,依所有哲学家的见地,乃是这样一种东西:任何东西都是为了它,可是它本身却不是为了任何东西。"[1] 这样,至善就是幸福;幸福就是至善:二者实为同一概念。因为幸福是生存和发展的某种完满的极度快乐

---

[1] Julia Annas, *The Morality of Happiness*, Oxford University Press, New York, Oxford, 1993, p. 339.

的心理体验。生存和发展之完满岂不是最为完美的人生境界吗？谁会把它当作手段以求生存和发展之不完满呢？所以，幸福只能是人们所追求的目的，而不可能是用来达到任何目的的手段：幸福是至善。这就是为什么，伊壁鸠鲁说："幸福生活是我们天生的最高的善。"幸福是至善，显然意味着：不幸是至恶。因为不幸是生存和发展遭受严重损害的极度痛苦的心理体验。生存和发展之严重受损岂不是最坏最恶的人生境界吗？所以不幸是最为严重的恶，是最坏的东西，因而也就是在任何情况下都是恶的东西，是绝对的恶，是至恶：至恶是不幸之本性。

快乐和幸福的善本性以及痛苦和不幸的恶本性，蕴含着一种更为深刻而重要的本性：它构成了人生目的、人生意义和人生价值。因为所谓人生目的，无疑是贯穿人的一生行为的目的，是人的一生一切行为都追求的目的，是一切行为都具有的、必然的、不依人的意志而转移的目的，是一切行为共同具有的普遍的目的，说到底，也就是所谓人生终极目的，是人的一切行为的终极目的。人的每一行为目的可能各不相同：有的是为了吃饭，有的是为了喝酒，有的是为了爱情，有的是为了奉献。但是，这都是行为的直接的、特殊的、表层的目的；在这些目的背后，无疑隐藏着一个间接的、根本的、共同的目的，那就是追求快乐和能够带来快乐的东西而避免痛苦和能够带来痛苦的东西，亦即求乐避苦、求善避恶：求乐避苦、求善避恶是人生目的。最准确揭示这一至为重大真理的，仍然是伊壁鸠鲁："我们的一切取舍都从快乐出发，我们的最终目的乃是得到快乐。"①

人生目的必然都是为了求乐避苦。那么，人生目的是否应该求乐避苦？一方面，伊壁鸠鲁说："我们并不选取所有的快乐，当某些快乐会给我们带来更大的痛苦时，我们每每放过这许多快乐。"原来，在现实生活中，各种快乐常常互相冲突而不能两全；如果求得一种快乐，往往必定牺牲另一些快乐。例如，吃喝玩乐是很快乐的，但是若沉溺于此，势必荒废学业，而丧失功成名就之快乐。所以，凡是不应该追求的快乐，都并不是因为这种快乐本身不应该追求；而只是因为这种快乐与其他更为巨大和长久的快乐发生了冲突：要追求这种快乐，便会丧失其他更为巨大和长久的快乐，因而其净余额并非快乐而是痛苦。所以，不应该追求的并非快乐，而是痛苦。

另一方面，伊壁鸠鲁说："如果我们一时忍受痛苦而可以有更大的快乐随之而来，我们就认为有许多种痛苦比快乐还好。"这是因为，这些痛苦都是一种必要的恶：它们或者能够带来更大的快乐；或者能够避免更大的痛苦，因而其净余额是快乐而不是痛苦。凡是不应该避免的痛苦，并不是因为这种痛苦本身不应该

---

① 周辅成编：《西方伦理学名著选辑》上卷，商务印书馆1954年版，第103页。

避免;而只是因为这种痛苦能够避免更为巨大的痛苦和带来更为巨大的快乐,因而其净余额是快乐。例如,阑尾炎手术之苦不应该避免,并不是因为阑尾炎手术之苦本身有什么好而不应该避免;而只是因为它能够避免死亡之大不幸。所以,凡是痛苦都应该避免。所谓不应该避免的痛苦,都是净余额为快乐的痛苦;因而不应该避免的并非痛苦,而是快乐。

因此,一方面,当各种快乐不发生冲突时,我们便应该追求一切快乐。因为在这种情况下,对于任何快乐的追求,也就都是对于快乐的增进和积累,也就都是在使快乐由少变多、由小变大、由短暂变恒久,因而也就都是对于幸福的接近和追求。反之,当痛苦并不能避免更大的痛苦或带来更大的快乐时,我们便应该避免一切痛苦。因为在这种情况下,对于任何痛苦的避免,也就都是对于痛苦的减少,也就都是在使痛苦由多变少、由大变小,因而也就都是对于不幸的避免。另一方面,当着各种快乐发生冲突时,我们便应该追求较大、较长久的快乐,便应该追求幸福。反之,当各种痛苦发生冲突而可以相互克服时,我们便应该忍受较小的痛苦而避免较大的痛苦,便应该忍受痛苦而避免不幸。于是,合而言之,我们在任何情况下便都应该追求幸福而避免不幸:抽象地说,我们应该追求一切快乐而避免一切痛苦;具体地看,我们则只应该追求一种特殊的快乐:"幸福",而避免一种特殊的痛苦:"不幸"。

这样一来,所谓人生目的、人的一切行为的共同目的,就其事实如何来说,是追求快乐、避免痛苦;但就其应该如何来说,则只应该追求幸福、避免不幸。我们仅仅是必然追求快乐而避免痛苦,却不必然是而仅仅应该是追求幸福而避免不幸。所以,每个人的一切行为,都不会不追求快乐而避免痛苦:求乐避苦是人的一切行为的共同的、终极的目的,是必然的、不依人的意志而转移的客观规律。但是,每个人的一切行为却不是必然都追求幸福、避免不幸:追求幸福避免不幸乃是人的一切行为都应该遵循的共同的、终极的目的,是人的一切行为都应该如何的当然的人为规则,而不是必然的、不依人的意志而转移的客观规律。一言以蔽之:人生目的全在于追求快乐和幸福而避免痛苦和不幸;人生目的必然追求快乐而避免痛苦;人生目的应该追求幸福而避免不幸。

人生目的,正如 Julia Annas 所说,使人生具有意义:"终极目的赋予我们的人生以意义。"[①]因为人生目的全在于追求快乐和幸福而避免痛苦和不幸,所以,如果一个人的人生快乐和幸福多于痛苦和不幸,因而其净余额为快乐和幸福,那么,他的人生就是有价值、有意义的人生,就是值得过的人生,就是正常的、一般

---

① Julia Annas, *The Morality of Happiness*, Oxford University Press, New York, Oxford, 1993, p. 43.

的、符合人生本性的、某种相对完满的人生。反之,如果一个人的人生痛苦和不幸多于快乐和幸福,那么他的人生就是无价值、无意义的人生,就是不值得过的人生,就是反常的、例外的、背离了人生本性的、某种绝对不完满的人生。我们为什么热爱生活而终日忙忙碌碌?岂不就是因为我们觉得生活有意义、值得过?说到底,不就是因为我们所享有的快乐和幸福多于所遭受的痛苦和不幸?相反的,如果我们的痛苦和不幸多于快乐和幸福,我们还会觉得生活有意义、值得过吗?所以,一个人的人生净余额是否为快乐和幸福,乃是他觉得他的人生是否有意义从而是否愿意活下去的终极原因:净余额是快乐和幸福,他便会觉得人生有意义而愿意活下去;净余额是痛苦和不幸,他便会觉得人生无意义而不愿意活下去了。

于是,人生的终极目的也就是对于自己的价值和意义——快乐和幸福——的追寻。精神医学大师弗兰克把这一点看做是他所创造的"意义治疗法"的基础:"按意义治疗法的基础而言,这种追寻生命意义的企图是一个人最基本的动机。"[1]不过,人们对于他们的人生苦乐祸福之主观觉知和他们的人生的苦乐祸福之客观实际既可能相符一致,也可能不相符、不一致。这种不一致的典型,是弗兰克所谓的"存在的空虚"。"存在的空虚",依弗兰克所见,是20世纪的普遍现象。这种现象的特征是:生在福中不知福。人们经济状况良好,工作也很有进步,人际关系也不错。但是,他们却不但觉得没有快乐和幸福,而且无聊厌烦、苦不堪言。因此,他们觉得生活没有意义、不值得过下去:"很多自杀的案例都可以追溯到这种存在的空虚上面。"[2]

不难看出,一个人只要主观上感到他的人生痛苦和不幸多于快乐和幸福,因而感到他的人生没有价值和意义,那么,不论他的人生客观实际如何,他都同样会觉得不值得再活下去。使他能够活下去的科学的方法无疑只有一个:帮助他认识和找到他的人生的快乐和幸福、他的人生的价值和意义。所以,弗兰克把"认识和找到人生的意义"作为他的心理治疗的座右铭:"人的寻求意义与价值可能会引起内在的紧张而非内在的平衡。然而这种紧张为心理健康不可缺少的先决条件。我要大胆地说,这世界上并没有什么东西能帮助人在最坏的情况中还能活下去,除非人体认到他的生命有一意义。正如尼采充满智慧的名言:'参透为何,才能迎接任何。'我认为对任何心理治疗,这句话都可以作为座右铭。"[3]那么,一个人究竟应该怎样才能够认识、求得幸福和避免不幸?显然,只有遵循幸

---

[1] 〔奥〕弗兰克:《活出意义来》,赵可式译,三联书店1991年版,第88页。
[2] 同上书,第90页。
[3] 同上书,第69页。

福的客观本性——亦即幸福性质和幸福规律——才能求得幸福和避免不幸。

三、幸福性质：主观论与客观论

围绕幸福性质的一切争论，最终都可以归结为主观论（主观主义幸福论）和客观论（客观主义幸福论）两大流派。主观主义幸福论——主要代表是穆勒、休谟和霍布斯——认为幸福的本性并非客观必然而是主观任意的理论，因而在它看来，一个人只要自己觉得幸福，那么，他就是幸福的：主观的极度快乐心理体验是幸福的充分条件。反之，客观主义幸福论——主要代表是亚里士多德、柏拉图和阿奎那——认为幸福的本性并非主观任意而是客观必然的理论，因而在它看来，一个人自己觉得幸福未必就是幸福的：主观的极度快乐心理体验是幸福的必要条件。对此，凯克斯说得十分清楚：

> 根据主观主义的观点，如果人们衷心地觉得自己是幸福的，那么，他们就达到了幸福的必要且充分条件，他们便无可非议地获得了幸福。根据客观主义的观点，人们衷心觉得自己是幸福的感觉乃是他们确实幸福与否的必要条件而非充分条件……主观论者和客观论者的这种争论乃是伦理学的巨大分歧之一。柏拉图、亚里士多德和托马斯·阿奎那等等认为有一种生活适合人类；一个人如果以为自己是幸福的，那么，除非他过的是这种生活，否则便都是错误的。霍布斯、休谟和穆勒此外还有许多情感主义者、存在主义者和利己主义者，认为我们的生活都是自己铸就的，如果一个人衷心觉得自己是幸福的，那么，他就是幸福的。①

然而，为什么关于幸福性质的主观论与幸福概念的快乐论一样，其主要代表都是穆勒、休谟、霍布斯？原来，幸福性质的主观论的前提，就是幸福定义的快乐论：幸福亦即快乐。因为快乐是对于需要得到满足的心理体验。所以，幸福亦即快乐意味着：幸福乃是一种主观的心理体验。于是，主观主义幸福论认为，一个人不论其客观事实如何，只要他主观上觉得幸福，他就是幸福的：幸福的主观体验之为幸福的必要且充分条件，是主观主义幸福论的根本特征。这样，幸福也就不具有什么客观本性，而完全是一种主观的东西："幸福只是一种心理状态，此外什么也不是。"②那么，幸福本性的主观论是否与它的前提——幸福定义的快

---

① Lawrence C. Becker, *Encyclopedia of Ethics*, Volume I, Garland Publishing Inc., New York, 1992, p.434.
② Louis P. Pojman, *Ethical Theory: Classical and Contemporary Readings*, Wadsworth Publishing Company, USA, 1995, p.150.

乐论——一样,是褊狭的、错误的?

是的。不难看出,虚幻幸福与真实幸福的问题是主观主义幸福论的"赫拉克勒斯之踵"。试想,一个人以为他的如花似玉的妻子忠贞于他,如果他的妻子确实忠贞,那么,他会感到很幸福而有极度快乐的心理体验。然而,如果他妻子事实上并不忠贞,只是成功地欺骗了他,使他误以为忠贞,那么,他显然会完全同样感到幸福而有完全同样的极度快乐的心理体验。这样,如果幸福真像主观主义所说,仅仅是一种心理体验,那么,不论这个人被骗与否、不论他妻子忠贞与否,他都是完全一样幸福的。因为他被骗时的幸福的心理体验与未被骗时的幸福的心理体验是完全相同的。然而,被骗的人的幸福与未被骗的人的幸福显然是不同的:前者是真实幸福,后者乃虚幻幸福。这一事实表明,主观论是错误的:幸福并不仅仅是一种主观任意的心理状态。那么,主观论究竟错在哪里?

一个人只要觉得幸福,他确实就是幸福的。但是,他所得到的究竟是虚幻幸福还是真实幸福,却不是主观任意的,而完全取决于他的重大需要之满足是虚幻的还是真实的:如果他的需要得到了真实的满足,他所感到的幸福就是真实幸福;如果他的需要得到了虚幻的满足,他所感到的幸福就是虚幻幸福。一个希求忠贞的爱情幸福的人,如果以为他的爱人忠贞于他,那么,不论事实如何,他都同样感到幸福,并且他确实是幸福的。但是,如果是他的爱人成功地欺骗了他,他所得到的便是虚幻幸福;如果他的爱人确实忠贞,他所得到的便是真实幸福。所以,一个人感到幸福,只是真实幸福的必要条件而非充分条件;只是虚幻幸福的必要且充分条件,而非真实幸福的必要且充分条件;因而也就不是一切幸福的必要且充分条件:一个人感到幸福不是幸福的必要且充分条件。主观主义幸福论的错误就在于把这个虚幻幸福的必要且充分条件,夸大成幸福的必要且充分条件,把虚幻幸福与真实幸福等同起来,从而也就把幸福仅仅理解为一种主观的心理状态。

那么,由主观主义幸福论是片面的错误的,是否可以说客观主义幸福论是真理?让我们先来看看客观主义幸福论的来龙去脉。幸福本性的客观论与幸福概念的完全论一样,其主要代表也是亚里士多德、柏拉图、阿奎那。显然,这也是因为客观主义幸福论的前提乃是幸福概念的完全论:幸福亦即自我完善、自我实现、自我成就,是自我潜能的完满实现。因为一个人是否发挥了自己的潜能从而达到自我实现,是客观的、不以其是否有快乐或幸福的心理体验而转移的:如果他的自我实现的人生目的得到了实现,他必定会有极度快乐的心理体验,他必定幸福;但是,不论他感到如何幸福而极度快乐,他却完全可能并未发挥自己的潜能而达到自我实现。所以,从幸福亦即自我实现的完全论出发,客观主义幸福论自然认为幸福的本性完全是客观的、必然的、不依人的意志而转移的;而极度快乐的心理体验不过是幸福本性的必然的主观显现和伴随物；幸福的主观心理体验仅仅是幸福的必要条件而非充分条件。

客观主义幸福论能成立吗？设有两人，他们都实现了自己的潜能而接近所能达到的最好生活：他们都出版了最好的学术专著，都担任系主任职务。但是，其中一个人志向远大，想当校长却总是当不上，因而苦恼不已。另一个人则志得意满，感到十分快乐和幸福。按照客观主义幸福论，这两人是同样幸福的，因为他们同样都实现了自己的潜能而接近所能达到的最好生活。但是，实际上，显然只有感到幸福的那个人才是幸福的，而那个苦恼不已的人是不幸福的。这一事实表明，客观论也是错误的：幸福的本性并不完全是客观的、必然的、不依人的意志而转移的。那么，客观论究竟错在哪里？

如果幸福亦即自我实现，是自我潜能的完满实现，那么，客观论就是真理。因为一个人是否发挥了自己的潜能从而达到自我实现，是客观的、不以自己是否有幸福的心理体验而转移的：自我实现的本性完全是客观的。但是，不论说幸福是自我实现，还是说自我实现是幸福都是错误的。幸福乃是重大需要得到满足的心理体验：如果一个人的重大需要是自我实现，那么，他的幸福就是自我实现，因而如果得到自我实现，他就会感到幸福，他就是幸福的；如果一个人的重大需要不是自我实现，那么，他的幸福就不是自我实现，因而如果得到自我实现，他也不会感到幸福，他也可能是不幸福的。这就是为什么那个想当校长的自我实现者并不幸福而另一个自我实现者却十分幸福的缘故。因此，幸福可以分为自我实现的幸福和非自我实现的幸福两大类型：自我实现仅仅是一种特殊的、高级的幸福。所以，一个人不论是否自我实现，只要重大的需求得到满足，他就是幸福的：如果他的重大需求是自我实现，他得到的便是自我实现的幸福；他的重大需求是吃喝玩乐，他得到的便是吃喝玩乐的幸福；如果他的重大需求得到的是虚幻的满足，他得到的便是虚幻的、纯粹主观的幸福；他的重大需求得到的是真实的满足，他得到的便是真实的、主客一致的幸福。所以，既有自我实现的幸福又有非自我实现幸福，既有客观的真实的幸福又有主观的虚幻的幸福：幸福既具有客观性又具有主观性。客观论的错误就在于否认主观的虚幻幸福，进而把幸福仅仅归结为一种客观的真实的幸福：自我实现。

总之，幸福，就其形式、样态来说，它是主观的，是主观的心理体验；就其内容、内在本性来说，它是重大需求的满足，是存在、发展的完满，因而是客观的，具有不依人的意志而转移的客观本性：幸福既具有主观性又具有客观性，是主观与客观的统一物，是主观幸福与客观幸福、虚幻幸福与真实幸福的统一物。主观主义幸福论的错误就在于把主观的虚幻幸福与客观的真实的幸福等同起来，只见幸福的心理体验之皮相，而不见重大需要的满足和生存发展的完满之实质，从而得出结论说:自己感到怎样幸福便怎样幸福,幸福完全是一种主观的心理状态。客观主义幸福论的错误则在于否认主观的虚幻的幸福,把真实的客观的幸福与幸福完全等同起来,进而把幸福仅仅归结为一种客观的真实的幸福:自我实现;从而得出结论说:自己感到幸福未必幸福,幸福的本性完全是客观的、不依人的意志而转移的。

四、幸福规律

1. 事实律

马斯洛心理学的最大成就恐怕就是揭示不同等级需要的强弱先后之规律:需要越低级便越强烈,因而也就越优先;越高级便越淡泊,因而也就越后置。高级需要是低级需要相对满足的结果。马斯洛非常重视这个发现而称之为"人类动机主要原理":

人类动机活动系统的主要原理是基本需要按优势或力量而形成的强弱等级。给这个系统以生命的主要动力原理是,健康人的更为强烈的需要一经满足,比较淡泊的需要便会出现。生理需要在其未得到满足时会支配机体,迫使所有能力为其服务,并组织这些能力而使服务达到最高效率。相对的满足消沉了这些需要,使等级的下一个较强烈的需要得以出现,继而支配和组织这个人,如此等等。这样,刚摆脱饥饿,现在又为安全所困扰。这个原理同样适用于等级系列中的其他需要,即爱、自尊和自我实现。①

毋庸置疑,需要和欲望越低级,满足它所引发的快乐和幸福的心理体验便越强烈;需要和欲望越高级,满足它所引发的快乐和幸福的心理体验便越淡泊。性欲是最低级的,满足它所带来的快乐和幸福如醉如痴、欲仙欲死,是极其强烈的。反之,思维的享受是最高级的需要和欲望,满足它所带来的读书之乐、思考之乐、审美之乐,则如行云流水、飘逸淡泊之至。所以,快乐和幸福的强弱与其等级的高低成反比:快乐和幸福越高级便越弱而淡泊,越低级便越强烈急迫。这就是快乐和幸福之强弱律。可是,为什么快乐和幸福越高级便越淡泊、越低级便越强烈?

原来,需要越低级,便越接近生存需要:最低级的需要,如食欲和性欲,是纯粹生存需要。需要越高级,便越接近发展需要:最高级的需要,如自我实现,是

---

① Abraham H. Maslow, *Motivation And Personality*, Second Edition, Harper & Row Publishers, New York, 1970, p. 59.

纯粹发展需要。因此,低级需要的本质是生存,是生存需要;高级需要的本质则是发展,是发展需要。生存需要无疑比发展需要强烈,而发展需要则比生存需要淡泊。因为任何人,不论他是如何淡漠生存而注重发展,他也必须首先生存,然后才能发展;如果他不能生存,又谈何发展?这就是需要越低级便越强烈的原因。试想,需要之所以越低级便越强烈、越高级便越淡弱,岂不就是因为低级需要是生存需要,而高级需要是发展需要?岂不就是因为生存需要强烈而发展需要淡泊?这也就是快乐和幸福越低级便越强烈的原因:低级快乐和幸福的本质是生存需要之满足;高级快乐和幸福的本质是发展需要之满足。

但是,强烈的心理体验必不能持久,能够持久的心理体验必是淡泊的。快乐和幸福这种心理体验也不能不如此。幸福越低级便越强烈,因而也就越短暂;越高级便越淡泊,因而也就越持久。美酒佳肴之福乐是低级的,其体验可谓强烈,然而极其短暂:酒足饭饱之后便荡然无存。反之,著书立说之福乐是高级的,它比吃吃喝喝淡泊得多,但也持久得多,甚至往往可以快慰一生。

那么,为什么快乐和幸福越高级便越持久而越低级便越短暂?答案也在于:低级快乐和幸福的本质是生存需要之满足;高级快乐和幸福的本质是发展需要之满足。因为生存需要之满足的实现过程是短暂的。食欲之满足的实现过程,一般说来,只要半个小时。性欲之满足的实现过程更加短暂,自不待言。反之,发展需要之满足的实现过程则是持久的。且看求知欲这种最重要的发展需要。这种需要满足的实现过程,显然是不断的、渐进的、时时刻刻都在进行的。一个好学不倦的人,可以岁岁年年终日手不释卷。生存需要之满足的实现过程是短暂的,因而这种需要得到满足的心理体验——亦即低级快乐和幸福——便是短暂的;发展需要之满足的实现过程则是持久的,因而这种需要得到满足的心理体验——亦即高级快乐和幸福——便是持久的。

可见,快乐和幸福的久暂与其等级的高低成正比:快乐和幸福越低级,其心理体验便越短暂;越高级,其心理体验便越持久。这就是快乐和幸福心理体验之久暂律。合观幸福久暂律与幸福强弱律可知,幸福的等级高低与其强弱成反比,而与其久暂成正比:快乐和幸福越低级,其体验便越强烈而短暂;越高级其体验便越淡泊而持久。这就是快乐和幸福的体验律。面对这个规律,人们或许困惑:若就心理体验的强弱来说,低级的快乐和幸福似乎优先于高级的快乐和幸福;若就心理体验的久暂来说,高级的快乐和幸福又似乎优先于低级的快乐和幸福。究竟何者优先?

不言而喻,需要越低级便越强烈,因而也就越优先;越高级便越淡泊,因而也就越后置。高级需要是低级需要相对满足的结果。那么,由此是否可以说:幸福越低级便越优先?否。因为所谓幸福乃是人生某种重大的需求得到满足的心理体验,亦即人生某种理想得到实现的心理体验。因此,低级幸福便是人生某种重大的低级需要得到满足的心理体验,是人生某种低级需要的理想满足;高级幸福则是人生某种重大高级需要得到满足的心理体验,是人生某种高级需要的理想满足。所以,一个人能否享有高级幸福的必要条件是:他必须具有高级需要。然而,高级需要仅仅是低级需要的相对的、最低的满足的结果;而不是低级需要的理想的满足的结果,不是低级幸福得到实现的结果。所以,低级需要的相对的、最低的满足,必优先于高级幸福:没有低级需要的相对的、最低的满足,人们绝不会有高级需要,从而也就不会追求、更不会享有高级幸福。

苏格拉底、斯宾诺莎、曹雪芹、鲁迅、车尔尼雪夫斯基和莱蒙托夫等等,如果衣不遮体、食不果腹,物质需要得不到最低的满足而必须终日为生存而奋斗,那么,他们就绝不会有著书立说、自我实现的高级需要,从而也就不会享有成一家之言和自我实现的高级幸福了。但是,没有低级幸福的人,也可以有低级需要的相对的、最低的满足,因而也可以有高级需要,从而也就可以追求和享有高级幸福。所以,低级幸福虽然比高级幸福强烈,却并不优先于高级幸福;高级幸福以低级需要的最低满足为必要条件,却不以低级幸福为必要条件:高级幸福与低级幸福是相对独立的。这就是为什么古来圣贤能够安于贫贱的客观原因:高级幸福不必以低级幸福为必要条件而可以独立存在。

可见,需要的先后与其等级的高低成反比:需要越低级便越优先,越高级便越后置。高级需要是低级需要得到最低满足的结果。但是,低级幸福并不优先于高级幸福,高级幸福是低级需要相对的、最低的满足的结果,而不是低级需要理想满足的结果,不是低级幸福实现的结果;高级幸福后置于低级需要的最低满足,而并不后置于低级幸福:高级幸福与低级幸福是相对独立的。这就是幸福之先后律或优先律。

幸福的先后律和久暂律以及强弱律,都是关于幸福的"是"、"事实"、"事实如何"的规律,因而可以名为"事实律",是幸福的"事实三定律"。但是,事实蕴含价值。深思幸福的这些事实如何之规律,确实令人有"价值"、"应该"、"应该如何"之困惑:若就心理体验的强弱来说,低级幸福的价值似乎大于高级幸福;若就心理体验的久暂来说,低级幸福的价值又似乎小于高级幸福的价值;若就心理体验的先后次序和优先性来说,高级幸福和低级幸福是相对独立、可以自由选择的。那么,当高级幸福与低级幸福发生冲突而不能两全时,究竟应该选择何种幸福?何种幸福的价值更大? 这是幸福的价值规律所要解决的问题。

2. 价值律

穆勒曾将不同等级幸福的价值大小概括为一个绝妙的选择:

享受能力低下的人,把这些能力完全满足的机会最大;资禀很高的人总不免觉得这个世界既是如此局面,任何种他所能期望的幸福总是不完满的,这是确实的情形。但是,这些不完满假如可以忍受,他能够学到忍受它;资禀低劣的人固然不觉得这些不完美,但他所以不觉得,不过因为他毫不知道因为这些不完美而减少了的利益;因此,这些不完满并不使资禀高的人羡慕资禀低的人。做一个不满足的人比做一个满足的猪好;做一个不满足的苏格拉底比做一个傻子好。万一傻子或是猪的看法不同,这是因为他们只知道这个问题的他们自己那方面。苏格拉底一类的人却知道两方面。①

为什么不满足的人比满足的猪好?因为不满足的人可能享有精神幸福,而满足的猪却只能享有物质幸福:精神幸福的价值大于物质幸福的价值。为什么不满足的苏格拉底比满足的傻子好?因为不满足的苏格拉底只是没有物质幸福,却享有精神幸福;而满足的傻子却只有物质幸福而不可能享有精神幸福:精神幸福的价值大于物质幸福的价值。所以,穆勒的论证可以归结为这样一个问题:如果一个人可以随意选择,那么,他应该做一个享有物质幸福的傻瓜呢,还是做一个没有物质幸福的思想家?

穆勒认为应该选择后者。因为傻瓜虽有物质幸福而无精神幸福;思想家虽无物质幸福却有精神幸福:高级快乐和幸福的价值大于低级快乐和幸福的价值。然而,对于一个衣食无着、难以生存的人,我们能说自尊比填饱肚子具有更大的价值吗?精神需要是最高级的需要。可是,它的满足果真对于一切人都具有最大价值吗?对于一个目不识丁、养家糊口的穷困农民来说,物质幸福的价值岂不远远大于精神幸福的价值吗?那么,究竟是什么地方出了毛病?

原来,需要越低级,它的满足对于每个人的生存的价值便越大,对于每个人的发展的价值便越小;需要越高级,它的满足对于每个人的生存的价值便越小,对于每个人的发展的价值便越大。物质需要或生理需要,如食欲和性欲,是最低级的。它们的满足对于生存的价值无疑是最大的:只有食欲满足,一个人才能生存;只有性欲满足,他才能够繁衍后代,继续生存。但是,食欲和性欲之满足,对于一个人的发展的价值却是最小的:如果他仅仅有食欲和性欲的满足,那么,他便与猪狗无异,谈何发展?反之,自我实现、实现自己创造潜能的需要是最高级的。它的满足对于一个人的生存的价值是最小的。因为无论是否自我实现,他都一样能够生存。马斯洛也看到了这一点,他说:"需要越高级,对于纯粹的生存就越不重要。"②但是,需要越高级,它的满足对于发展的价值却越大:自我实

---

① 〔英〕穆勒:《功用主义》,唐钺译,商务印书馆1959年版,第10页。
② Abraham H. Maslow, *Motivation And Personality*, Second Edition, Harper & Row Publishers, New York, 1970, p.98.

现需要的满足对于一个人的发展的价值是最大的。因为自我实现是一个人的创造潜能之实现；而创造潜能之实现岂不是一个人的最大发展，岂不是发展的最高境界？

因此，一个人的需要之满足，对于他生存的价值大小与其等级高低成反比；对于他发展的价值大小则与其等级高低成正比：需要越高级，它的满足对于生存的价值便越小而对于发展的价值便越大；需要越低级，它的满足对于生存的价值便越大而对于发展的价值便越小。需要的满足，如前所述，亦即快乐和幸福的客观内容。因此，我们可以得出结论说：快乐和幸福，对于生存来说，其价值大小与其等级高低成反比；对于发展来说，其价值大小与其等级高低成正比：快乐和幸福越高级，对于生存的价值便越小而对于发展的价值便越大；快乐和幸福越低级，对于生存的价值便越大而对于发展的价值便越小。这就是各种幸福因性质不同而处于不同的等级所导致的价值大小之规律，可以名之为"幸福价值律"。

根据这个规律，可知穆勒认为高级快乐和幸福的价值大于低级快乐和幸福价值的观点，是片面的：只有对于发展来说才是如此；而对于生存来说则恰恰相反。对于一个衣食无着饥肠辘辘的人来说，对于一个终日奔忙、使尽浑身解数才能生存的人来说，低级的、物质的需要满足的价值无疑大于高级的、精神的需要满足的价值。因此，对于他来说，低级的、物质的快乐和幸福的价值大于高级的、精神的快乐和幸福的价值：他应该选择低级的物质的快乐和幸福，而不是相反。反之，对于一个生存已经不成问题而只有如何发展问题的人来说，高级的、精神的需要满足的价值确实大于低级的、物质的需要满足的价值。因此，对于他来说，高级的精神的快乐和幸福的价值，确实大于低级的物质的快乐和幸福的价值：他应该选择高级的、精神的快乐和幸福，而不是相反。

穆勒只见发展而不见生存，所以，他提出的选择是：做一个痛苦的苏格拉底，还是做一个快乐的猪？这是一种基于发展的选择，而不是基于生存的选择。因为痛苦的苏格拉底和快乐的猪都已经解决了生存的问题，他们所面临的只是发展的问题。因此，从这个选择来看，确实是高级的快乐和幸福的价值大：痛苦的苏格拉底的价值大于快乐的猪的价值，应该做痛苦的苏格拉底而不应该做快乐的猪。但是，这仅仅是一个基于发展的选择，因而应该补之以一个基于生存的选择：做一个活着的猪，还是做一个死了的苏格拉底？做一个活老鼠，还是做一个死皇帝？这是一个基于生存的选择而不是基于发展的选择。对于这种选择来说，无疑是低级的快乐和幸福的价值大：活老鼠的价值大于死皇帝的价值。因此，面对这种选择，应该做一个活老鼠，而不做死皇帝。因为正如道家所言，生命的价值是最大的价值：死王乐为生鼠，死皇帝不如活老鼠也！

可见，幸福的价值律使我们能够在各种快乐和幸福发生冲突不能两全时进行正确的选择。但是,对于某种幸福的正确选择,并不能保证这种幸福就能实现:选择幸福和实现幸福是两回事。那么,我们究竟怎样才能实现我们所选择的幸福?这是幸福的"实现律"所要研究的。

3. 实现律

不难看出,才(天资)、力(努力)、命(机遇)和德(品德)乃是幸福实现四大要素。因为只有具有某种天资、努力、机遇和美德,才能实现某种幸福;天资、努力、机遇和美德都是幸福实现的必要条件、必要因素而与幸福的实现成正相关变化:一个人的天资越高、努力越大、机遇越好、品德越高,他的幸福便越容易得到实现,便越可能实现较大的幸福;反之亦然。只不过,才、力和命是幸福的非统计性正相关要素,因而其与幸福完全一致;品德则是幸福的统计性正相关要素,其与幸福只是大体一致。就是说,不论就一个人的某一次行为来说,还是就其行为总和来说,才力命都是幸福的正相关要素而与其完全一致。反之,只有就一个人的行为总和来讲,才可以说越有德便越有福、德福一致而成正相关变化;如果就一个人的某一次或某一些行为来说,则可能越有德越无福、德福背离而成负相关变化。对此,包尔生曾有很好论述:

> 这是一个不可否认的事实:善良的人表面上并不总是过得好。一个人即使是节制和明智的,也还是可能得病;相反,一个无视他的身体的人却还是可能保持身体强健和精神饱满。一个能干和诚实的人尽管十分努力却还是可能失败,而一个恶棍却可能通过不义手段积蓄大量财富。坦率常常给我们招来权势者的厌恶,而奉承却得到他们的喜好。但是,这些现象吸引人们如此多的注意、引起如此的义愤的事实看来却正好说明:这些现象并不是常规、而是例外。……在此,例外又一次证明了常规。如果这些事件不是违反事物的本性,他们不会引起这样的激动。常规是:诚实的劳动比起诈骗和不诚实来说是达到经济利益的较为可靠的途径,真诚和坦率带来信任,而谎言和欺骗却是觅友的糟糕手段。[①]

这就是说,品德是幸福的统计性正相关要素、必要条件,德福一致而成正相关变化是个统计性规律。也就是说,一个人就其行为总和来说,德福一致而成正相关变化的次数必定多于德福背离而成负相关变化的次数。易言之,德福一致是常规,而德福背离是例外:德福必定大体一致。这就是所谓的福德一致律。

然而,康德却否认品德是幸福的必要条件,认为品德与幸福并无必然联系:

[①] 〔德〕包尔生:《伦理学体系》,何怀宏等译,中国社会科学出版社1986年版,第341页。

"道德法则本身并不允诺幸福,因为根据任何自然秩序观念,遵循道德与幸福并无必然联系。"①康德此见显然具有实践依据。我们往往看到很多人缺德却一生幸福,很多人有德却一生不幸。这一事实似乎证实了康德的观点:美德并非幸福的必要条件,德、福并无必然联系。其实不然。因为品德并非决定一个人幸福或不幸的唯一要素,而仅仅是一个要素;除了品德,决定一个人一生幸福或不幸的还有才、力、命三要素。这样,一个人虽然缺德而大体有祸,但他天资高、努力大、机遇好等等却给他远远超过因缺德所带来的祸的洪福,所以他虽缺德却一生幸福。反之,一个人虽有德而大体有福,但他天资低、努力小、机遇坏等等却给他以远远超过他的德所带来的福的大祸,所以他虽有德却一生不幸。因此,缺德者的一生幸福,并非是他的缺德的结果,而是他非品德条件的结果;反之,有德者的一生不幸,也不是他的德行的结果,而是他的非品德条件的结果。如果他们只有品德不同而其余条件完全一样,那么,谁缺德便一定一生不幸,谁有德便一定一生幸福。所以,缺德而一生幸福或者有德而一生不幸仅仅表明缺德者其他条件好而有德者其他条件差,而绝不意味着他们的德、福大体背离,绝不意味着德、福没有必然联系。康德的错误显然在于:只看到幸福与才、力、命这些他所谓的受"自然法则"、"物理能力"支配的东西的必然联系,而看不到幸福与美德这种他所谓的受"自由法则"、"应然法则"支配的东西的必然联系,因而否认美德是幸福的必要条件②。

那么,美德与才、力、命这四要素配合起来,幸福便必定能实现吗?未必。幸福的实现不但需要才、力、命、德的配合,且还需要这四要素与欲望的配合。因为欲望显然是幸福实现的负相关要素:欲望越大,幸福就越难实现。反之,才、力、命、德则是幸福实现的正相关要素:才越高、力越大、命越好、德越优,幸福便越易实现。这样,即使一个人的才高、力大、命好、德优,但如果他的欲望太大,也不能实现其欲望而获得幸福。反之,即使一个人才不算高、力不算大、命不算好、德不算优,但如果他的欲望很低,也能实现其欲望而获得幸福。

因此,幸福能否实现完全取决于才力命德与欲望的关系:如果欲望超过才力命德,则虽然所希求的幸福大、多、高,却不会实现而陷于大、多、高之不幸;如果欲望低于才力命德,则幸福虽会实现,但失之低、少、小,因而也就没有什么价值了;只有欲望与才、力、命、德相称一致,幸福才会完美实现:欲望与才、力、命、德相称一致,乃是幸福实现的充分且必要条件。

---

① Immanuel Kant, *Critique of Practical Reason*, China Social Sciences Publishing House, Chengcheng Books Ltd., 1993, p.135.
② 〔德〕康德:《实践理性批判》,关文运译,商务印书馆1960年版,第127、117页。

总而言之,欲、才、力、命、德是幸福实现的充足且必要的五大要素。欲是幸福实现的动力要素、负相关要素:欲望越大,幸福便越难实现;才、力、命、德是幸福实现的非动力要素、正相关要素:才越高、力越大、命越好、德越优,幸福便越易实现;欲与才力命德一致,幸福便会完美实现。这就是幸福的实现律。幸福的实现律可以归结为一个等式:

$$幸福的实现 = \frac{才力命德}{欲}$$

* * *

幸福的概念、价值、性质和规律所揭示的是幸福之事实如何,它是幸福之应当如何的依据。从此出发,便不难确立人们应当如何追求幸福的道德原则了。

五、幸福原则

任何人,不论他取得何种成功、追求何种幸福,显然都必须经过三个阶段:认识、选择和行动。这三个阶段所应该遵循的原则,依据幸福的客观本性,可以归结为四项:① 认识正确,即对幸福的主观认识与幸福的客观本性必须相符,这是追求幸福的"认识原则";② 选择适当,即对幸福的欲望、选择与自己的才、力、命、德必须一致,这是追求幸福的"选择原则";③ 努力奋斗;④ 修养品德。努力奋斗与修养品德都是追求幸福的"行动原则"。

1. 认识原则:对幸福的认识与幸福的客观本性相符

不言而喻,一个人对于幸福的主观认识与幸福的客观本性既可能相符,又可能不符:如果不符,那么,在其指导下,他对幸福的选择和追求便会发生错误,他便不可能求得幸福或不可能求得他可能得到的最有价值的幸福;只有相符,在其指导下,他对幸福的选择和追求才可能是正确的,他才可能求得幸福或求得他可能得到的最有价值的幸福。举例说:

客观地看,即就幸福的客观本性来讲:需要越高级,它的满足对于生存的价值便越小而对于发展的价值便越大;需要越低级,它的满足对于生存的价值便越大而对于发展的价值便越小。一个人的主观认识只有与此相符,他才可能在高级幸福与低级幸福不能两全时进行正确选择:当他的生存问题还没有解决时,他应该选择低级幸福;当他的生存问题已经得到解决时,他则应该选择高级幸福。一个人的主观认识与此不符,则可能有两种相反情形。一种是认为低级需要满足的价值总是大于高级需要的满足。例如,对于一个目不识丁、利欲熏心的人来说,发财淫乐幸福的价值大于一切。这样,他便只可能追求和享有发财淫乐幸福而不可能追求和享有更高级更有价值的幸福,如自我创造性潜能之实现的精神幸福等等。反之,穆勒和马斯洛等思想家们则犯了另一种恰恰相反的错误:认为高级需要得到满足的价值总是大于低级需要得到满足的价值。照此说来,当一个人能否生存还成问题的时候,他也应该放弃低级的物质的需要的满足而追求高级的、精神的需要的满足。或许就是在这种错误认识的指导下,古今中外,多少盖世奇才,如曹雪芹、斯宾诺莎、别林斯基和杜勃罗留夫等等,皆穷困潦倒而中年早逝。原因之一,恐怕皆与他们对幸福本性的这种错误认识有关:他们都小看了低级的物质幸福。

可见,一个人若要求得幸福,或求得他可能得到的最有价值的幸福,便必须使自己对幸福的主观认识与幸福的客观本性相符。这是每个人应当如何追求幸福的首要原则。不妨名之为"认识原则"。

2. 选择原则:对幸福的选择与自己的才、力、命、德一致

如果一个人对幸福有了与其客观本性相符的正确认识,那么,他是否就可以求得幸福呢?不一定。因为他要得到幸福,还必须有对幸福的正确选择,即对幸福的选择必须与自己的才、力、命、德一致:一个人对于幸福的选择如果与自己的才、力、命、德一致,便是正确的;如果与自己的才、力、命、德不一致,便是错误的。因为幸福的实现规律告诉我们,欲、才、力、命、德是幸福实现的充分且必要五要素,一个人对幸福的欲望、选择只有与他的才、力、命、德相一致、相适应,他才能求得他所欲求所选择的幸福,他才能求得他可能得到的最有价值的幸福;如果对幸福的欲望、选择与自己的才、力、命、德不一致、不适应,那么,即使他对幸福本性的认识正确,他也不可能求得他所欲求所选择的幸福,或者求得他可能得到的最有价值的幸福。

首先,一个人对于幸福的欲求必须与自己的才一致。举例说,一个人是否应该选择成为画家的幸福,要看他有没有画家的天资。如果没有画家的天资,他就不可能成为画家,那么他当画家的选择与自己的才便不一致,他当画家的选择就是错误的。反之,如果他有画家的天资,他就有可能成为画家,那么,他的当画家的选择与自己的才便是一致的,他当画家的选择,就才这个方面看,便是正确的。

其次,一个人对于幸福的欲求必须与自己的命一致。举例说,一个人是否应该选择成为骁勇善战的大将军之幸福,要看他有没有战争的机遇。如果他生逢太平盛世,就不可能成为善战将军,那么,他做骁勇善战大将军的选择与自己的命便不一致,他的选择就是错误的。反之,如果他生逢乱世,群雄逐鹿,他就有可能成为善战将军,那么,他做骁勇善战大将军的选择与自己的命便是一致的,他做此选择,就机遇来说,便是正确的。

再次,一个人对于幸福的欲求必须与自己的力一致。举例说,一个人是否应该选择成就伟业之幸福,要看他有没有巨大的恒心和毅力,有没有持之以恒、终生为之奋斗的努力。如果具有这种努力,他就有可能成就伟业,那么,他做此选择与自己的力便是一致的;他的选择,就力这方面说,便是正确的。反之,如果不具有这种努力,他就不可能成就伟业,他就有可能大事做不来、小事又不做,而终生一事无成,那么,他做此选择与自己的力便不一致,他的选择就是错误的。

最后,一个人对于幸福的欲求必须与自己的德一致。举例说,一个人是否应该选择官场幸福,要看他有没有合群机敏、善与人处之德性。如果具有,他就可能如鱼得水、官场成功,他做此选择与自己的德就是一致的;他做此选择,就德这方面来说,就是正确的。反之,如果他不具有这种德行,如果他清高、孤僻、难与人处,他就很难为官,他做此选择就是错误的。

总而言之,一个人对幸福的选择只有与自己的才、力、命、德四项要素相一致,才能求得幸福,才能求得他可能得到的最有价值的幸福;如有一项不一致,便不可能得到幸福,便不可能求得他可能得到的最有价值的幸福。因此,对幸福的选择与自己的才、力、命、德一致,便是追求幸福的第二条原则,可以名之为"选择原则"。

3. 行动原则:求幸福的努力与修养自己的品德相结合

一个人有了对幸福的正确认识和正确选择,就可以得到幸福吗?还不能。他要得到幸福,还必须有正确的行动,即必须使追求幸福的努力和修养自己的德性相结合。因为幸福的实现律表明,要实现所欲求、所选择的幸福,必须并且只需与才、力、命、德四要素一致。才和命是非行动要素,是行动不能改变的要素;只有力和德是行动要素,是行动所能改变的要素:努力本身就是行动,德性则是行动的结果。所以,实现幸福所需要的行动,也就是努力和修德。那么,仅仅努力求幸福而不修德,能实现所选择的幸福吗?不能。某大学硕士生顾光耀,从一个淘粪工考上大学又考上研究生。对幸福的追求可算十分努力了。但是,他只求福而不修德,良心泯灭而残忍杀死发妻,结果自己福未求得而命丧黄泉。古今中外,有多少个顾光耀啊!所以,仅仅努力求福而不修德,不能实现所求的幸福,因而是追求幸福的错误行动。反之,仅仅修德而不努力求福,能实现所追求的幸福吗?也不能。一个人追求成为画家的幸福,如果只修养自己的品德而不努力作画,他怎么能成为画家呢?显然,仅仅修德而不努力求福,也不能实现所追求的幸福,因而也是追求幸福的错误行动。于是,只有努力和修德结合起来才能实现所选择的幸福,才是追求幸福的正确行动:求幸福的努力和修自己的德性相结合,是追求幸福的正确的"行动原则"。

综观幸福原则,可以得出结论说,一个人要求得幸福,首先应当使自己"对幸福的认识与幸福的客观本性相符",这是追求幸福的正确的"认识原则";其次应该使"对幸福的选择与自己的才、力、命、德一致",这是追求幸福的正确的"选择原则";最后应当使"求幸福的努力与修自己的德性相结合",这是追求幸福的正确的"行动原则"。这就是追求幸福的三大原则。这就是攀登幸福殿堂的三阶梯。这就是幸福人生的三部曲。谁能依次唱好这三部曲、顺序攀登这三阶梯、谨慎遵循这三原则,谁就能求得真正的幸福,谁就是真正幸福的人。

* * *

至此,我们既确证了道德总原则"善",又进而一方面引申、推演出如何善待他人——主要是如何进行社会治理——的道德原则"公正"与"人道";另一方面则引申、推演出如何善待自己的道德原则"幸福"。这样,我们便完成了科学伦理学的道德原则体系。但是,我们还没有完成它的道德规范体系。因为道德规范分二而为道德原则与道德规则:道德原则是某个领域全局的、根本的道德规范,而道德规则则是某个领域局部的、非根本的道德规范。所以,我们应该从道德原则体系出发,进一步构建隶属于它的道德规则体系。

思 考 题

1. 为什么说精神幸福比物质幸福高级?在我们所体验过的快乐和幸福中,哪一种是最强烈的?哪一种是最恒久的?哪一种是最有价值的?

2. 一个目不识丁的百万富翁,随心所欲、尽情玩乐,自己觉得享有最美满、最高级的幸福。那么,他真的幸福吗?他的幸福是像他自己感觉的那样,是最美满、最高级的吗?

3. 人们往往把"幸福是对于一生具有重大意义的快乐"等同于"幸福是一生享有重大快乐";或者把"幸福是对于一生具有重大意义的需要、欲望、目的得到实现的心理体验"等同于"幸福是一生重大的需要、欲望、目的得到实现的心理体验";因而以为只有一生在重大事情上都快乐或一生的重大需要、欲望、目的都得到满足和实现才是幸福。这就把"幸福"与"幸福的人"或"幸福生活"等同起来了。试析二者之异同。

4. 假设一个人在真实的、人间的世界不可能摆脱不幸、求得幸福,因而感到人生没有意义,无法再生活下去。那么,他是否应该皈依宗教,通过信仰神灵世界而得到虚幻的幸福?弗洛伊德答道:"无疑的,宗教是追求幸福的一种方法……我想利用宗教来给予人类幸福此一做法是注定要失败的。"①弗洛伊德的回答对吗?试辨析虚幻幸福、主观幸福、真实幸福和客观幸福。

5. 穆勒说:"做一个不满足的人比做一个满足的猪好;做一个不满足的苏格拉底比做一个傻子好。"这种观点正确吗?你愿做一个不满足的苏格拉底,还是一个满足的猪?

6. 在现实生活中,我们往往看到很多人缺德却一生幸福,很多人有德却一生不幸。那么,这是否意味着美德与幸福不相关或德、福大体背离?

7. 天资、聪明、智慧与一个人的幸福是何关系?似乎成反比关系:越聪明便越痛苦,因而有所谓"智慧的痛苦"。Qoheleth 甚至说:"才智和知识只不过是疯狂和愚蠢。真的,这就如同要抓住风:才智越多苦恼就越多,增加知识就是增加痛苦。"②这种观点能成立吗?

参考文献

(北宋)张载:《西铭》。
苗力田主编:《亚里士多德全集》第八卷,中国人民大学出版社 1992 年版。
〔德〕康德:《实践理性批判》,关文运译,商务印书馆 1960 年版。
〔英〕穆勒:《功用主义》,唐钺译,商务印书馆 1957 年版。
〔美〕马斯洛:《动机与人格》,许金声、程朝翔译,华夏出版社 1987 年版。
冯友兰:《三松堂文集》,北京大学出版社 1984 年版。
孙英:《幸福论》,人民出版社 2004 年版。
Elizabeth Telfer, *Happiness*, The Macmillan Press Ltd., 1980.
Louis P. Pojman, *Ethical Theory: Classical and Contemporary Readings*, Wadsworth Publishing Company, USA, 1995.
Ignacio L. Gotz, *Conceptions of Happiness*, University Press of America, Inc. Lanham', New York, 1995.
Julia Annas, *The Morality of Happiness*, Oxford University Press, New York, Oxford, 1993.

---

① 〔奥〕弗洛伊德:《图腾与禁忌》,杨庸一译,中国民间文艺出版社 1986 年版,第 11 页。
② Ignacio L. Gotz, *Conceptions of Happiness*, University Press of America, Inc. Lanham', New York, 1995, p. 152.

第十章　八大道德规则：道德规则体系

本章提要：诚实是动机在于传达真信息的行为，因而是维系人际合作从而保障社会存在发展的基本纽带，是如何善待他人的最重要道德规则。反之，善待自己的最重要道德规则是贵生：生命无疑是一个人最重要的东西。但是，贵生并不是善待自我的最高道德规则：善待自我的最高道德规则是自尊。因为贵生是对生命自我的爱，它所能引发的仅仅是一种低级的目的利己行为：活着；反之，自尊则是对人格自我的爱，它所引发的则是比较高级的目的利己行为：活得有作为、有成就、有价值。自尊似乎与谦虚相反，其实不然。谦虚是低己高人从而以人为师，因而恰恰依据于自尊：低己高人以人为师以便有所成就而实现自尊。这种成就和自尊的基本内容究竟是什么？是"智慧"。智慧是相对完善的思想活动能力。一个人如果具有正常人以上的天资，那么，他能否取得智慧，便完全取决于学习而与其成正比。智慧的意义全在于支配和实现感情欲望：感情欲望如果受智慧和理智支配，便是所谓的节制；否则便是放纵。节制可使人不做明知不当做之事，不致害己害人，因而是一种极为重要的善。人生在世，最重要的节制，莫过于智慧对于勇敢的指导和支配。因为勇敢是对于可怕事物的不畏惧：勇敢如果背离智慧，便是鲁莽和不义之勇，便有害于社会和他人以及自我而具有负道德价值；勇敢只有与智慧结合，才是义勇和英勇，才有利于社会和他人以及自我而具有正道德价值。那么，每个人对于勇敢、节制、智慧、谦虚、自尊、贵生和诚实等一切道德规则以及善、公正、平等、人道、自由和幸福等一切道德原则的遵守，是否越严格越绝对越极端越过火越不变，便越好？否。只有"中庸"（亦即适当遵守道德）才是善的；而"过"（亦即过于遵守道德）与"不及"（亦即不遵守道德）都是恶的。

毋庸赘言，道德规范越普遍、越一般、越抽象，便越稀少；越特殊、越个别、越具体，便越众多。因此，人类社会的普遍道德原则不过三大类型七大原则：① 道德总原则"善"；② 善待他人——主要是社会治理——道德原则"公正"与"平等"以及"人道"、"自由"和"异化"；③ 善待自我道德原则"幸福"。反之，人类社会的普遍道德规则却纷纭复杂、不胜枚举。伦理学或道德哲学的道德规范体系无疑只能够也只应该容纳那些比较重要而又颇为复杂的普遍道德规则；而其他则留给各种常识与直觉或应用伦理学。这些比较重要且复杂的普遍道德规则可以归结为八条：诚实、贵生、自尊、谦虚、智慧、节制、勇敢、中庸。不难看出，在这八大道德规则中，诚实最为重要。因为人非社会不生存；而社会或人际合作之所以能存在发展，显然是因为人们相互间的诚实行为多于欺骗行为。所以，诚实居于人类社会的普遍道德规则体系之首。

一、诚　　实

　　关于诚实，孔子和孟子皆有两种似乎相互矛盾的名言：一种是肯定和倡导诚信；另一种则是否定和反对诚信。请看：

　　子曰：人而无信，不知其可也。大车无輗，小车无軏，其何以行之哉？①
　　子曰：言必信，行必果，硁硁然小人哉！②
　　孟子曰：诚者，天之道也；思诚者，人之道也。③
　　孟子曰：大人者，言不必信，行不必果，惟义是从。④

　　这些"二律背反"实在令人费解！要破解这一谜团，显然必须从头说起：究竟何谓诚实？不言而喻，诚实就是说真话，欺骗则是说假话：这是诚实与欺骗的通俗定义。因为，细究起来，说话、语言并非诚实和欺骗的唯一形式。试想，烽火戏诸侯，明修栈道暗度陈仓，岂不都是欺骗？所以，诚实或欺骗包括语言和行动两方面而属于行为范畴。由此看来，似乎应该说：诚实是传达真信息的行为，欺骗是传达假信息的行为。其实仍不尽然。因为如果一个信息是假的，但张三却以为它是真的，并把它当作是真信息传达给他人。这样，他便是在传达一个主观动机以为是真而客观实际却是假的信息。他的这种行为是诚实还是欺骗？当然

---

① 《论语·为政》。
② 同上。
③ 《孟子·离娄上》。
④ 《孟子·离娄下》。

是诚实而非欺骗。准此观之,诚实还是欺骗并不取决于所传达的信息在客观实际上之真假,而取决于所传达的信息在传达者的主观动机中之真假。因此,诚实便是动机在于传达真信息的行为,是自己以为真也让别人信其为真、自己以为假也让别人信其为假的行为;欺骗则是动机在于传达假信息的行为,是自己以为真却让别人信其为假、自己以为假却让别人信以为真的行为。这是欺骗和诚实的精确定义。

诚实是动机在于传达真信息的行为,显然意味着:诚实者传达的真信息之为真信息,并非因为其与客观事实相符,而是因为其与传达者自己的主观思想及其所引发的自己的实际行动相符:与自己思想相符叫做诚、真诚;与自己的行动相符叫做信、守信。反之,欺骗所传达的假信息之为假信息,并非因其与客观事实不符,而是因为其与传达者自己的主观思想及其所引发的自己的实际行动不符:与自己的思想不符叫做撒谎;与自己的行动不符叫做失信。更确切些说,诚和信是以真信息源的性质为根据而划分诚实的两大类型:诚、真诚是传达与自己的思想相符合、相一致的信息的行为,主要表现是"心口一致";信、守信是传达与自己的实际行动相符合、相一致的信息的行为,其主要表现是"言行一致"。反之,撒谎和失信则是以假信息源的性质为根据而划分欺骗的两大类型:撒谎是传达与自己思想不一致不相符的信息的行为,其主要表现是"心口不一";失信是传达与自己的实际行动不一致不相符的信息的行为,其主要表现是"言行不一"。

那么,诚实、诚信究竟是应该的还是不应该的?究竟应该肯定、倡导还是否定、反对?这就是诚实和欺骗的道德价值的问题。不难看出,诚实和欺骗的道德价值便可以按其对于社会、他人、自己三方面的效用来衡量。首先,从被欺骗与被诚实对待的他人来看。试想,谁不愿意被诚实对待?谁愿意被人欺骗呢?所以,被欺骗,即使是被善意欺骗,无疑也是一种伤害;被诚实对待,即使是被恶意地诚实对待,无疑也是一种利益。其次,从欺骗者和诚实者自己来看。欺骗而不诚实,确实可以得到暂时的、局部的或某种具体的利益;但就长远、全局和总体来说,日久见人心,欺骗最终势必害己而诚实势必利己。总体大于局部,长远大于暂时。所以,即使对于欺骗者和诚实者自己来说,欺骗的净余额也是害,而诚实的净余额也是利。因此,西方格言说:"诚实是最好的策略。"我国先哲亦云:"匹夫行忠信,可以保一身;君主行忠信,可以保一国。"[①]最后,从社会来说。人际合作之所以能进行、社会之所以能存在发展,显然是因为人与人的基本关系是互相信任而非互相欺骗,是因为人们相互间的诚实的行为多于欺骗行为。否则,如果人与人的基本关系是互相欺骗而非互相信任,人们相互间的欺骗行为多于诚实

---

① (北宋)司马光:《资治通鉴·周纪二·显王十年》。

行为,那么,合作必将瓦解、社会必将崩溃。所以,诚实乃是维系人际合作从而保障社会存在、发展的基本纽带。

可见,诚实有利于他人和自己,更有利于社会的存在发展,因而符合道德最终目的和道德终极标准,是道德的、善的、应该的。反之,欺骗则有害于他人和自己,更有害于社会的存在、发展,因而不符合道德最终目的和道德终极标准,是不道德的、不应该的、恶的。但是,问题的真正关键在于:人们是否在任何情况下都应当诚实而不应当欺骗?康德的回答是肯定的:"诚实是理性教义的一种神圣的绝对命令,不应受任何权宜之计限制。"①他举例说,即使当凶手询问被他追杀而逃到我们家里的无辜者是否在我们家里,我们也应该诚实相告而不该谎称他不在家:"在不可不说的陈述中,不论给自己或别人会带来多么大的伤害,诚实都是每个人对他人的不该变通的责任。"②

康德的错误在于,他仅仅看到诚实是善、欺骗是恶,却忽略了"两善相权取其重,两恶相权取其轻"的道理。因为当凶手询问被他追杀而逃到我们家里的无辜者是否在家时,诚实这种善便与救人这种善发生了冲突:要诚实便救不了人,要救人便不能诚实;不欺骗就得害人性命,不害命便得欺骗。但是,诚实是小善、救人是大善,两善相权取其大:救人;欺骗是小恶,害命是大恶,两恶相权取其轻:欺骗。所以,当此际,便不该诚实害命,而当欺骗救人。孟子曰:"大人者,言不必信,行不必果,惟义是从。"③此之谓也!否则,避小恶(欺骗)而就大恶(害命)、得小善(诚实)而失大善(救人),岂非小人之举:"言必信,行必果,硁硁然小人哉!"④

这就是为什么孔子和孟子都既肯定、倡导又否定、反对诚实的原因:只有在正常情况下,即在诚实这种善与其他的善不发生冲突时,才应该诚实而不应该欺骗;而在非常情况下,即在诚实与其他更大的善发生冲突不能两全时,则不应该诚实而应该欺骗以保全其他更大的善。因此,诚实和欺骗——不论意义如何重大——却并非道德原则,而是从属于、支配于、决定于"两善相权取其重,两害相权取其轻"的善恶原则的基本道德规则。

诚实和欺骗是基本的道德规则而不是道德原则,因而也就从属于、支配于和决定于善恶原则、仁爱原则、公平原则等一切道德原则。所以,在每个人的品德结构中,诚实和欺骗便是被支配的、被决定的、从属的、次要的因素;而善良、恶

---

① Sissela Bok, *Lying: Moral Choice in Public and Private Life*, Vintage Books, New York, 1989, p. 269.
② 同上书,p. 268。
③ 《孟子·离娄下》。
④ 《论语·为政》。

毒、仁爱、公平等等则是支配的、决定的、主要的、主宰的因素。这就是为什么一个仁爱而虚伪的人的品德境界高于一个恶毒而诚实的人的品德境界的缘故。甚至一个伪善者也高于一个诚实的恶人。因为伪善者还知羞耻,而诚实的恶人则厚颜无耻;厚颜无耻无疑是品德的最低境界。因此,王船山说:"小人之诚,不如无诚。"①

*　　　　　*　　　　　*

诚实的本质是善待他人:诚实乃是如何善待他人的最为重要的道德规则。那么,善待自己的最为重要的道德规则是什么?是贵生。因为正如人们所常说,不论一个人享有多么丰富多么高级的幸福,却无不以他自己的生命为根基:自己的生命是第一位数字"1",而那些丰富高级的幸福,如发财致富、官运亨通、爱情美满、著书立说、自我实现等等都不过是后面的众多的"0"罢了。若是失去了生命,便等于没有了"1",而只剩下一大堆"0",也就仍等于一个"0"。是以道家有言:死皇帝情愿为活老鼠也!所以,确立了善待他人的最为重要的道德原则"诚实"之后,应该继之以"贵生":贵生乃是善待自己的最为重要的道德规则。

二、贵　　生

善待自己的最为重要的问题显然是:善待自己的生命;正确对待自己的生命和自己生命之外的东西。道家对这个问题的解决,现在看来,是不错的,亦即应该贵生:贵生是善待自己的最为重要的道德规则。所谓贵生,亦即贵生贱物、重生轻物,也就是把自己分为"生"(自己的生命)和"物"(自己生命之外的东西),而认为自己的生命贵于自己生命之外的东西,因而也就是自己最宝贵最有价值的东西。葛洪将这个道理浓缩为一句妙语:"死王乃不如生鼠"、"死王乐为生鼠也"②!但是,对于这个道理的系统阐述,当推《吕氏春秋·贵生》:

圣人深虑天下,莫贵于生。夫耳目鼻口,生之役也。耳虽欲声,目虽欲色,鼻虽欲芳香,口虽欲滋味,害于生则止。在四官者不欲,利于生者则弗为。由此观之,耳目鼻口,不得擅行,必有所制。譬之若官职,不得擅为,必有所制。此贵生之术也。

生命之所以是每个人最宝贵的东西,正如费尔巴哈所言,乃是因为每个人最

---

① (清)王夫之:《读通鉴论·东汉"平帝三"》,中华书局1975年版,第12页。
② 姜生:《道教伦理论稿》,四川大学出版社1995年版,第87页。

重要、最根本、最大的需要、欲望和目的,就是求生欲,是求生的需要、欲望、目的:"人的愿望,至少那些不以自然必然性来限制其愿望的人的愿望,首先就是那个希冀长生不死的愿望;是的,这个愿望乃是人的最后的和最高的愿望,乃是一切愿望的愿望。"① 这样一来,一个人的生命之所以是他自己最宝贵、最有价值的东西,就是因为他的生命能满足他最重要、最根本、最大的愿望:求生欲。欲望得到满足便是所谓的快乐;欲望得不到满足便是所谓痛苦。所以,生命本身、活着本身便因其能满足自己最重要、最根本、最大的欲望而是自己最重要、最根本、最大的快乐。因此,费尔巴哈说:"生命本是一切福利的总和。"② 庄子说得更妙:"至乐活身。"③

可见,生命之所以是一个人最宝贵的东西,直接讲来,是因为生命的快乐是人生的最重要、最根本、最大的快乐;根本讲来,是因为生命能满足人的最重要、最根本、最大的欲望:求生欲。推此可知,究竟一个人什么样的行为对自己最有利和最有害:贵生的行为对自己最有利,因为一个人如果贵生轻物,那么即使他失去身外名货,得到的却是最宝贵、最有价值的东西:健康长寿;反之,重物轻生的行为对自己最有害,因为一个人如果重物轻生,那么即使他得到了身外名货,却失去了性命,岂非杀身以易衣、断首以易冠?

贵生最有利自己,因而也就是善待自己的首要道德规范;重物轻生最有害自己,因而也就是恶待自己的首要道德规范。然而,人们大都以为,道德不应该倡导贵生利己,而应该倡导伤生利他。这种观点是错误的。因为贵生利己和伤生利他是否应该而具有正道德价值,完全取决于二者对道德最终目的或道德终极标准的效用。道德最终目的或道德终极标准,如前所述,无非是为了保障社会存在、发展、增进每个人利益。准此观之,贵生利己完全符合道德最终目的或道德终极标准;伤生害己则完全违背道德最终目的或道德终极标准。试想,如果每个自我都是健康的、强盛的,那么,社会岂不也是个健康的、强盛的社会?反之,如果每个自我都是病夫,那么社会岂不是个病夫的社会?贵生利己符合道德最终目的或道德终极标准,因而便具有正道德价值,是道德的、应该的、善的;伤生害己违背道德目的,因而便具有负道德价值,是不道德的、不应该的、恶的。

只不过,贵生利己的正道德价值与伤生害己的负道德价值都是相对的、有条件的。因为不言而喻,只有在正常情况下——即在自己的生命与他人生命不发生冲突时——贵生利己才是道德的、应该的、善的,伤生害己才是不道德的、不应

---

① 《费尔巴哈哲学著作选集》下卷,三联书店1962年版,第775页。
② 《费尔巴哈哲学著作选集》上卷,三联书店1959年版,第545页。
③ 《庄子·至乐》。

该的、恶的;而在非常情况下(即在自己生命与他人生命发生冲突、不自我牺牲就不能保全更重要的他人生命时),便应该自我牺牲、伤生利他,而贵生利己便是不道德、不应该、恶的了。认为应该倡导伤生利他而不该倡导贵生利己的观点之错误就在于:抹杀正常情况而夸大非常情况,于是便一方面由伤生利他在非常情况下是道德的,进而以为其在正常情况下也是道德的;另一方面则由贵生利己在非常情况下是不道德的,进而断言其在正常情况下也是不道德的。

可见,贵生与诚实、勇敢一样,都是相对应该、相对道德、相对善的,都是隶属于"增进全社会和每个人利益"、"勿害人"等道德原则的基本道德规则。那么,究竟应该如何贵生呢? 应该乐生:乐生乃贵生之道。因为生命最宝贵只因其能满足人的最重要欲望而为人的最重要的快乐,这岂不等于说:满足最重要的欲望从而得到最重要的快乐是最宝贵的? 所以,所谓贵生,说到底,便是乐生达欲而非苦生禁欲的行为:乐生乃贵生之道也!

因此,道家认为六欲只得到部分满足的"亏生"并非贵生;贵生乃是六欲都得到适当满足的"全生"。但是,一个人所追求的种种快乐,往往互相冲突、不可得兼。譬如,日夜淫乐,固然快活,但淘空了身子,便不能久乐。那么,应该选择暂时快乐还是长久快乐? 显然应该选择长久快乐。而要想长久快乐,正如道家所言,必须健康长寿:"古人得道者,生以寿长,声色滋味,能久乐之。"①于是,利生便是乐生的前提:贵生是以利生为前提的乐生。这样,贵生的乐生便不是纵欲的乐生,不是放纵一切欲望、追求一切快乐;而是节欲的乐生,是只满足有利生命的欲望、只追求有利生命的快乐:"是故圣人之于声色滋味也,利于性则取之,害于性则舍之,此全性之道也。"②那么,究竟怎样才能做到利生而乐生? 应该养生:养生乃贵生之本。那么,究竟应该如何养生呢?

神静形动。人的生命无非精神与形体;而精神统帅形体。所以,养生也就无非养神与养形;而养神则重于养形:"太上养神,其次养形。"③养神的原则是"静"。因为精神安静稳定才能正常运行,脏腑机能才会协调平衡,免疫力才能增强,从而才能健康长寿。反之,精神若躁动不安,便不能正常运行,脏腑机能便会紊乱,免疫力便会减弱而易罹疾病。所以,《淮南子》说:"夫精神气志者,静而日充者以壮,躁而日耗者以老。"④然而,精神是人的一切生命活动之主宰,易动而难静。怎样才能静而不躁? 或者说,养神的具体方法若何?

首先,应"舒畅情怀"。《黄帝内经》说:"百病生于气也:怒则气上、喜则气

---

① 《吕氏春秋·情欲》。
② 《吕氏春秋·本生》。
③ 施杞主编:《实用中国养生全书》,学林出版社1990年版,第121页。
④ 同上书,第97页。

缓、悲则气消、恐则气下、思则气结。"①这就是说，七情（喜、怒、忧、思、悲、恐、惊）失常是扰乱心神从而致病的重要因素。所谓失常，有两种情况。一是过于激烈，如狂喜、盛怒、骤惊、大恐；二是过于长久，如冥思苦想、积忧久悲。那么，怎样才能精神安静、七情正常？只有精神愉快、舒畅情怀！刘默在《证治百问》中这样写道："人之性情最喜畅快，形神最宜焕发，如此则有长寿之情，不惟去病，可以永年。"②可是，如何才能精神愉快、情怀舒畅？宋代养生学家陈直总结出一套办法，称为"十乐"："述齐斋十乐云：读义理书，学法帖字。澄心静坐，益友清谈。小酌半醺，浇花种竹。听琴玩鹤，焚香煎茶。登城观山，寓意弈棋。"③

其次，应"欲望适度"。一个人如果欲望过度，便会因其难以实现而焦躁不安、精神耗散。所以，养生家们说："欲寡精神爽，思多气血衰。"④可见，欲望适度、知足常乐是养神的基本方法。《道院集》将这一方法概括为"除六害"："摄生者，先除六害：一曰薄名利；二曰禁声色；三曰廉货财；四曰损滋味；五曰屏虚妄；六曰除嫉妒。六者若存，不能挽其衰朽矣。"⑤

最后，应"修养品德"。人是个社会动物，每个人的一切欲望，都是靠社会与他人的帮助实现的。一个人能否得到社会与他人帮助从而心境能否愉快平和，关键在于他是否有德，在于社会与他人是否认为他有德。如果他有德，如果社会与他人认为他有德，他便既会得到荣誉、得到社会与他人的帮助，又会得到良心满足、得到自我奖赏，从而他的心境便会愉快平和。反之，如果他缺德，如果社会与他人认为他缺德，他便既会受到舆论谴责、被社会与他人唾弃，又会受到良心谴责、受到自我惩罚，这样他便会忧愁焦虑、惶恐不安。所以，养生家们说："善养生者，当以德行为主，而以调养为佐。"⑥

养形的原则是"动"。孙思邈说："人若劳于形，百病不能成。"⑦可是，为什么动能养形？华佗答曰："人体欲得劳动，但不当自使竭尔。体常动摇，谷气得消，血脉流通，疾则不生。卿见户枢，虽用易朽之木，朝暮开闭动摇，遂最晚朽。是以古之仙者赤松、彭祖之为导引，盖取于此也。"⑧那么，究竟应该如何运动呢？

首先，运动形式很多，如游泳、打球、打拳、跑步、散步、旅游、舞蹈、按摩、气功、体力劳动等等。究竟进行何种运动，应因人因时因地制宜。其次，运动时间，

---

① 张奇文主编：《实用中医保健学》，人民卫生出版社1989年版，第5页。
② 蔡景峰：《养生智慧》，中国青年出版社1995年版，第35页。
③ 张奇文主编：《实用中医保健学》，人民卫生出版社1989年版，第8页。
④ 周兵等编著：《颐养天年》，知识出版社1991年版，第342页。
⑤ 同上书，第35页。
⑥ 同上书，第292页。
⑦ 同上书，第197页。
⑧ 同上书，第195页。

饭前锻炼至少要休息半小时才可用餐;饭后则至少要休息一个半小时才能进行锻炼。最后,运动量须适度。运动量太小,起不到健身作用;运动量太大,身体反而受损。所以,孙思邈说:"养性之道,常欲小劳,但莫大疲及强所不能耳。"①如果运动后,食欲增进、睡眠良好、精力充沛,说明运动量适宜;如果运动后食欲减退、精神倦怠,则说明运动量过大。

饮食有节。人的生命无非是食物的转化形态。所以,"安身之本,必资于食,不知食宜不足以存生"。饮食的养生原则,如所周知,乃"饮食有节"。所谓饮食有节,一方面指饮食质的适宜,亦即各种食物的合理搭配;另一方面指饮食量的适度,亦即按时节量。

食物应该如何搭配?《黄帝内经》说:"五谷为养,五果为助,五畜为益,五菜为充。气味合而服之,以补精益气。"②尔后历代养生家一致认为食物搭配的原则是"素食为主、荤素结合":荤即肉类(五畜),素则包括粮食(五谷)、蔬菜(五菜)、水果(五果)等。

何谓"按时节量"? 所谓"按时",一般早餐 7 时左右、午餐 12 时左右、晚餐 6 时左右。每餐之间应间隔 5 至 6 小时,因为一般食物在胃中约停留 4 至 5 小时,并且消化器官需要休息一定时间才能恢复其功能。每餐后,当以手摩腹,缓行片刻。所谓"节量",是说三餐食物分配应有一定比例:早餐占 30—35%、午餐占 40%、晚餐占 25—30%。"节量"的基本精神,如孔子所说:"食无求饱"。

起居有常。历代养生家一致把"起居有常"作为养生的重要原则而与"饮食有节"相提并论。所谓"起居有常",意即根据自然和人体的客观规律、结合自己的具体情况来安排起居作息,持之以恒。这一原则,一般说来,表现为如下几方面:

晨起。每天早晨,按时起床。春秋宜早睡早起,夏季宜晚睡早起,冬季宜早睡晚起。总而言之,起床时间以日出前后为宜:"早起不在鸡鸣前,晚起不在日出后。"③一般说来,早晨 5—6 点起床、夜晚 9—10 点就寝为宜。晨间锻炼,在床上可手拍心胸、叩齿、梳发、擦面等。然后下床去室外打拳或跑步等等。

劳作。上午和下午为劳作时间。连续劳作之间要有适当休息、劳逸结合。陶弘景说:"从朝至暮,常有所为,使之不息乃快,但觉极当息,息复为之。"④劳作负担不能过重:"神大用则竭,形大劳则毙。"⑤

---

① 周兵等编著:《颐养天年》,知识出版社 1991 年版,第 202 页。
② 同上书,第 209 页。
③ 张奇文主编:《实用中医保健学》,人民卫生出版社 1989 年版,第 109 页。
④ 同上书,第 108 页。
⑤ 同上书,第 109 页。

晚憩。黄昏之后,不宜辛劳。晚上当以休息娱乐为主,放松身心,为睡眠做好准备。

睡眠。睡眠对生命的重要性不次于饮食。人不吃东西40天左右死亡,不睡觉则只能活半月。所以养生家很重视睡眠,认为"眠食二者为养生之要务"。半山翁云:"华山处士容相见,不觅仙方觅睡方。"①一般说来,每天成人应睡8小时、老年人应睡9小时左右。要避免失眠,首先,应定时就寝,天天如此,形成条件反射,建立起固定的睡眠动力定型。其次,应"平居静养":"平居静养,入寝时,将一切营为计虑,举念即除,渐除渐少,渐少渐无,自然可得安眠。若终日扰扰,七情火动,辗转牵怀,欲其一时消释得乎?"②最后,应入睡有方:"寐有操纵二法:操者,如贯想头顶,默数鼻息,返观丹田之类,使心有所着,乃不纷驰,庶可获寐。纵者,任其心游思于杳渺无朕之区,亦可渐入朦胧之境。最忌者,心欲求寐,则寐愈难。盖醒与寐交界关头,断非意想所及。唯忘乎寐,则心之或操或纵,皆通梦乡之路。"③

起居健身十四宜:面宜多擦、发宜多梳、目宜常运、耳宜常弹、齿宜常叩、舌宜舐腭、津宜常咽、浊宜常呵、便宜禁口、腹宜常摩、肛宜常提、足心宜常擦、皮肤宜常干浴、肢节宜常动摇④。

养生之法,历代相传,至今真可谓五花八门、千头万绪。但追本溯源,莫不衍生于"神静形动"、"饮食有节"、"起居有常"三大养生原则、养生之道。所以《黄帝内经》说,一个人若谨守此三大养生之道,便可望百岁长寿;否则势必半百而衰也:

> 上古之人,其知道者,法于阴阳,和于术数,食饮有节,起居有常,不妄作劳,故能形与神俱,而尽终其天年,度百岁乃去。今时之人不然也,以酒为浆,以妄为常,醉以入房,以欲竭其精,以耗散其真,不知持满,不时御神,务快其心,逆于生乐,起居无节,故半百而衰也。夫上古圣人之教下也,皆谓之虚邪贼风,避之有时,恬淡虚无,真气从之,精神内守,病安从来。是以志闲而少欲,心安而不惧,形劳而不倦,气从以顺,各从其欲,皆得所愿。故美其食,任其服,乐其俗,高下不相慕,其民故曰朴。是以嗜欲不能劳其目,淫邪不能惑其心,愚智贤不肖不惧于物,故合于道。所以能年皆度百岁而动作不衰者,以其德全不危也。⑤

贵生是善待自己的最为重要的道德规则,却不是善待自我的最高道德规则:

---

① 周兵等编著:《颐养天年》,知识出版社1991年版,第276页。
② 施杞主编:《实用中国养生全书》,学林出版社1990年版,第169页。
③ 同上书,第102页。
④ 详见张奇文主编:《实用中医保健学》,人民卫生出版社1989年版,第18—120页。
⑤ 施杞主编:《实用中国养生全书》,学林出版社1990年版,第102页。

善待自我的最高道德规则是自尊。因为一个人的自己,无非由自己的生命和自己的人格两方面构成。贵生是自爱在自己生命方面的表现,是对自己的生命的爱,是对生命自我的爱;它所能引发的,无疑仅仅是一种基本的、低级的目的利己行为:活着。反之,自尊则是自爱在自己人格方面的表现,是对自己的人格的爱,是对人格自我的爱;它所引发的则是比较高级的目的利己行为:活得有作为、有成就、有价值。所以,贵生之后,应该研究自尊。

三、自　　尊

不言而喻,自尊与尊人相对。尊人是尊敬他人,是他人受尊敬;自尊则是尊敬自己,是自己受尊敬。所以,所谓自尊,就是使自己受尊敬的心理和行为,也就是使自己受自己和他人尊敬的心理、行为:使自己得到尊敬的心理,叫做自尊心;使自己得到尊敬的行为,叫做自尊行为。可是,一个人怎样才能得到自己和他人的尊敬呢?无疑只有有所作为、有所成就、有贡献和有价值:"为鸡狗禽兽矣,而欲人之尊己,不可得也。"①因此,自尊说到底,也就是使自己有作为、有价值从而赢得自己和他人尊敬的心理、行为:自信是自尊的根本特征。

于是,自尊的反面是自卑:自卑是认为自己无能使自己受尊敬的心理和行为,是认为自己没有能力有作为、有价值的心理和行为:不自信是自卑的根本特征。冯友兰说:"无自尊心的人,认为自己不足以有为,遂自居于下流,这亦可以说是自卑。"②因此,自卑之为自卑的根本特征,并非自认卑下,而是自认无能改变自己之卑下。仅仅认为自己卑下,还不是自卑——认为自己卑下但能加以改变恰恰是自信、自尊——只有认为自己卑下且无能加以改变,才是自卑:自卑是自认无能改变自己之卑下的心理和行为。这恐怕就是为什么生理缺陷最易引起自卑的缘故:生理缺陷是自己无能、无法加以改变的。

不难看出,以尊敬给予者的性质为根据,自尊分为两类:一类是使自己得到自己尊敬的心理和行为,叫做内在自尊;一类是使自己得到他人尊敬的心理和行为,叫做外在自尊。马斯洛在谈到自尊需要的类型时也这样写道:"这些需要可以分为两个子系列:第一是追求实力、成就、富裕、权势和能力、面对一切的自信以及独立和自由的欲望(这大都是内在自尊——引者)。第二是追求名誉或威望(亦即来自他人的尊敬或尊重)、地位、名声和荣誉、优势、被承认、被关注、重要

---

① 《孟子·尽心上》。
② 冯友兰:《三松堂全集》第四卷,河南人民出版社 1986 年版,第 442 页。

性、尊贵或被赞赏的欲望(这大都是外在自尊——引者)。"①内在自尊与外在自尊显然相反而相成:一个人如果只求外在自尊、只求他人对自己的尊敬,而不求内在自尊、不求自己对自己的尊敬,其自尊便不再是自尊而蜕变为虚荣;反之,如果只求内在自尊、只求自己对自己的尊敬,而不求外在自尊、不求他人对自己的尊敬,其自尊便不再是自尊而蜕变为自傲。因此,内在自尊与外在自尊一致,乃是自尊之为自尊的根本条件。

现代心理学认为,自尊是人的基本需要、基本欲望,这种需要、欲望,人皆有之,只不过有些人强些、有些人弱些罢了:"社会中所有的人(极少数病态者除外)都有一种追求稳定、可靠、经常被较高评价的需要或欲望,都有一种追求自尊、自重和被他人尊重的需要或欲望。"②一个人的这种需要或欲望,如果得到满足,便会感到自豪的快乐:自豪是自尊心得到满足的心理反应;反之,如果得不到满足,便会感到羞耻:羞耻是自尊心受挫的心理反应。那么,人们将进行怎样的行为以满足其自尊心呢?

一个人要满足其自尊心,必须得到自己和他人的尊敬;而要得到自己和他人尊敬,则必须有所作为、有所成就:自尊者必自强、自立也。这是从质上看。从量上看,一个人得到自己和他人尊敬的程度,从而他自尊需要的满足程度,显然与他所取得的成就之大小成正比:他取得的成就越多,他得到的尊敬便越多,他自尊需要得到的满足便越充分,他便越自豪、快乐;他取得的成就越少,他得到的尊敬便越少,他自尊需要得到的满足便越不充分,他便越羞耻、痛苦。于是,不论从量上看还是从质上看,自尊都是推动人们自强自立、有所作为、取得成就、创造价值的动力。因此,自尊极其有利社会的存在、发展,符合道德最终目的和道德终极标准,因而是一种极为重要的善:自尊越强,其善越大;自尊越弱,其善越小。所以,罗尔斯说:

> 最为重要的基本善是自尊的善。我们必须说明,作为合理性的善观念解释了这种情况的原因。我们可以指出自尊(或自重)所具有的两个方面。首先,如在前面指出过的(见第29节),它包括一个人对他自己的价值的感觉,以及他的善概念,他的生活计划值得努力去实现这样一个确定的信念。第二,就自尊总是在个人能力之内而言,自尊包含着对自己实现自己的意图的能力的自信。当我们感到我们的计划的价值微乎其微的时候,我们就不会愉快地追求它们,就不会以它们的实施为快乐。失败的挫折和自我怀疑也使我们的努力难以为继。这清

---

① Abraham H. Maslow, *Motivation And Personality*, Second Edition, Harper & Row Publishers, New York, 1970, p. 45.
② 同上书。

楚地说明了为什么自尊是一个基本善。没有自尊,那就没有什么事情是值得去做的,或者即便有些事值得去做,我们也缺乏追求它们的意志。①

一个人要得到自己和他人的尊敬,必须有所成就:取得成就,是实现自尊的唯一途径。但是,一个人的成就,却可能有真假之分。真的成就,不言而喻,只有通过奋发有为才能获得。假的成就,则主要通过自欺欺人和贬低他人达到。首先,贬低他人可以使我有成就。譬如说,我没有什么成就。但是,他人如果更没有成就,那么,我岂不就显得有成就了?我长得不好。但是,他人如果长得更不好,我岂不长得好了?所以,我实际虽无成就,但通过贬低他人,我就可以有成就了。这种成就无疑是假成就。其次,自欺欺人可以使我有成就。譬如说,我很怯懦。但是,我若自我吹嘘、欺骗别人,使别人相信我是勇士,那么,在别人眼中,我不就有了勇敢的成就?我没有诗才。但是,我若自欺而使自己相信自己的诗伟大,那么,在我自己的眼中,我不就有了伟大诗人的成就?这些成就显然都是假成就。

这样,一个人实现其自尊的途径实际上便有两种。一种是善的:通过自强自立、奋发有为取得真成就,从而实现其自尊。另一种则是恶的:通过自欺欺人和贬低他人而取得假成就,从而实现其自尊。人的自尊很容易偏离自强自立、奋发有为的善行大道,而滑入自欺欺人、贬低他人的恶行泥潭。所以,马斯洛说:"我们越来越认识到基于他人评价——而不是基于真实才能、能力以及胜任工作——的自尊的危险性。最稳定因而也最健康的自尊是基于理所当然的来自他人的尊敬,而不是基于外在的名声、声誉和无根据的奉承。"②于是,总而言之,自尊不应该基于自欺欺人和贬低他人,而应该基于自己的真实成就:这就是自尊的道德原则。

*　　　　*　　　　*

自尊是尊己。然而,骄傲也是尊己;谦虚则是卑己。所以,自尊与谦虚以及骄傲不可分离,关系极为密切。因此,自尊之后,应该研究谦虚。

四、谦　　虚

何谓谦虚?周易以卑释谦:"谦谦君子,卑以自牧也。"③对此,朱熹解释说:

---

① 〔美〕罗尔斯:《正义论》,何怀宏等译,中国社会科学出版社 1998 年版,第 427 页。
② Abraham H. Maslow, *Motivation And Personality*, Second Edition, Harper & Row Publishers, New York, 1970, p. 46.
③ 《周易·谦》。

"大抵人多见得在己则高，在人则卑。谦则抑己之高而卑以下人，便是平也。"①可见，所谓谦虚，便是较低看待自己而较高看待别人的心理和行为，是卑己尊人、低己高人、以人为师的心理和行为。反之，骄傲则是较高看待自己而较低看待别人的心理和行为，是尊己卑人、高己低人、好为人师的心理和行为。所以，斯宾诺莎说："骄傲可以定义为'一个人因自爱或自满而自视太高的情感'。"②然而，如果自己确实高于别人，自己如实看待，也是骄傲吗？是的："自足而见其足、过人而见其过人，是即傲矣。足而不以为不足、过人而不以为不及人，是即傲矣。"③反之，自己明明高于别人却以为低于别人、自己明明有成绩却以为无成绩，也是谦虚吗？是的。但谦虚并非弄虚作假。如果一个人尊人卑己只在言谈举止，而心里却是卑人尊己，那么，他还不是真正谦虚的人。对于这个道理，冯友兰讲得十分透辟：

  自己有成绩，而不认为自己有成绩，此即所谓谦虚。虚并不是虚假的意思。《论语》说："有若无，实若虚。"虚者对实而言。真正谦虚底人，自己有成绩，而不以为自己有成绩；此不以为并不是仅只对人说，而是其衷心真觉得如此；即所谓"有若无，实若虚。"④

  谦虚即卑己尊人，岂不意味着谦虚即自卑吗？谦虚与自卑确很相像：二者都自认卑下。但是，二者貌似神离、根本不同。因为谦虚是卑己尊人、以人为师的心理和行为，而自卑则是自认无能改变自己之卑下的心理和行为。这样，一方面，从对待自己的态度来说，自卑基于不自信而认为无能改变自己之卑下；反之，谦虚则基于自信而以人为师改变自己之卑下。另一方面，从对待他人的态度来说，谦虚必尊人，因为谦虚之为谦虚，就在于卑己尊人；反之，自卑则趋于卑人、贬低他人。

  骄傲即尊己卑人，岂不意味着骄傲即自尊吗？从字面上看的确很相似，实则不然。因为骄傲的尊己之"尊"，是"高"的意思：骄傲是较高地看待自己，是尊己卑人、好为人师的心理和行为；自尊的尊己之"尊"，是"敬"的意思：自尊是使自己得到尊敬，是使自己有作为、有价值从而得到尊敬的心理和行为。这样，自尊便与骄傲根本不同：一方面，自尊是自己的内在志趣，而骄傲则是自己对待他人的外在关系；另一方面，骄傲必卑人，而自尊则趋于尊人：尊人者，人恒尊之，因

---

① （南宋）朱熹：《朱子语类》卷七十。
② Baruch Spinoza, *The Ethics and Selected Letters*, Translated by Samuel Shirley, Edited with Introduction by Seymour Feldman, Hackett Pub. Co., Indianapolis, 1982, p.147.
③ （清）唐甄：《潜书·虚受》。
④ 冯友兰：《三松堂全集》第四卷，河南人民出版社1987年版，第441页。

而欲得他人尊己,自己必须尊人。那么,究竟为什么应该谦虚呢?

《尚书》云:"满招损,谦受益"。这可以从两方面看。首先,从我对他人的态度来说。我若谦虚,便会卑己尊人,觉得自己不如别人,因而能以人为师、向别人学习。而"人必有一善,集百人之善,可以为贤人;人必有一见,集百人之见,可以决大计。"①这样,我便会不断取得进步。反之,我若骄傲,便会卑人尊己,觉得别人不如自己,因而便会自满自足而不能向别人学习。这样我便只能退步而不会进步。所以,杨爵说:"自以为有余,必无孜孜求进心,以一善自满,而他善无可入之隙,终亦必亡而已矣。"②

其次,从他人对我的态度来说。我若谦虚而卑己尊人,便会满足他人的自尊心、唤起他人的同情心,他人便会承认我的长处、帮助我克服短处,从而使我获得成功。所以,老子说:"不自见,故明;不自是,故彰;不自伐,故有功;不自矜,故长。"③反之,我若骄傲而尊己卑人,便会伤害他人的自尊心、唤起他人的嫉妒心,他人便不但不会承认我、帮助我,而且会反对我、伤害我。试想从古到今,多少以功骄人、以才骄人、以富骄人者:哪一个有好下场呢?所以老子说:"企者不久,跨者不行,自见者不明,自是者不彰,自伐者无功,自矜者不长。"④

总之,骄傲极其有害自己和他人、违背道德最终目的和道德终极标准,因而是一种极其重要的恶。王阳明甚至说:"人生大病,只是一傲字。……傲者众恶之魁。"⑤相反,谦虚则极其有利自己和他人、符合道德最终目的和道德终极标准,因而是一种极其重要的善:"善以不伐为大。"⑥《易经》甚至说:"谦,德之柄也。"⑦

既然谦虚是大善、骄傲是大恶,那么,一个人究竟如何才能得到谦虚不傲之品德?这种品德的取得是很难的。富兰克林甚至说:"人的一切自然情欲之中,其最难克除的恐怕要算骄傲了。无论我们怎样去掩饰它、抑制它、利导它,或贼灭它,它终究还是存在着,而随时在出头以显示其一己。即在这一部自传中,你们读者也可多方见到之。因为我虽然自信已经完全克服我的骄心,但我仍不免要以我的谦虚以自傲。"⑧尤其难的是,一个远远高于别人的人,怎样才能衷心觉得低于别人而谦虚呢?自欺欺人吗?当然不是。真正讲来,原本有两条途径可

---

① (明)吕坤:《呻吟语·修身》。
② (明)杨爵:《漫录》,转引自(清)黄宗羲《明儒学案》卷九。
③ 《老子》第22章。
④ 《老子》第24章。
⑤ 《王阳明全集》卷三《传习录下》,上海古籍出版社1992年版。
⑥ (魏)刘劭:《人物志·释争》。
⑦ 《周易·系辞传下》。
⑧ 转引自〔美〕阿德勒:《儿童教育》,商务印书馆1937年版,第234页。

以使人——不论他多伟大——进入低己高人的谦虚之境界。

一个叫做"以己之短量人之长"。尺有所短,寸有所长。自己不论多么伟大,总有短处、缺点;他人不论多么渺小,总有优点、长处。所以,孔子说:"三人行,必有我师焉。"这样,即使是一个伟人,如果能以己之短量人之长,岂不就会衷心觉得低于别人而谦虚吗?大学问家顾炎武便是这种谦虚之楷模。他说:"探究天人之学,我不如王寅旭;读书明理、观察精微,我不如杨雪臣;独精三礼,我不如张稷若;坚苦力学、无师而成,我不如李中孚;博闻强记,我不如吴志伊;文章典雅,我不如朱锡鬯;好学不倦、笃于朋友,我不如王山史;精心六书,我不如张力臣……"①

另一个叫做"与强者比"。天外有天,人上有人。所以每个人都是比上不足、比下有余。这样,如果自己确实高于别人,便不过是与较弱者相比;若与较强者相比,岂不就会衷心觉得低于别人而谦虚吗?古人云:"取法乎上,仅得乎中;取法乎中,仅得其下"。如果取法于理想美德,可以成为颜回。如果取法于颜回,则对于颜回便只有不及而不能超过。所以,有见识者,凡事均取法乎上而与较强者相比。因此,即使他有巨大成就,也会觉得不及标准、自感不足而谦虚了②。

可见,谦虚并非自我贬低、自欺欺人,而是与较强者相比和以己之短量人之长的结果。然而,谦虚是卑己尊人、以人为师,以便有所成就而实现自尊。那么,这种成就和自尊的基本内容究竟是什么?是"智慧"。所以,在自尊和谦虚之后,应该研究智慧。

五、智 慧

智慧未必都是道德智慧,但作为"三达德"之一,智慧无疑与道德密切相关。从这种关系来考察智慧,福泽谕吉所言甚是:

德就是道德,西洋叫做"Moral",意思就是内心的准则。也就是指一个人内心真诚、不愧于屋漏的意思。智就是智慧,西洋叫做"intellect",就是指思考事物、分析事物、理解事物的能力。此外,道德和智慧,还各有两种区别。第一,凡属于内心活动的,如笃实、纯洁、谦逊、严肃等叫做私德。第二,与外界接触而表现于社交行为的,如廉耻、公平、正直、勇敢等叫做公德。第三,探索事物的道理,而能顺应这个道理的才能,叫做私智。第四,分别事物的轻重缓急,轻缓的后办,重急的先办,观察其时间性和空间性的才能,叫做公智。因此,私智也可以叫做

---

① (明)顾炎武:《广师篇》。
② 参阅冯友兰:《三松堂全集》第四卷,河南人民出版社 1986 年版,第 450—451 页。

机灵的小智,公智也可以叫做聪明的大智。这四者当中,最关重要的是第四种的大智。如果没有聪明睿智的才能,就不可能把私德私智发展为公德公智。相反的,偶尔还会有公私相悖互相抵触的情况。①

确实,智慧只是一种思考、分析和理解事物的认知能力。因为,智慧之为人的一种能力,是毫无疑义的。问题在于,它究竟是人的哪一种能力?人的一切能力莫非脑力或脑活动能力与体力或躯体活动能力:智慧当然是前者而非后者。所谓脑力或脑活动能力,显然也就是精神活动能力、心理活动能力、思想活动能力、意识活动能力:四者是同一概念。心理又分为知(认知)、情(感情)、意(意志)。智慧是意志能力吗?不是。我们不能说坚强的意志力是智慧而软弱的意志力是愚昧:意志力无所谓智慧不智慧。智慧是感情能力吗?也不是。我们不能说丰富敏感的感情能力是智慧而贫乏迟钝的感情能力是愚昧:感情能力也无所谓智慧不智慧。于是,智慧只能是认知能力:只有认知能力才有智慧与愚昧之分。所以,福泽谕吉说:"智慧就是指思考事物、分析事物、理解事物的能力。"

那么,智慧究竟是一种怎样的认识能力?马利坦说:"智慧属于完满的层次。"②皮亚杰也认为:"智慧仅是一个种的称谓,用以标志认识结构的组织或平衡的较高形态。"③质言之,智慧是相对完善的认知能力,是相对完善的精神活动能力,是相对完善的思想活动能力。智慧是相对完善的认知能力,一方面是因为智慧总是有时间性的,总是一定时代、一定地点的人们的智慧,因而只有对于一定时代、一定地点才能成立,而不可能对于一切时代一切地点都成立。造船、结网只有对于远古时代的人来说才是智慧而对于现代人来说则远非智慧了。古代的圣贤也只是相对古代说,才有智慧,而对于现代来说,则算不上智慧。福泽谕吉甚至说:"如果单就智慧来说,古代圣贤不过等于今天的三岁儿童而已。"④

智慧是相对完善的认知能力,另一方面是因为任何一个人的智慧和认知总是某些方面的,而不可能是全面的。任何人都不可能具有完全的智慧,而只可能具有某些方面的智慧:完全的智慧是人类之和所具有的。所以,说一个人有智慧只是相对于某些方面的精神能力才能成立,而不可能对于一切精神能力都成立。韩信拥有的是军事智慧,却没有政治智慧。诸葛亮拥有的是军事、政治智慧,却没有养生智慧。

每个人的智慧都是相对的、不完全的,因而智慧是多种多样的。做人有做人

---

① 〔日〕福泽谕吉:《文明论概略》,北京编译社译,商务印书馆1959年版,第73页。
② 〔法〕马利坦:《科学与智慧》,尹今黎译,上海社会科学院出版社1992年版,第20页。
③ 〔瑞士〕皮亚杰:《皮亚杰发生认识论文集》,华东师大出版社1991年版,第38页。
④ 〔日〕福泽谕吉:《文明概略》,北京编译社译,商务印书馆1959年版,第81页。

的智慧,做学问有做学问的智慧,治国平天下有治国平天下的智慧,耕田种地、打造家具、谈情说爱、吸引异性也有智慧。一句话,只要是人的认知能力,只要它在某一方面达到了相对完善,便都是智慧。

《智慧书》说,罪人、恶人没有智慧①。其实,罪人、恶人只是没有道德智慧,却可能具有其他智慧,如发明某种器械的智慧等等。以智慧这种客观心理内容的性质为依据,可以划分智慧为道德智慧与非道德智慧:道德智慧是从事道德活动的智慧,亦即从事人己利害活动的相对完善的认知能力;而非道德智慧则是无关道德活动的智慧,是无关人己利害活动的相对完善的认知能力。举例说,孟子有的便是道德智慧,因为他说出了对待人己利害活动的至理名言:"夫仁,天之尊爵也,人之安宅也。莫之御而不仁,是不智也。"②反之,牛顿有的则是非道德智慧,因为牛顿发现的是无关人己利害活动的万有引力定律。

智慧属于认知能力。所以,道德智慧属于道德认知能力,因而也就是品德的一个部分,更确切些说是品德的指导因素:"智者,德之帅也。"③道德智慧既然是品德的一个部分、一个因素,那么显然,一个人越有道德智慧,他的品德便越高;越没有道德智慧,他的品德便越低。然而,实际上,我们却看到,道德智慧较高者,品德却可能比较低;品德比较高者,道德智慧却可能比较低。原因何在?

原来,道德智慧虽然是品德的一个部分、一个因素,却是品德的指导因素,而不是品德的动力因素,因而便不是品德的决定因素。品德的动力因素、决定因素是道德感情。道德感情是品德的决定性因素,所以,道德感情高者,品德必高;品德高者,道德感情必高。道德智慧不是品德的决定因素,所以,道德智慧高者,品德却可能低;品德高者,道德智慧却可能低。由此可见,道德智慧高的人之所以品德低,完全不是因为他的道德智慧高,而仅仅是因为他的品德的其他方面低,如他的道德感情低。反之,道德智慧低的人品德之所以高,完全不是因为他的道德智慧低,而仅仅是因为他的品德的其他方面高,如他的道德感情高。如果人们的道德感情相同,如果人们的品德的其他方面相同,那么毫无疑义,道德智慧高者,品德必高;品德高者,道德智慧必高。

这样,仅仅从道德智慧与品德的关系来看,两者完全成正比例变化:一个人道德智慧越高,品德便越高,从而利人的行为便越多而害人的行为便越少;道德智慧越低,品德便越低,从而利人的行为便越少而害人的行为便越多:道德智慧与利人行为成正比而与害人行为成反比。这就是道德智慧规律。

---

① 巴尔塔沙·葛拉西:《智慧书》,海南出版社1998年版,第527页。
② 《孟子·告子上》。
③ (魏)刘劭:《人物志·八观》。

然而,如果一个人仅有道德智慧,那么,他虽会有利人的良好动机,却未必会有利人的良好效果。他要有利人的良好效果,还须具有非道德智慧。试想,一个人品德高尚、富有道德智慧。他临渊羡鱼,而有捕鱼送人的良好动机。但是,如果他没有如何结网的非道德智慧,那么,他便不可能有捕鱼送人的良好效果。所以,非道德智慧是利人的良好手段、方法、途径:一个人的非道德智慧越高,便会越大地利人;非道德智慧越低,便会越小地利人。

不过,如果一个人仅有非道德智慧而没有道德智慧,那么,他的非道德智慧越高,他就不仅可能更大地利人,也同样可能更大地害人。秦桧、希特勒、墨索里尼、严嵩、蔡京……古今中外多少祸国殃民者岂不都是只有非道德智慧而没有道德智慧吗?所以,费尔巴哈说:"一个人愈是伟大,就愈能有利于他人,固然也愈能有害于他人。"①

于是,一个人的非道德智慧越高,则或者会越大地利人,或者会越大地损人;非道德智慧越低,则或者会越小地利人,或者会越小地害人:非道德智慧既可能与利人行为成正比,也可能与损人行为成正比。这是非道德智慧规律。

合观道德智慧规律与非道德智慧规律可知:一个人不应该仅仅具有道德智慧,否则他便只知利人而不知如何利人;也不应该仅仅具有非道德智慧,否则他便既可能利人也可能害人;而应该既有道德智慧又有非道德智慧,这样他便不会害人而只会利人,他便不但会有良好的利人动机而且会有良好的利人效果。所以,智慧是很重要的社会的外在道德规范和个人的内在道德品质,以至古代希腊将其作为四主德之一:智慧、勇敢、节制、正义;而在我国传统道德中则被奉为三达德之首和五常之一:"知仁勇,天下之达德也。"②"五常,仁义礼智信是也。"③那么,一个人怎样才能取得智慧呢?

一个人要取得智慧,如古人云,须具备两个条件:才与学。所谓才,就是天资、先天遗传;所谓学,就是学习,就是后天努力,就是有机体后天获得的、有意识的、能够形成个性的反应活动。一目了然,一个人的天资高低与其智慧的大小成正比:天资越高,便越易于取得智慧、所取得的智慧便越大;天资越低,便难于取得智慧,所取得的智慧便越小;低于常人而为低能弱智,便不可能取得智慧。试想,谁人曾见过低能弱智取得智慧而成为智者?天资在正常人以上显然是取得智慧的必要条件。这是因为,心理测验表明,天资在正常人以下的智力迟钝和缺陷者,其智力的可塑性极小。如果生活于被剥夺的环境,他们的智力将极其低

---

① 《费尔巴哈哲学著作选集》下卷,三联书店1962年版,第559页。
② 《中庸》。
③ 《荀子·非十二子》。

下,但即使生活于丰富有利的环境,他们的智商最高也只在 70—80 之间。反之,具有中等以上天资的人,其智力的可塑性则极大。如果生活于被剥夺的环境,他们的智商不过 50—60;如果生活于丰富有利的环境,其智商可达 180 以上①。

这样,一个人如果具有正常人以上的天资,那么,他能否取得智慧,便完全取决于学习了。不言而喻,一个人的学习的努力程度与其智慧的大小成正比:学习越努力,便越易于取得智慧、所取得的智慧便越大;越不努力,便越难于取得智慧、所取得的智慧便越小;少于一定程度的努力学习,即使天资极高也不可能取得智慧。宋代方仲永便是明证。他五岁能诗,诗人天资极高,却一直没有好好学习,结果也就没有获得诗人智慧而"泯然众人矣"。因此,孔子说:"好学近乎知。"②一定程度的努力学习是取得智慧的必要条件。

总而言之,仅有天资或者仅有学习都不可能取得智慧,智慧是二者联姻的产儿:智慧=天资+学习。不过,天资与学习在智慧取得过程中的作用,是因智慧类型的不同而不同的:道德智慧的取得,显然学习更重要,可以说学习占七分、天资占三分;反之,非道德智慧的取得,天资更重要,可以说天资占七分、学习占三分。这个道理,曾国藩早就说过:"古来圣贤名儒之所以彪炳宇宙者,无非由于文学事功。然文学则资质居其七分,人力不过三分。惟是尽心养性,保全天之所以赋予我者,此则人力主持,可以自占七分。"③

智慧是相对完善的认知能力。它的意义和价值完全在于支配和实现需要、欲望、情欲:欲望、情欲如果受智慧、理智支配,便是所谓的节制;否则便是放纵,亦即不节制。那么,一个人的智慧、理智究竟如何才能支配他的欲望、情欲呢?这就是"节制"道德规则理论的研究对象。

六、节　　制

《孟子》有段名言,说人人都有"大体"和"小体"。"大体"是心,是理智,是智慧;"小体"是耳目等感官,是情欲。一个人的行为若是服从理智和智慧,便是道德的、善的、大人的行为;若是违背理智而服从情欲,便是不道德的、恶的、小人的行为:

公都子问曰:"钧是人也,或为大人,或为小人,何也?"孟子曰:"从其大体为

---

① 参阅孟昭兰:《普通心理学》,北京大学出版社 1994 年版,第 458 页。
② 《论语·为政》。
③ 转引自冯友兰:《三松堂全集》第四卷,河南人民出版社 1986 年版,第 681 页。

大人,从其小体为小人。"曰:"钧是人也,或从其大体,或从其小体,何也?"曰:"耳目之官,不思而蔽于物,物交物,则引之而已矣。心之官则思,思则得之,不思则不得也。此天之所与我者,先立乎其大者,则其小者不得夺也。此为大人而已矣。"①

可是,小体或情欲服从大体或理智的行为,究竟属于哪一种善?古希腊大哲答曰:节制。首先,柏拉图也把人的灵魂分为理智与情欲两部分:"灵魂里有两个不同部分,一个是思考推理的,可以称之为灵魂的理智部分;另一个是感受性欲、饥渴和激情等欲望的,可以称之为非理智或情欲部分。"②其次,柏拉图也认为理智部分是较好的部分,而情欲部分是较坏的部分;一个人若从其大体而使其较坏部分服从较好部分,那么,他所具有的便是节制之美德:"人自己的灵魂里有一个较好的部分和较坏的部分。如果一个人天性较好的部分控制其较坏的部分,那么,这个人就是自制的或是自己的主人。"③最后,亚里士多德进而指出,节制而受理智支配的行为之根本特征,在于不做明知不当做之事;不节制而受情欲支配的行为之根本特征,在于做明知不当做之事:"缺乏自制的人,受情欲支配而做明知不当之事;反之,自制的人则受理智支配,而拒斥明知不当之欲望。"④

可见,人的行为无非节制与放纵两大类型。节制的特征,是理智支配情欲;因其受理智支配,故能做明知当做之事而不做明知不当做之事。反之,放纵的特征,是情欲支配理智;因其受情欲支配,故做明知不当做之事而不做明知当做之事。举例说,甲与乙肝病初愈,皆知饮酒有害。甲受理智支配而不做明知不当做之事:不再饮酒。乙则受情欲支配而做明知不当做之事:饮酒不止。因此我们说:甲节制而乙放纵。于是,我们可以得出结论说:所谓节制,亦即自制,是受理智支配而不做明知不当做之事的行为;反之,所谓放纵,亦即不节制,是受情欲支配而做明知不当做之事的行为。那么,究竟为什么应该理智支配欲望和感情而不是相反?

冯友兰答道:"理智无力;欲无眼。"⑤反过来也成立:理智有眼,情欲有力——理智是行为的指导,情欲是行为的动力。这就是说,每个人的行为目的,都是为了满足其情欲:或是物质情欲,或是精神情欲,或是利己情欲,或是利他情欲。理智的全部作用,不过在于告诉人们应当怎样行为才能达到目的、满足情

---

① (南宋)朱熹:《四书章句集注》,齐鲁书社1992年版,第168页。
② Plato, *Plato's Republic*, Translated by G. M. A. Grube, Hackett, Indianapolis, 1974, p. 103.
③ 同上书,p. 96.
④ Aristotle, *Aristotle's Nicomachean Ethics*, Translated with Commentaries and Glossary by Hippocrates G. Apostle, Peripatetic Press, Grinnell, Iowa., 1984, p. 117.
⑤ 冯友兰:《三松堂全集》第四卷,河南人民出版社1986年版,第518页。

欲。所以，休谟说："理性是并且应该仅仅是情欲的奴隶，除了服务和服从情欲，决不能觊觎任何其他职务。"①

既然理智是实现情欲的手段，那么两者似乎应该完全一致而不该互相冲突。然而，实际上，每个人的理智与情欲却经常发生冲突。这是因为，每个人的情欲都多种多样、极为复杂。这些情欲，依其与人己利害性质，可以分为两类。一类有利于人己，因而具有正价值，是应该的、合乎理智的，所以叫做"合理情欲"，如渴求健康、热爱生命、仁爱慷慨、感恩同情等等。另一类则有害于人己，因而具有负价值，是不应该的、不合乎理智的，所以叫做"不合理情欲"，如沉溺酒色、贪婪吝啬、浮躁易怒、嫉妒狠毒等等。

不言而喻，如果一个人的情欲是合理的，那么理智与情欲便完全一致，顺从理智与顺从情欲便是同一回事，因而也就无所谓节制与放纵了。节制与放纵显然只存在于一个人怀有不合理的情欲之时：当此际，理智与情欲便发生了冲突——若顺从理智而节制，便必得压抑情欲；若顺从情欲，便必得违背理智而放纵。所以，节制并非压抑一切情欲，而只是压抑有害人己的不合理情欲；反之，放纵也并非顺从一切情欲，而只是顺从有害人己的不合理情欲。

这样，节制便可使人不做明知不当做之事，不致害己害人，因而极其符合道德最终目的和道德终极标准，是一种极为重要的善；反之，放纵则使人做明知不当做之事，害己害人，因而极不符合道德最终目的和道德终极标准，是一种极为重要的恶。所以，节制曾是希腊四主德——正义、勇敢、智慧和节制——之一。节制如此重要，那么，一个人究竟应该怎样才能获得这种美德？

既然节制是压抑不合理情欲而顺从合理情欲，那么，要做到节制，显然首先必须正确认知自己的各种情欲，知道哪些是不合理的，哪些是合理的。否则，理智如果发生错误，把合理情欲当作不合理情欲，把不合理情欲当作合理情欲，便会使节制美德发生异化：压抑合理情欲而顺从不合理情欲。所以，节制首先应该正确认知情欲的价值：理智正确是节制的首要原则。所以，斯宾诺莎说："对我们情感的有效矫正，没有比关于情感的正确知识更好的了。"②

然而，正如费尔巴哈所说，一个人的理智是极其有限的，并且往往是不可靠的；人类的理智则是无限的、可靠的。因此，一个人要使自己的理智正确可靠，便必须继承人类理智成果。而人类对于情欲的利与害、合理与不合理的认知成果，主要讲来，无疑是人类伦理和法律思想，并凝结于道德和法律规范。于是，可以

---

① David Hume, *A Treatise of Human Nature*, Edited with an Introduction by Ernest C. Mossner, Harmondsworth, Middlesex, Penguin Books, England, New York, 1969, p. 462.
② Baruch Spinoza, *The Ethics and Selected Letters*, Translated by Samuel Shirley, Edited with Introduction by Seymour Feldman, Hackett Pub. Co., Indianapolis, 1982, p. 207.

说,理智正确是节制的首要原则;道德和法律是节制的具体标准。这一点,荀子早就看到了:礼是节制情欲的标准。他这样写道:"人生而有欲,欲而不得,则不能无求,求而无度量分界,则不能不争。争则乱,乱则穷。先王恶其乱也,故制礼义以分之,以养人之欲、给人之求。"①

如果一个人理智正确、对情欲的认知是正确的,他是否就能够压抑不合理情欲从而达于节制境界呢?举例说,一个酒鬼是否只要正确知道嗜酒有害,就能压抑酒瘾而不再饮酒?显然还不能。对此,斯宾诺莎曾援引阿维德的诗句感叹道:"我目望正道兮,心知其善,每择恶而行兮,无以自辩。"可是,为什么对情欲的正确认知,还不能克制情欲呢?梁启超答曰:"理性只能叫人知某件事该做,某件事该怎样做法,却不能叫人去做事;能叫人去做事的只有情感。"②理智本身没有压抑克制情欲的力量;情欲只能被情欲所压抑克制。这个道理,斯宾诺莎论述甚明:"理智不能控制情感"③,"一种情感只有通过另一种与其相反的较强的情感才能被控制或消灭。"④这就是说,不合理情欲只能被较强的合理情欲所控制或消灭。

因此,一个人有了正确理智,知道何种情欲合理、何种情欲不合理之后,要节制而克制不合理情欲,便必须培养理智所昭示的合理情欲,通过反复行动,使之从无到有、从弱到强、从不习惯到习惯:待到成为习惯或强于不合理情欲之日,便是克制、消灭不合理情欲而获得节制美德之时。举例说,一个人沉溺打牌不喜读书,那么,他仅仅知道打牌有害而读书有利,还不会去读书而不再打牌。怎样才能做到读书而不再打牌呢?一开始必须尝试一次又一次地去读书,逐渐培养读书情欲,使之不断增强,待到强于打牌情欲时,便会读书而不打牌了。所以,洛克说:"好事或者较大的好事,即使被认识和得到承认,也不会使我们有追求它的意志;除非我们对好事的欲望达到一定程度,以致没有它我们就会感到痛苦不安。"⑤

可见,正确认知情欲确是节制的首要原则,而培养合理情欲则是节制的根本原则。这些原则表明,节制与其说是减少情欲,毋宁说是增加情欲;与其说是给人以压抑,毋宁说是给人以自由。因为一个人越是具有节制美德,则他的合理情欲便越多,他的不合理情欲便越少,他便越不感到压抑而自由;反之,他越放纵,则他的不合理情欲便越多,他的合理情欲便越少,他便越感到压抑而不自由。当一个人的节制美德达到完善境界时,他的所有情欲便都是合理的,他便毫无压抑

---

① 《荀子·礼论》。
② 转引自冯友兰:《三松堂全集》第一卷,河南人民出版社 1986 年版,第 556 页。
③ Baruch Spinoza, *The Ethics and Selected Letters*, Translated by Samuel Shirley, Edited with Introduction by Seymour Feldman, Hackett Pub. Co., Indianapolis, 1982, p.176.
④ 同上书,p.159.
⑤ John Locke, *An Essay Concerning Human Understanding*, Abridged and Edited with an Introduction by A. D. Woozley, New American Library, New York, 1974, 1964, p.173.

而获得了完全自由。达到这种境界,无疑是很难的。孔子说他七十岁时才达到这种境界:"吾十有五而志于学,三十而立,四十而不惑,五十而知天命,六十而耳顺,七十而从心所欲不逾矩。"①但不论是谁,只要他遵循这些节制原则不断修养,便都会逐渐接近和达到这种境界。

节制是智慧、理智对于欲望、情感的支配。人生在世,最重要的节制,恐怕莫过于智慧对于勇敢的指导和支配。因为一个人要想有所作为,则不论是做学问还是干事业抑或求德行,其一生便注定充满艰难困苦伤害危险,如果没有勇敢精神,是绝不会成功的。所以,在智慧和节制之后,应该研究勇敢。

七、勇　敢

不难看出,勇敢就是对可怕事物的一种心理态度和行为表现,这种心理态度和行为表现显然就是:不怕。勇敢是不畏惧可怕事物的行为;怯懦则是畏惧可怕事物的行为。所以,孔子说:"勇者不惧"②。亚里士多德说:"勇敢就是不怕可敬的光荣的死亡或突发的生命危险。"然而,令人困惑的是,亚里士多德又说,勇敢者并不是不怕,勇敢者也害怕:害怕应该害怕的可怕事物。他这样写道:

首先探讨一下勇敢,它就是恐惧与鲁莽的中间性,这用不着多说了。我们所怕的当然是那些可怕的东西,总的说来就是恶。所以恐惧可定义为对恶的预感。所以一切恶都是可怕的,例如耻辱、贫穷、疾病、孤独和死亡。但勇敢似乎并不完全以这些事物为对象,有些事情是应该惧怕的,惧怕是高尚,不惧怕则是卑劣,例如耻辱,对耻辱惧怕的人是高尚的人和知耻的人,而不惧怕耻辱就是个无耻之徒了。有些人被称为勇敢是转义的,他和勇敢的人有某些相似之处,因为一个勇敢的人是不会恐惧的。③

那么,勇敢究竟是怕还是不怕? 勇敢就是不怕;害怕绝非勇敢。只不过,一方面,勇敢分为义勇与不义之勇。义勇就是合乎道义的勇敢,是符合道德原则的勇敢,主要是有利社会和他人的勇敢,如董存瑞托炸药、黄继光堵枪眼、刘英俊拦惊马等等。荀子称之为"士君子之勇":"义之所在,不倾于权,不顾其利,举国而与之不为改视,重死持义而不桡,是士君子之勇也。"④反之,不义之勇,则是违背

---

① 《论语·为政》。
② 《论语·子罕》、《论语·宪问》。
③ 苗力田主编:《亚里士多德全集》第八卷,中国人民大学出版社1992年版,第57页。
④ 《荀子·荣辱》。

道德原则的勇敢,主要是损害社会和他人的勇敢,如月黑风高杀人越货的强盗之勇、拔剑而起挺身而出的市井流氓之勇等等。荀子称之为"狗彘之勇":"争饮食、无廉耻、不知是非、不辟死伤、不畏重强、悍悍然唯饮食之见,是狗彘之勇也。"①

另一方面,勇敢还以是否合乎智慧的性质为根据而分为英勇与鲁莽。亚里士多德认为,勇敢是一种中庸,过度则为鲁莽,不及则为怯懦:"怯懦的、鲁莽的和勇敢的人所面对的恰恰是同一件事情,但对待它的关系却各不相同:前两者分别是过度和不及;后者则为一种中庸状态。"②确实,三者都与同一对象——即可怕事物——相关:勇敢是不怕,怯懦是没有达到"不怕"的程度,是不怕的不及,是勇敢的不及。但鲁莽是不怕的过度吗?是勇敢的过度吗?是勇敢过了头吗?绝不是。鲁莽与勇敢的程度无关,而与勇敢是否含有智慧有关:鲁莽是不智之勇,是违反智慧不受智慧指导的勇敢,是得不偿失的勇敢。例如,"暴虎冯河"(空手与虎搏斗、徒步涉水过河)的蛮干之勇、拍案而起不计后果的血气之勇、初生牛犊不怕虎的无知无识之勇等等都是鲁莽;而其为鲁莽,显然并不是因其勇敢过了头,而是因其不智、不受智慧之指导。与鲁莽相反的勇敢则可以叫做英勇:"夫聪明者,英之分也……不得英之智,则事不立。"③英勇是智慧之勇,是合乎智慧而在其指导下的勇敢,是得胜于失的勇敢。以此观之,不但诸葛亮空城计、关羽单刀赴会是英勇,而且董存瑞托炸药包和黄继光堵枪眼也是英勇,因为他们牺牲了自己而保全了众生:得胜于失。

从勇敢的定义和分类可以理解,为什么儒家把勇敢与智慧、仁义并列称之为三达德:"智、仁、勇三者,天下之达德也。"④勇敢如果背离道义和智慧,便是鲁莽和不义之勇,便有害于社会和他人以及自我而具有负道德价值,因而是不应该的、不道德的、恶的;勇敢只有与道义和智慧结合,才是义勇和英勇,才有利于社会和他人以及自我而具有正道德价值,因而才是应该的、道德的、善的。这就是说,勇敢只是在一定条件下才是应该的、道德的、善的。这个条件,一般地说,是符合道义与智慧;具体地讲,则是不怕不该害怕的可怕事物、害怕应该害怕的可怕事物。

人们若以道义和智慧为指导,便可以划分可怕事物为应该害怕和不应该害怕两类。举例说,月黑风高去救人是件可怕的事情,但它符合道义,因而是不该害怕的;反之,若是去偷盗,也是件可怕的事情,然而它不符合道义,因而是应该害怕的。排雷是可怕的事,但若是工兵去排雷,便符合智慧,因而是不该害怕的;

---

① 《荀子·荣辱》。
② Aristotle, *Aristotle's Nicomachean Ethics*, Translated with Commentaries and Glossary by Hippocrates G. Apostle, Peripatetic Press, Grinnell, Iowa., 1984, p.48.
③ 潘菽、高觉敷主编:《中国古代心理学思想研究》,江西人民出版社 1983 年版,第 221 页。
④ 《礼记·中庸》。

反之,若是外行去排雷,便不合智慧,因而是应该害怕的。

不难看出,在可怕事物是不该害怕的条件下,勇敢是应该的、道德的、善的,而怯懦则是不应该的、不道德的、恶的。月黑风高勇于救人是应该的,怯而不救是不应该的。工兵勇于排雷是应该的,怯而不前是不应该的。反之,在可怕事物是应该害怕的条件下,勇敢则是不应该的、不道德的、恶的,而怯懦则是应该的、道德的、善的。怯于偷盗是应该的,而勇于偷盗是不应该的。外行怯于排雷是应该的,而勇于排雷是不应该的。因此,孔子说:"丘能仁且忍、辩且讷、勇且怯。"①

勇敢规则虽然是相对的而以其合于道义和智慧为前提,但其为人生应当如何的道德规范确是极为重要的、基本的。因为一个人要想有所作为,则不论是做学问还是干事业抑或求美德,其一生便注定充满艰难困苦伤害危险,如果没有勇敢精神,是绝不会成功的。因此,蔡元培认为勇敢是人生成功的必要条件:"人生学业,无一可以轻易得之者。当艰难之境而不屈不沮,必达而后已,则勇敢之效也。"②勇敢如此重要,所以被古代希腊列为"四主德"(智慧、勇敢、节制、正义);而我国古代则视之为"三达德"(智、仁、勇)之一。

*　　　　　*　　　　　*

规范伦理学研究至此,即将完成了它的漫长而浩繁的行程。因为我们既详尽分析了人类社会全部普遍道德原则(亦即善、公正、平等、人道、自由、异化和幸福等道德原则),又研究了人类社会近乎全部的重要且复杂的道德规则(亦即勇敢、节制、智慧、谦虚、自尊、贵生和诚实等道德规则);而规范伦理学岂不就是关于人类社会普遍道德规范——普遍道德原则和普遍道德规则——的科学体系?然而,问题还在于:每个人对于这些道德规范的遵守,是否越严格越绝对越极端越不变,便越好?究竟应该怎样遵守道德规范?这就是规范伦理学体系的最后一个道德规范——中庸——所要研究的问题:只有适当遵守道德规范(中庸),才是道德的善的;而过于遵守道德规范(过)与不遵守道德规范(不及)殊途同归,同样是恶的、不道德的。

八、中　庸

不言而喻,无限事物,如宇宙,无所谓"中"。反之,凡有限事物,则都有其

---

① 《论语·宪问》。
② 《蔡元培全集》第二卷,中华书局1980年版,第181页。

"中"。如一条六尺长的线,三尺处是"中";一个圆,圆心是"中";冷与热,温是"中"等等。"中"虽多种多样,但大体说来,确如严群所见,无非两大类型。一是自然界之"中",一是人事界之"中":"人事界之中,名为中庸。"① 不过,严格说来,人的一切活动之"中",也并不都是中庸。比如走步,六步是一步和十二步之"中",便不能名之为"中庸"。那么,中庸是人的什么活动之"中"? 孔子说:

中庸之为德也,其至矣乎!②

朱熹对此解释道:"中以德行言之,则曰中庸。"③ 这就是说,中庸是一种品德,是一种伦理行为:中庸是人的伦理行为之"中"。然而,反过来,伦理行为之"中"并不都是中庸。例如,我们不能因为不大不小的谎言是大谎和小谎之"中",便美其名曰"中庸"。

许多人不懂得这一点,误以为伦理行为之"中"即中庸。罗素反对中庸论,正是基于这一误解:"中道学说并不是完全成功的。例如,我们怎么界定诚实呢? 诚实被看做是一种德性;但是我们简直不能说它是撒弥天大谎和不撒谎之间的中道,尽管人们觉得这种观念在某些方面不是不受欢迎的。不管怎么说,这种定义不适用于理智的德性。"④

对于中庸的这种理解是大错特错的。亚里士多德早就说过:不论是恶行与善行之"中",还是大小恶行之"中",都不是中庸⑤。我们可以补充说:大小善行之"中",显然也非中庸。那么,中庸究竟是一种什么伦理行为之"中"?

原来,人的一切伦理行为,说到底,无非两类三种:一类是不遵守道德的行为,亦即所谓"不及";另一类是遵守道德的行为:过当遵守道德的行为,即所谓"过";适当遵守道德的行为,即所谓"中庸"。举例说,一个人若言不信、行不果,未遵守信德,是"不及"。但他若在任何情况下都言必信、行必果,便是"尾生之信",便是"过"了。他若当信则信,不当信则不信,守信与否,唯义是从,便是适当遵守信德,便是中庸。

因此,中庸既不是大小恶行之"中",也不是大小善行之"中",更不是恶行与善行之"中";而是两种特殊的恶行——即"不遵守道德"与"过当遵守道德"——之"中":中庸是适当遵守道德的善行;"过"是过当遵守道德的恶行;"不及"是不遵守道德的恶行;过与不及合为"偏至"而与"中庸"相对立。

---

① 严群:《亚里士多德之伦理思想》,商务印书馆1933年版,第26页。
② 《论语·雍也》。
③ (南宋)朱熹:《四书章句集注·中庸》,齐鲁书社1992年版。
④ 〔英〕罗素:《西方的智慧》,瞿铁鹏等译,上海人民出版社1992年版,第114页。
⑤ 参阅 Aristotle, *Aristotle's Nicomachean Ethics*, Translated with Commentaries and Glossary by Hippocrates G. Apostle, Peripatetic Press, Grinnell, Iowa., 1984, pp. 22, 29。

"不及"或不遵守道德是恶,乃不言而喻之理。可是,为什么只有"中庸"、适当遵守道德才是善,而"过"、过于遵守道德却是恶呢?过于遵守道德岂不是更加道德、更加善吗?否。因为物极必反。任何事物都有保持其质的稳定不变的量变范围。事物如在这个范围内变化,便不会改变事物的质;如超出这个范围,便会改变事物的质,使事物走向自己的反面,变成另一事物。道德也不能不如此。遵守某种道德,也是在一定范围内才是道德的、善的;超过这个范围,就会走向自己的反面,变成恶的、不道德的。试想,过于自尊,岂不就成了骄傲?过于谦虚,岂不就成了自卑?过于节制,岂不就成了禁欲?过于仁爱,岂不就成了姑息养奸?过于贵生,岂不就成了苟且偷生?

显然,只有适当遵守道德的行为(中庸),才是道德的、善的;而过于遵守道德(过)与不遵守道德(不及)殊途同归:都是恶的、不道德的。因此,孔子说:"过犹不及。"①亚里士多德说:"过度与不及都属于恶,而唯有中庸状态才是美德。"②进言之,则如前所述,不遵守道德的行为与过于遵守道德的行为以及适当遵守道德的行为包括人类全部伦理行为。所以,一方面,不但一切中庸的行为都是善的,而且一切善的行为也都是中庸的:中庸与善外延相等;另一方面,不但一切过与不及的行为都是恶的,而且一切恶的行为也都是过或不及的:过加不及与恶外延相等。因此,亚里士多德说:"美德是中庸状态的本性……唯有中庸状态才是美德。"③一言以蔽之,中庸乃贯穿一切善行和美德的极其普遍、极其根本、极其重要的道德规范、道德品质:"中庸之为德也,其至矣乎!"④那么,怎样才能做到中庸而无过无不及呢?

儒家答曰:"时中而达权"。何谓"时中而达权"?冯友兰说:"'中'是相对于事及情形说者,所以'中'是随时变易,不可执定的。'中'是随时变易的,所以儒家说'时中'。时中者,即随时变易之中也。孟子说:'执中无权,犹执一也。'所谓执一者,即执定一办法以之应用于各情形中之各事也。"⑤这就是说,一个人遵守某道德是否中庸、适当,并非一成不变,而是因时因事而异的。具体讲来,当遵守一种道德与遵守他种道德不发生冲突而可以两全时,则遵守此种道德便是适当的,便是中庸;而不遵守此种道德便是不及。当遵守一种道德与遵守他种道德发生冲突而不能两全时,如果此种道德的价值小于他种道德的价值,那么遵守此种

---

① 《论语·雍也》。
② Aristotle, *Aristotle's Nicomachean Ethics*, Translated with Commentaries and Glossary by Hippocrates G. Apostle, Peripatetic Press, Grinnell, Iowa., 1984, p. 29.
③ 同上书, p. 29。
④ 《论语·雍也》。
⑤ 冯友兰:《三松堂全集》第四卷,河南人民出版社 1986 年版,第 435 页。

道德便是过,不遵守此种道德而遵守他种道德便是中庸;如果此种道德的价值大于他种道德的价值,那么遵守此种道德便是中庸,而不遵守此种道德则是不及:两善相权取其重、两恶相权取其轻。

举例说。在正常情况下,我们应该诚实,诚实是中庸,说谎是不及。但是,如果出现像康德所说的那种情况,当凶手打听被他追杀而逃到我们家的人是否在我们家时,诚实之善便与救人之善发生了冲突:要诚实便救不了人,要救人便不能诚实;不说谎就得害人性命,不害人性命就得说谎。但是,诚实是小善,救人是大善,两善相权当取其大:救人。说谎是小恶,害命是大恶,两恶相权当取其轻:说谎。所以,当此际,便不应该诚实害命,而应该不诚实救人:诚实为过,而不诚实为中庸。

可见,儒家说得很对:时中而达权、具体情况具体权衡,是实现中庸之道的基本方法。吴宓将这一方法很恰当地概括为"守经达权":"守经而达权等于中庸。经等于原则或标准。权等于这一原则之正确运用。"①

* * *

现在,我们终于完成了道德规范——道德原则和道德规则——体系的研究,确证了人类社会所当普遍奉行的优良道德规范。这些普遍道德规范是优良的,因为它们并非主观任意,而都是通过社会创造道德的最终目的和道德终极标准——增进每个人利益——从行为事实中推导、制定出来的:一方面,它们符合行为事实如何的客观规律;另一方面,它们符合社会创造道德的最终目的,亦即道德终极标准。那么,我们将通过怎样的方法和途径使人们遵守这些道德规范,从而使之得到实现?通过良心、名誉、品德:良心与名誉的道德评价是道德规范实现的途径;美德则是道德规范的真正实现。对于二者的研究,便构成下卷"美德伦理学:优良道德之实现"。

思 考 题

1. 孔子说:"人而无信,不知其可也。大车无輗,小车无軏,其何以行之哉?"可是,他又说:"言必信,行必果,硁硁然小人哉!"这是否自相矛盾?孔子究竟倡导还是反对诚信?

2. 自尊是一种基本的善,而自卑是一种基本的恶。但是,阿德勒却认为自

---

① 吴宓:《文学与人生》,清华大学出版社1996年版,第121页。

卑是人类进步的动力。他这样写道:"自卑感本身并不是变态的。它们是人类地位之所以增进的原因。例如,科学的兴起就是因为人类感到他们的无知,和他们对预测未来的需要;它是人类在改进他们的整个情境、在对宇宙作更进一步的探知、在试图更妥善地控制自然时,努力奋斗的成果。事实上,依我看来,我们人类的全部文化都是以自卑感为基础的。假使我们想象一位兴味索然的观光客来访问我们人类星球,他必定会有如下的观感:'这些人类呀,看他们各种的社会和机构,看他们为求取安全所做的各种努力,看他们的屋顶以防雨,衣服以保暖,街道以使交通便利——很明显,他们都觉得自己是地球上所有居民中最弱小的一群!'"①请回答:阿德勒是否错了?错在哪里?试比较谦虚与自卑以及自尊与骄傲之异同。

3. 柏拉图认为,节制是理智支配情欲:"理智起领导作用,激情和欲望一致赞成由它领导而不反叛,这样的人不是有节制的人吗?"可是,斯宾诺莎却认为理智支配情欲是真正的自由:"受情感或意见支配的人,与为理性指导的人……我称前者为奴隶,称后者为自由人。"②伯林则将这种理智支配情欲的所谓真正的自由叫做积极自由:"认为自由即是'自主'的'积极'的自由观念,实已蕴含自我的分裂和斗争,在历史上、理论上、实践上,均轻易地将人格分裂为二:一是超验的、理智的、支配的控制者,另一则是被它训导的一大堆经验界的欲望与激情。"③请回答:理智支配情欲究竟是节制还是自由抑或积极自由?所谓理智支配情欲,究竟是指合理的情欲支配不合理的情欲,还是指理智本身支配情欲?

4. 孔子说他自己"勇且怯"。这是否意味着一个人应该既勇敢又怯懦?一个人不怕应该害怕的事情是勇敢吗?他若害怕应该害怕的事情是怯懦吗?

5. 《智慧书》说恶人没有智慧。我们说诸葛亮有智慧而马谡无智慧。这些观点正确吗?试举例说明道德智慧与非道德智慧各自的规律及其相互关系。

6. 罗素说:"中道学说并不是完全成功的。例如,我们怎么界定诚实呢?诚实被看做是一种德性;但是我们简直不能说它是撒弥天大谎和不撒谎之间的中道,尽管人们觉得这种观念在某些方面不是不受欢迎的。不管怎么说,这种定义不适用于理智的德性。"④罗素此见能成立吗?

---

① 〔奥〕阿德勒:《自卑与超越》,黄光国译,作家出版社1986年版,第62页。
② 斯宾诺莎:《伦理学》,商务印书馆1962年版,第205页。
③ Isaiah Berlin, *Four Essay on Liberty*, Oxford University Press, 1969, p.122.
④ 〔英〕罗素:《西方的智慧》,瞿铁鹏等译,上海人民出版社1992年版,第114页。

参 考 文 献

《周易》。
《荀子》。
《老子》。
《淮南子》。
（南宋）朱熹：《四书章句集注》，齐鲁书社1992年版。
〔古希腊〕柏拉图：《理想国》，郭斌和、张竹明译，商务印书馆1995年版。
苗力田主编：《亚里士多德全集》第八卷，中国人民大学出版社1992年版。
〔荷〕斯宾诺莎：《伦理学》，贺麟译，商务印书馆1962年版。
〔奥〕阿德勒：《自卑与超越》，黄光国译，作家出版社1986年版。
《费尔巴哈哲学著作选集》下卷，三联书店1962年版。

Aristotle, *Aristotle's Nicomachean Ethics*, Translated with Commentaries and Glossary by Hippocrates G. Apostle, Peripatetic Press, Grinnell, Iowa., 1984.

Baruch Spinoza, *The Ethics and Selected Letters*, Translated by Samuel Shirley, Edited with Introduction by Seymour Feldman, Hackett Pub. Co., Indianapolis, 1982.

Isaiah Berlin, *Four Essay on Liberty*, Oxford University Press, 1969.

John Rawls, *A Theory of Justice*, Revised Edition, The Belknap Press of Harvard University Press, Cambridge, Massachusetts, 2000.

Sissela Bok, *Lying: Moral Choice in Public and Private Life*, Vintage Books, New York, 1989.

下卷　美德伦理学原理

第十一章 良心与名誉：优良道德的实现途径

> **本章提要**：良心的主要问题是其来源：一个人怎样才能有良心或良心较强。每个人的良心的强弱，固然与他自己的道德修养等偶然因素有关；但就其必然性因素来看，则直接说来，取决于他希望自己做一个好人的道德需要的多少，根本说来，则取决于他因自己品德好坏而得到的赏罚利害之多少：他因品德好而得到的赏誉越多，他因品德坏而遭到的惩罚和损失越多，他做好人而不做坏人的道德需要便越强，他的良心便越强。名誉的问题主要是其价值。名誉具有巨大价值：它一方面使人遵守道德从而保障社会存在、发展；另一方面则推动人们奋发有为、取得成就。但是，名誉同时又具有相当大的负价值，它往往使人陷于邪恶：假仁假义和自我异化。这种负作用几乎是不可避免的，只有依靠良心来消解：一个人不应该昧着良心追求虚荣，而应该凭着良心追求光荣；不应该以自我异化、屈己从众的方式追求光荣，而应该以自我实现、实现自己创造性潜能的方式追求光荣。

导　言

良心与名誉无疑属于道德评价范畴。不过，更确切些说，良心与名誉并不属于抽象道德评价范畴，而只属于具体道德评价范畴：良心与名誉是划分具体道德评价的两大类型。因为所谓抽象道德评价，就是以抽象的、普遍的、一般的行为为对象的道德评价，是以抽去了行为者、没有行为者的普遍的一般行为为对象的道德评价；反之，所谓具体道德评价，则是以具体的、特殊的、个别的行为为对象的道德评价，也就是以实际生活中特定行为者的具体的、特殊的、个别的行为为对象的道德评价，是以具体的、特殊的、个别的行为及其所表现的行为者的品德为对象的道德评价。举例说：

谁都知道，岳飞品德高尚，因为他行所当行之事：精忠报国；反之，秦桧品德败坏，因为他行所不当行之事：陷害忠良。这些都是以特定的行为者——岳飞和秦桧——的行为及其品德为对象的道德评价，因而都是具体道德评价。反之，如果我们笼统地说，精忠报国、无私奉献是应该的，而陷害忠良、损人利己是不应该的，那么，我们所进行的就是抽象道德评价。因为这些道德评价的对象都是抽象的、普遍的、一般的行为，都是脱离了具体行为者的一般的、普遍的行为。

抽象道德评价与具体道德评价之分，对于伦理学研究具有重大意义。因为伦理学就是关于优良道德的科学，就是关于优良道德规范的制定方法、制定过程和实现途径的科学：关于优良道德规范制定方法的伦理学叫做元伦理学；关于优良道德规范制定过程的伦理学叫做规范伦理学；关于优良道德规范实现途径的伦理学叫做美德伦理学。不难看出，抽象道德评价的功能或价值，在于制定或确立优良的道德规范。因为任何道德规范——不论是道德原则还是道德规则——都是抽象的、普遍的、一般的行为应该如何的规范，都是脱离了具体的、特定的行为者的行为应该如何的规范。因此，优良道德规范的制定或确立的过程，也就是对抽象的、普遍的、一般的行为进行道德评价的过程，也就是所谓抽象道德评价过程。这样一来，所谓规范伦理学，说到底，也就是抽象道德评价体系。这一体系的上篇，是普遍的、抽象的、一般的行为之事实如何，亦即所谓道德价值实体；中篇是道德评价标准，亦即道德目的和道德终极标准；下篇是普遍的、抽象的、一般的行为之应该如何的道德价值以及与其相符的优良道德规范：善、公正、平等、人道、自由、异化、幸福、贵生、诚实、自尊、节制、谦虚、勇敢、中庸、智慧等等。因此，抽象道德评价乃是规范伦理学的全部研究对象。

反之，所谓具体道德评价，则是对抽象道德评价所制定的优良道德规范是否被特定的具体的行为者——他人和自己——遵守的反应：如果他人和自己的行为遵守这些道德规范，便会得到赞许，便会得到肯定的道德评价；反之，则会遭到谴责，遭到否定的道德评价。不言而喻，肯定的道德评价会推动自己和他人继续遵守这些道德规范；否定的道德评价则会阻止自己和他人违背道德规范：具体道德评价是优良道德规范的实现途径。因此，具体道德评价的功能或价值，便在于使人遵守优良道德规范，从而实现优良道德规范。这样，具体道德评价便是美德伦理学——美德伦理学就是关于优良道德规范实现途径的伦理学——的研究对象。所以，道德评价并不是哪一门伦理学学科的研究对象，而是整个伦理学的研究对象：抽象道德评价是规范伦理学的研究对象；具体道德评价是美德伦理学的研究对象。这就是为什么说"伦理学是评价性而非描述性的科学"的缘故，这就是为什么说"伦理学就是道德评价知识体系"的缘故。

然而,人们往往忽略抽象道德评价,而以为道德评价的对象仅仅是特定行为者——他人和自己——的行为。这就是为什么今日伦理学家仅仅将道德评价作为美德伦理学研究对象的缘故。殊不知,道德评价还有一个更为重要的类型,亦即作为规范伦理学对象的抽象道德评价;而美德伦理学则仅仅研究具体的道德评价,亦即仅仅研究对于特定的行为者的具体的、特殊的、单一的行为的道德评价。这种被美德伦理学研究的具体道德评价,不是别的,正是所谓的良心与名誉:良心与名誉是具体道德评价的分类,是优良道德规范的实现途径,因而是美德伦理学——美德伦理学就是关于优良道德实现途径的科学——研究对象。所以,真正讲来,美德伦理学并不研究道德评价,而只是研究具体道德评价的两大类型:良心与名誉。那么,为什么良心与名誉是划分具体道德评价的两大类型?良心与名誉究竟是什么?

一、良心与名誉概念

1. 良心概念:界说、结构与类型

良心,如所周知,是个十分复杂难解的概念。在汉语中,"良"义为善、好:"良,善也。"①"心"义为思维器官及其心理、思想或意识:"古人以为心是思维器官,故把思想的器官和思想情况、感情等都说做心。"②因此,"良"与"心"合为一个词"良心",也就是关于好、善或价值的心理、思想、意识,亦即关于道德价值的意识,说到底,也就是道德评价。在西方语言中,良心是"conscience"(英语)、"conscience morale"(法语)、"Gewissen"(德语)、"conscientia"(拉丁语)。它们的前缀 con-、Ge-都是"共同"、"一起"的意思;而后半部分的词干-science、-wissen、-scientia 都是"知"、"知识"的意思;合起来就是"共识"、"共同知晓"之意;进而引申为一种特殊的共识:道德价值意识或道德评价。所以,费尔巴哈说:

> 良心是从知识导源而来的,或者说与知识有密切的关系,但它不意味一般的知识,而意味特种的特殊部类的知识,即那种与我们的道德行为、与我们的善或恶的心情和行为有关的知识。③

可见,从词源上看,不论中西,良心都是道德价值意识、道德评价的意思。那

---

① (东汉)许慎:《说文解字》。
② 《辞海》,上海人民出版社 1997 年版,第 1688 页。
③ 《费尔巴哈哲学著作选集》上卷,三联书店 1959 年版,第 584 页。

么,能否说这就是良心概念的定义? 否。因为良心固然都是个人道德价值意识或个人道德评价;但个人道德价值意识或个人道德评价却不都是良心。例如,一个人知道偷盗是恶,并且谴责、痛恨某人偷盗。这是一种个人道德评价、道德价值意识。但是,我们却不能说这是他的良心发现,说他有良心;只有当他知道他自己的偷盗是恶并且谴责自己、痛恨自己时,我们才能说这是他的良心发现,说他有良心。所以,佩斯塔那(Mark Stephen Pestana)将良心定义为"依据自己所认同的道德规范对于自己的行为的道德性质的自我意识",并解释道:"良心的命令仅仅针对一个人自己的行为:良心不涉及对其他人行为的道德评价。"[①]因此,良心是一种个人的、特殊的、具体的道德评价,它的种差、它区别于其他道德评价的根本特征乃是自我评价、自我意识:良心是每个人自身内部的道德评价,是自我道德评价,是自己对自己行为的道德评价,是自己对自己行为道德价值的反应。这就是良心的定义。

良心是一种自我道德评价,属于评价范畴。因此,评价的主客体结构乃是良心的最为基本的结构:良心最基本的成分或因素是良心主体与良心客体。良心主体就是良心的评价主体,就是良心进行道德评价的主体,说到底,就是自我。良心客体就是良心的评价客体,就是良心的评价对象,就是良心进行道德评价的对象,说到底,就是自我的行为及其所表现的自我的品德。那么,良心主体与良心客体结合起来就能构成良心吗? 否。还必须有良心标准,亦即良心主体用来对良心客体进行道德评价的标准,说到底,也就是任何道德规范:道德原则与道德规则。因为正如孟子所言:"不以规矩,不能成方圆"[②]。只有借助这些道德规范,良心的主体才能对良心客体进行道德评价,才能构成良心:良心显然是由良心主体、良心客体与良心标准三因素构成的。

不过,细究起来,这仍然不是良心的完整结构。因为问题还在于:当自我运用道德评价标准对自我的行为及其品德进行评价时,究竟是依据行为的动机还是依据行为效果? 如果我是好心办坏事,那么,我究竟是好人还是坏人? 显然,如果评价的依据是动机,我就是好人,因为我的心、动机是好的;反之,如果评价的依据是效果,我就是坏人了,因为我的好心所导致的事情、效果是坏的。可见,评价的依据不同将导致根本不同的自我道德评价,将构成根本不同的良心。所以,自我道德评价的依据——亦即良心的依据——乃是自我道德评价或良心得以构成的必要因素、必要成分。这样一来,良心便由四大因素构成:良心主体、

[①] John K. Roth, *International Encyclopedia of Ethics*, Braun-Brumfield Inc., U.C., 1995, pp. 187 – 188.
[②] 《孟子·离娄上》。

良心客体、良心标准和良心依据。这就是良心的完整结构。

良心的结构只是每种良心自身内部的划分,而各种良心相互间的划分则是良心的类型:良心类型是比良心结构更为重要也更为复杂的问题。但是,不难看出,如果以良心的正负性质为根据,良心便可以分为"良心满足"与"良心谴责"两大类型;如果以良心的知行性质为根据,良心则分为认知良心、情感良心、意志良心和行为良心四大类型。因为良心是自己对自己行为的道德评价,是自己对自己行为道德价值的反应,因而也就无非是自己对自己行为道德价值的意识反应和行为反应,说到底,也就是自己对自己行为道德价值的认知反应、情感反应、意志反应和行为反应,亦即认知良心、情感良心、意志良心和行为良心:这些良心如果是对自己行为所具有的正道德价值的肯定性反应,便是正面的良心,叫做"良心满足";如果是对自己行为所具有的负道德价值的否定性反应,便是负面的良心,叫做"良心谴责"。我们不妨举两个例子来说明:

例1. 我好说实话。每思及此,总觉得自己这样做是正确的(对自己好说实话的认知反应),并且不免为自己是个诚实坦荡、堂堂正正的人而自豪不已(对自己好说实话的情感反应)。于是,即使说实话于己有害,我也总是决定说实话(对自己好说实话的意志反应),我也总是说实话(对自己好说实话的行为反应)。

例2. 我好说假话取悦于人。半夜醒来,扪心自问,觉得自己这样做是很不对的(对自己好说假话的认知反应),并且为自己是个奉迎献媚的小人而惭愧不已(对自己好说假话的情感反应)。于是,我决心不再说假话(对自己好说假话的意志反应),我从此也确实做到不再说假话了(对自己好说假话的行为反应)。

例1是对于自己好说实话行为道德价值的肯定性反应,是肯定性的自我道德评价,因而是正面的良心,亦即所谓良心满足;例2是对于自己好说假话行为道德价值的否定性反应,是否定性的自我道德评价,因而是负面的良心,亦即所谓良心谴责。这两种类型的良心又都有知、情、意、行之分,因而又都可以进而分为认知良心、情感良心、意志良心和行为良心四类。首先,"认为自己说实话正确而说假话错误",是良心的认知评价,是对于自己行为道德价值的认知、认识,是对于自己行为道德价值的认知反应,因而可以称之为"认知良心"。其次,"因自己说实话而自豪、说假话而惭愧",是良心的感情评价,是对于自己行为道德价值的情感体验,是对于自己行为道德价值的情感反应,因而可以称之为"情感良心"。再次,"决心说实话而不说假话",是良心的意志评价,是对于自己行为道德价值的行为选择反应从确定到执行的心理过程,是对于自己行为道德价值的意志反应,可以称之为"意志良心"。最后,"总是说实话而不再说假话",是良心的行为评价,是对于自己行为道德价值的行为选择反应,是对于自己行为道德价值的行为反应,因而可以称之为"行为良心"。

这样一来，良心岂不就分为良心满足与良心谴责以及认知良心、情感良心、意志良心和行为良心？认知良心属于"知"的范畴，行为良心属于"行"的范畴，因而尤为中国历代哲学家关注。孟子称二者为"良知"和"良能"：

> 人之不学而能者，其良能也；所不虑而知者，其良知也。孩提之童，无不知爱其亲者；及其长也，无不知敬其兄也。亲亲，仁也。敬长，义也。无他，达之天下也。①

孟子所谓的"良知"，正如王阳明所说，就是自己对于自己行为的是非善恶的认知、认识："良知者，孟子所谓'是非之心，人皆有之'者也。"②"良知只是个是非之心。"③"知善知恶是良知。"④所以，良知就是自己对于自己行为道德价值的认知、认识，因而也就是认知良心。那么，孟子所谓的"良能"是什么？王阳明答曰："知行本体，即是良知良能。"⑤张岱年进而解释说："不曾被私欲隔断之本来的知行，就是良知良能。良知属知，良能属行。"⑥这岂不讲得一清二楚：良能就是行为良心，就是自己对于自己行为道德价值的行为选择、行为反应。

2. 名誉概念：界说、结构与类型

如果说良心是每个人的自我道德评价，那么，人们相互间的道德评价——亦即自己对他人和他人对自己的道德评价——是什么？显然就是所谓的"名誉"。名誉的英文是 fame 或 reputation，义为其他人或公众的评价、估价、报道、意见、判断，说到底，也就是舆论评价。汉语的名誉也是此意。"名"的基本词义是名称或说出。《说文解字》曰："名，自命也，从口从夕。""誉"的基本词义是称扬、赞美、声名。《说文解字》曰："誉，称也，从言与声。"因此，"名"与"誉"合为一个词"名誉"，也是其他人或公众的评价之意，说到底，也就是舆论评价。那么，名誉是否可以定义为其他人或公众的评价？是否可以定义为舆论评价？答案是肯定的。因为不言而喻，一个人或寥寥几个人的评价，算不上名誉；只有众人的评价才是名誉。试想，如果只是一个人或几个人说我坏话，岂不是不能说我名誉不好？岂不只有众人都说我坏话，才能说我名誉不好？所以，名誉的本质就是舆论：名誉就是舆论评价，就是众人评价，说到底，就是社会评价：名誉与社会评价是同一概念。

---

① 《孟子·尽心上》。
② （明）王阳明：《大学问》。
③ （明）王阳明：《传习录下》。
④ 同上。
⑤ （明）王阳明：《答陆原静》。
⑥ 张岱年：《中国哲学大纲》，中国社会科学出版社 1982 年版，362 页。

诚然,所谓社会,不过是两个以上的人因一定的联系而结成的共同体。所以,社会和众人一样,都是由个人构成的。因此,一个人的评价虽然不是名誉,却是名誉的一分子,是名誉的成分或因素。更何况,一个人的评价并非绝对不是名誉;相反的,一个人的评价,在一定条件下,也可以是名誉。这个条件就是:他是领导人。一个老百姓的评价不是名誉;但一个领导人——如村长、乡长、县长等——以领导人的身份所进行的评价却是名誉。一个老百姓说我坏话,并不意味着我的名誉坏;但一个县长以县长的身份说我坏话,我的名誉可能就坏了。这是为什么?原因很简单:领导是众人和社会的代表、代言人。因此,领导如果以领导的身份说我坏话,就代表了众人和社会说我坏话了。于是,总而言之,名誉就是人们的相互评价,就是自己对他人和他人对自己的评价,就是舆论评价,就是社会评价,就是众人的评价和领导人的评价。那么,这些评价是否都是道德评价?名誉是否属于道德评价范畴?

答案是肯定的。因为名誉亦即社会评价、众人评价和领导人以领导人身份所进行的评价。这种评价的对象,当然不可能是与社会、众人或他人利益无关的价值,而必定是与社会、众人或他人具有利害关系的价值,因而必定都是可以言善恶的道德价值:名誉的对象是道德价值,因而属于道德评价范畴。这就是为什么名誉必定有褒贬善恶之分的缘故。对于社会和他人不具有利害效用,因而不具有道德价值、不可以言道德善恶的东西,可能有名,却不可能有什么名誉。一个人头上长角,因而很有名,却不能说他有什么名誉。因为他头上长角,并不具有道德价值,不可以言道德善恶。反之,一个人是大艺术家,则不但有名,而且是一种名誉。因为一个人成为大艺术家有利于社会和他人,因而具有道德价值,可以言道德善恶。所以,包尔生说:

> 一般说来,任何一个提高一个人的能力和影响的事情都提高他的荣誉,或者用另外一句话来说,凡提高一个人的有助或有害于他人的能力的事情都提高他的荣誉。我们可以以力量、技能、勇敢、军事本领这样一些品质为例;这些是原始社会中特别荣耀的品质。①

可见,精确言之,名誉就是人们相互的道德评价,是自己对他人和他人对自己的道德评价,是舆论的道德评价,是社会的道德评价,是众人的道德评价和领导人的道德评价。因此,一方面,名誉与良心便是对立的,是划分具体道德评价的两种相反类型:名誉是外在呼声,是人们相互的、外部的道德评价,是自己对他人和他人对自己的行为的道德评价;反之,良心是内在心声,是每个人自身内

---

① 〔德〕包尔生:《伦理学体系》,何怀宏等译,中国社会科学出版社 1988 年版,第 491 页。

部的道德评价,是自己对自己的行为的道德评价。另一方面,良心与名誉又是同一的,每一方都潜在着对方,每一方潜在地就是对方。因为当自己像自己评价他人那样——或者像他人评价自己那样——来评价自己时,名誉便变成了良心:良心是名誉的内化;当自己像评价自己那样来评价他人时,良心便变成了名誉:名誉是良心的外化。

因此,名誉也就与良心一样,由评价主体、评价客体、评价标准与评价依据四因素构成。名誉的评价主体,亦即名誉主体,就是进行名誉评价的主体,因而包括自己和他人,但主要是社会、众人和领导人;因为真正讲来,名誉乃是社会、众人和领导人所进行的道德评价。名誉的评价客体,亦即名誉客体,就是名誉的评价对象,因而也就是任何个人、任何群体以及任何社会;因为任何个人、任何群体以及任何社会,无疑都可以成为名誉的评价对象,都可以对其进行道德评价。名誉的评价标准,亦即名誉标准,显然与良心标准完全相同,都是道德规范:道德原则与道德规则。名誉的评价依据,亦即名誉依据,当然也与良心依据一样,关涉行为的动机与效果。因为与良心一样,名誉也存在同样的问题:名誉评价究竟依据对象的行为动机还是效果抑或既依据动机又依据效果? 于是,名誉原本由四大因素构成:名誉主体、名誉客体、名誉标准和名誉依据。这就是名誉结构。

名誉的类型也与良心的类型相似,分为肯定性的名誉(荣誉或光荣)与否定性的名誉(耻辱)以及认知名誉、情感名誉、意志名誉和行为名誉。我们不妨再用两个例子来说明:

例1. 我对穷人和弱者有一种深切的同情,常常救济、帮助他们。别人都说我做得对(认知名誉、认知荣誉);钦佩之情溢于言表(情感名誉、情感荣誉);皆有与我结交之意(意志名誉、意志荣誉);结果多人与我结交(行为名誉、行为荣誉)。

例2. 我嫉妒张三,造谣以中伤。同行们都说我心术不正(认知名誉、认知耻辱),人人义愤填膺(情感名誉、情感耻辱),个个有让我公开道歉之意(意志名誉、意志耻辱);最终迫使我公开道歉(行为名誉、行为耻辱)。

例1是众人对我行为的道德价值的肯定性反应,是众人对我行为肯定性的道德评价,是正面的名誉,因而叫做荣誉:荣誉就是肯定性的名誉,就是肯定性的社会道德评价,就是社会、众人或领导人所进行的肯定性的道德评价。例2是众人对我的行为的道德价值的否定性反应,是众人对我行为否定性的道德评价,是反面的名誉,因而叫做耻辱:耻辱就是否定性的名誉,就是否定性的社会道德评价,就是社会、众人或领导人所进行的否定性的道德评价。这两种类型的名誉又都有知、情、意、行之分,因而又都可以进而分为认知名誉、情感名誉、意志名誉和行为名誉四类:

首先,"认为我的同情是对的和嫉妒是错的",便是认知荣誉和认知耻辱,便是认知名誉:认知名誉就是名誉的认知评价,是社会、众人和领导人对于行为者的行为的道德价值的认知、认识,是社会、众人和领导人对于行为者的行为的道德价值的认知反应;其次,"对我的深切的同情心的钦佩之情和对我的造谣中伤的义愤填膺",便是情感荣誉和情感耻辱,便是情感名誉,是名誉的情感评价,是社会、众人和领导人对于行为者行为的道德价值的情感反应、情感体验;再次,"与我结交之意和让我公开道歉之意",便是意志荣誉和意志耻辱,便是意志名誉,是名誉的意志评价,是社会、众人和领导人对于行为者行为的道德价值的意志反应;最后,"多人与我结交和迫使我公开道歉"便是行为荣誉和行为耻辱,便是行为名誉,是名誉的行为评价,是社会、众人和领导人对于行为者行为的道德价值的行为反应。

二、良心和名誉的客观本性

1. 良心的起源:良心的目的与原动力

良心的起源,直接说来,在于人是个道德动物。人是道德动物,因为每个人或多或少都有道德需要:或多或少都有自己遵守道德规范,从而做一个合乎道德的人、做一个好人、做一个有美德的人的需要。试问,有谁不想做一个好人?有谁愿意做一个坏人?没有。每个人都想做一个好人,这是最深刻的人性。坏人也是人,也与好人同样具有人性,也与好人同样具有做一个好人的道德需要。只不过,他们做一个好人的道德需要比较弱小,而他们所怀有的那些欺诈拐骗、偷盗抢劫、杀人越货的欲望却比较强大,以致远远超过和压抑了他们想做一个好人的道德需要。

那么,一个人究竟怎样才能成为一个好人,从而满足其道德需要?无疑只有去遵守道德、去做好事。这样,每个人做一个好人的道德需要,便会推动他去做遵守道德的好事,推动他对自己行为是否符合道德规范进行判断、评价,从而因自己做一个好人的道德需要是否被自己的行为所满足而发生种种心理与行为反应,亦即良心的知情意行之反应:

如果看到自己的行为符合道德规范,便会认为自己是一个好人(良知、认知良心),便会因自己做一个好人的道德需要得到实现而沉浸于良心满足的快乐(情感良心),便会有继续行善而遵守道德规范之意(意志良心),便会继续行善而遵守道德规范(行为良心);如果看到自己的行为不符合道德规范,便会认为自己不是一个好人(良知、认知良心)，便会因自己做一个好人的道德需要得不到实现而陷入良心谴责的痛苦(情感良心)，便会有改过迁善而遵守道德规范之意(意志良心)，便会改过迁善而遵守道德规范(行为良心)。

可见，良心这种自我道德评价源于每个人希望自己做一个好人、做一个有美德的人的道德需要，目的在于满足自己做一个好人、做一个有美德的人的道德需要。然而，一个人为什么会有自己做一个好人的道德需要？良心的最终源头、原动力是什么？

原来，人是个社会动物，每个人的生活都完全依靠社会和他人：他的一切利益都是社会和他人给的。所以，能否得到社会和他人的赞许，便是他一切利益中最根本、最重大的利益：得到赞许，便意味着得到一切；遭到谴责，便意味着丧失一切。不言而喻，能否得到社会和他人的赞许之关键，在于他的品德如何：如果社会和他人认为他品德好，那么，他便会得到社会和他人的赞许和给予；反之，则会受到社会和他人的谴责和惩罚。所以，正如孟子所言，一个人是否有美德，乃是他一切利益中最根本的利益："夫仁，天之尊爵也，人之安宅也；莫之御而不仁，是不智也。"①

这恐怕就是一个人最初为什么会有美德需要的缘故：他需要美德，因为美德就其自身来说，虽然是对他的某些欲望和自由的压抑、侵犯，因而是一种害和恶；但就其结果和目的来说，却能够防止更大的害或恶(社会和他人的唾弃、惩罚)和求得更大的利或善(社会和他人的赞许、赏誉)，因而是净余额为善的恶，是必要的恶。因此，美德乃是他利己的最根本、最重要的手段：他对美德的需要是一种手段的需要。但是，逐渐地，他便会因美德不断给他莫大利益而日趋爱好美德、欲求美德，从而便为了美德而求美德，使美德由手段变成目的；就像他会爱金钱、欲求金钱、使金钱由手段变成目的一样。这时，他对美德的需要便不再是把它们作为一种手段的需要，而是把它们作为一种目的的需要了。

这样，每个人的做一个有美德的人、做一个好人的道德需要——不论是以美德为目的的需要，还是以美德为手段的需要——说到底，都源于利己，源于社会和别人因他品德的好坏所给予他的赏罚。于是，全面地看，良心直接源于每个人做一个好人、有美德的人的道德需要，目的是为了满足自己做一个有美德的人、做一个好人的道德需要；而最终则源于社会和他人因自己品德的好坏而给予自己的赏罚、源于利己：利己是良心的原动力。既然如此，那么，良心不但并非生而固有，而且在每个人的生命之初，也绝无良心。它最初——正如弗洛伊德所说——起源于童年时代的父母或其养育者的赏罚等道德教育：

---

① 《孟子·告子下》。

良心无疑是我们身内的某种东西,但是,人之初并无良心。……如所周知,婴儿是无所谓道德不道德的,他们不具有对自己追求快乐冲动的内心抑制。这种后来由超我承担的职能,起初是由一种外在力量——亦即父母的权威——来行使的。父母影响和支配儿女的方法,一方面是爱的表示,另一方面则是惩罚的威胁。惩罚意味着儿女失去父母的爱,而儿女缘于自己的利益必定惧怕这些惩罚。①

当一个孩子成长起来,父母的角色由教师或其他权威人士担任下去:他们的禁令和禁律在自我典范中仍然强大,且继续发展,并形成良心,履行道德的稽查。②

那么,对于这些外在权威赏罚恐惧究竟是怎样形成良心的?这一形成过程并不难理解。因为每个人最为恐惧的,既然是这些——父母、养育者、教师、领导、党团、国家和舆论等等——外在权威的赏罚,那么,他自然便会常常以这些外部权威自居,亦即从这些外在权威的立场来评价自己行为。逐渐地,这些外在权威便成了他自己内心世界的一部分,成了他自己的另一个自我:"我自己仿佛分成两个人;一个我是审查者和评判者,扮演和另一个我——亦即被审查和被评判者——不同的角色。"③这个作为评判者的自我对于另一个自我——亦即作为行为者的自我——的道德评价非他,正是所谓的良心:良心就是自我道德评价。这样,在一个人的内心世界,作为评判者的自我的形成,也就是良心的形成。因此,良心是自己以父母或其养育者以及教师、领导、党团、国家、舆论等外在权威的立场来看待自己行为的结果,是以这些外部权威自居的结果,是这些外部权威的内化。

比较良心的直接起源(良心的目的)与良心的最终起源(良心的原动力)可知,良心直接源于每个人做一个好人的道德需要,目的在于满足自己做一个好人的道德需要;而最终则源于利己,源于自我利益,源于社会和他人因自己品德好坏所给予自己的赏罚。因此,一方面,每个人,不论他如何高尚还是如何卑鄙,便都因其不能不是个社会动物而不能不具有做一个好人的道德需要,不能不具有良心,只不过其强弱有所不同罢了。另一方面,每个人的良心的强弱,固然与他自己的道德修养等偶然因素有关,但就其必然性因素来看,则直接说来,取决于他希望自己做一个好人的道德需要的多少,根本说来,则取决于他因自己品德好

---

① Sigmund Freud, *New Introductory Lectures On Psycho-Analysis*, Translated by W. J. H. Sprott, W. W. Norton & Company Inc. Publishers, New York, 1933, p.89.
② 〔奥〕弗洛伊德:《弗洛伊德后期著作选》,林尘等译,上海译文出版社1986年版,第185页。
③ Adam Smith, *The Theory of Moral Sentiments*, Edited by D. D. Raphael and A. L. Macfie, Clarendon Press, Oxford, 1976, p.113.

坏而得到的赏罚利害之多少:他因品德好而得到的赏誉越多,他因品德坏而遭到的惩罚和损失越多,他做好人而不做坏人的道德需要便越强,他的良心便越强;反之,他因品德好而得到的赏誉越少,他因品德坏而遭到的惩罚和损失越少,他做好人而不做坏人的道德需要便越少,他的良心便越弱。换言之,每个人良心的强弱,他的做一个好人的道德需要的多少,固然与他自己的道德修养等偶然因素有关;但是,就其必然性因素来看,根本说来,却取决于他生活于其中的社会,取决于他的品德好坏的赏罚者,亦即童年时代的父母或养育者、长大以后的学校的老师和同学、工作单位的领导和同事、国家的管理和教育等等。赏罚公正,人们的良心就强;赏罚不公,人们的良心就弱。

2. 名誉的起源:外在根源与内在根源

与良心有所不同,名誉的起源有内外或供求之分:名誉的内在根源或追求名誉的根源和名誉的外在根源或给予、供给名誉的根源。名誉的内在根源是追求名誉的根源,是每个人追求自己的名誉的根源,是每个人自己的名誉心、求名心、好名心的根源,说到底,也就是每个人追求荣誉、光荣而避免耻辱或舆论谴责的根源。反之,名誉的外在根源则是给予名誉的根源,是自己给予他人和他人给予自己名誉——荣誉或耻辱——的根源,是人们相互给予名誉——荣誉或耻辱——的根源,说到底,也就是社会、众人和领导人给予每个人名誉——荣誉或耻辱——的根源。

名誉的外在根源,原本在于每个人都具有希望他人做一个好人的道德需要,特别是社会、众人和领导人具有希望每个人做一个好人的道德需要。因为每个人——特别是社会、众人和领导人——的道德需要都是双重的:他不仅有自己遵守道德规范、做一个合乎道德的人、做一个好人的道德需要;而且还有希望他人遵守道德规范、做一个合乎道德的人、做一个好人的道德需要。试想,有谁不希望他周围的人是好人? 有谁愿意他周围的人是坏人? 就是盗贼也是如此。他也不希望他的同伙是一些坏盗贼,而同样希望同伙们是好盗贼:"盗亦有道"此之谓也!

这是被道德之为社会契约的深刻本性决定的。道德无疑是一种社会制定或认可的关于每个人的行为应该如何的社会契约。而任何契约的每一位缔结者必定都是:一方面,自己要遵守契约;另一方面,则要他人遵守契约。因此,每个人作为道德契约的缔结者,便不但自己有遵守道德规范从而做一个好人的道德需要,而且必定还有希望他人遵守道德规范从而也做一个好人的道德需要:他自己遵守道德做一个好人的道德需要越强烈,他希望别人遵守道德做一个好人的道德需要也就越强烈;他自己遵守道德做一个好人的道德需要越淡漠,他希望别人遵守道德做一个好人的道德需要也就越淡漠。这就是为什么古今中外那些志士仁人皆疾恶如仇的缘故。

这样,名誉外在的直接源头便与良心的直接源头一样,源于每个人的道德需要:他不仅有自己做一个好人的道德需要(良心的直接源头);而且还有希望他人做一个好人的道德需要(名誉外在的直接源头)。名誉与良心的这一共同起源,曾使蔡元培误将这种源头的名誉当作良心的一个方面:

> 良心者,不特发于己之行为,又有因他人之行为而起者,如见人行善,而有亲爱尊敬赞美之作用;见人行恶,而有憎恶轻侮非斥之作用是也。①

那么,一个人究竟怎样才能满足他希望别人做一个好人的道德需要呢?他满足自己做一个好人的道德需要的唯一途径,如前所述,是自己遵守道德做好事。同理,他满足自己希望别人做一个好人的道德需要的唯一途径,当然是看到别人遵守道德做好事。这样一来,每个人希望别人做好人的道德需要,便会推动他对别人的行为是否符合道德进行判断、评价,从而因自己希望别人做好事的道德需要是否被别人的行为所满足而发生种种心理和行为反应,亦即名誉(荣誉与耻辱)的知情意行之反应。

如果看到他人的行为符合道德规范,便会认为他人堪称好人(名誉或荣誉的认知评价、认知名誉或认知荣誉);便会因自己希望他人遵守道德的需要得到实现而快乐,进而对他人心存敬爱之忱(名誉或荣誉的情感评价、情感名誉或情感荣誉);便会产生向他人学习之意(名誉或荣誉的意志评价、意志名誉或意志荣誉);便会向他人学习(名誉或荣誉的行为评价、行为名誉或行为荣誉)。反之,如果看到他人的行为不符合道德规范,便会认为他人不是什么好人(名誉或耻辱的认知评价、认知名誉或认知耻辱);便会因自己希望他人遵守道德的需要得不到实现而痛苦,进而对他人怀有厌恶之心(名誉或耻辱的情感评价、情感名誉或情感耻辱);便会产生批评、谴责他人之意(名誉或耻辱的意志评价、意志名誉或意志耻辱);便会批评、谴责他人(名誉或耻辱的行为评价、行为名誉或行为耻辱)。

可见,从名誉的外部或名誉的相互给予来看,名誉源于每个人自己希望他人做一个好人的道德需要,目的在于满足这种道德需要。然而,每个人为什么会有希望别人也做一个好人的道德需要呢?名誉最终的外部源头是什么?不难看出,这个问题可以转换为如下正反两方面问题:一方面,如果一个人与之打交道的人都是损人利己的坏人,他会得到什么?他无疑会处处遭受损害与不利。另一方面,如果一个人与之打交道的人都是仁爱公正的好人,他会得到什么?他无

---

① 《蔡元培全集》第一卷,中华书局1984年版,第243页。

疑会处处得到帮助与利益。这就是说,每个人希望别人做一个好人,说到底,无非是因为别人是好人对自己有利,而别人是坏人对自己有害:利己、自我利益、他人品德的好坏对自己的利害关系,是引发每个人自己希望别人是好人的道德需要产生的原因,从而也就是最终引发名誉的外部的原因、根源、原动力。那么,名誉的内在根源是什么?

不难看出,名誉的内在根源——亦即每个人自己的求名心的根源——在于名誉攸关自己最为根本的利害。因为人是个社会动物,每个人的生活都完全依靠社会和他人:他的一切利益都是社会和他人给的。但是,他究竟能从社会和他人那里得到多少利益,无疑取决于社会和他人对他的毁誉:荣誉、光荣意味着他将能从社会和他人那里得到他所能够得到一切利益;耻辱、恶誉则意味着社会和他人将拒绝可能拒绝给予他的一切利益。于是,名誉便是他的一切利益之本,便是他的最为根本最为重大的利益:荣誉、光荣是每个人求得自己利益的根本手段。因此,斯密说:

> 就能够立即和直接影响一个无辜者的全部的外在不幸来说,最大的不幸无疑是名誉的不应有的损失。①

这恐怕就是"名"与"利"为什么会合为"名利"一个词的缘故。这样,每个人必定因名誉攸关自己最为根本的利害而无不具有极为深重的名誉心,无不极为深重地渴求荣誉、光荣,无不极为深重地怀有避免耻辱或坏名誉的欲望;正如无不深重地好利恶害、趋利避害一样;只不过人们各自所求的荣誉和所避的耻辱往往大不相同,亦如他们所求的利和所避的害往往大不相同罢了。一言以蔽之,每个人的求名心源于求利心:求名是求利的手段。

但是,手段与目的是互相转化的。当一个人的好名誉、荣誉不断给他带来利益和快乐时,他便会逐渐爱上名誉——爱是自我对其快乐和利益之因的心理反应——从而能够为荣誉而求荣誉、为名誉而求名誉、为名而求名。这时,荣誉和名誉便不再是求利的手段,而是目的本身;求利则不再是求名的目的,而只是产生求名目的之原因、原动力:为名而求名是因利而求名,而不是为利而求名。这是不难理解的。因为我们到处都能够看到,那些极为珍爱自己名誉的人,他们某些行为的目的岂不往往是为名誉而求名誉?他们这些行为目的只是名誉、荣誉而不是利益;不但不是为利益,而且往往为了名誉而牺牲利益乃至牺牲性命。因此,利己绝不是这些行为的目的,而只是最终引发这些行为目的之原因、原动力:

---

① Adam Smith, *The Theory of Moral Sentiments*, Edited by D. D. Raphael and A. L. Macfie, Clarendon Press, Oxford, 1976, p. 144.

为名而求名不是为利而求名,而是因利而求名。这样,求利心(为求利而求名)和求名心(为求名而求名)便是名誉的内在的双重直接根源,是名誉内在的双重目的;而利己心则是最终产生这些目的的名誉内在之终极根源、原动力。

纵观名誉的内外起源可知,一方面,每个人之所以都有对他人进行道德评价而给他人以毁誉的深重欲望,直接说来,是因为每个人都有希望他人做一个好人的道德需要;说到底,是因为别人是好人对自己有利,而别人是坏人对自己有害:利己是名誉外在的终极根源、原动力。另一方面,每个人之所以渴求光荣、避免耻辱而怀有深重的名誉心,直接说来,是因为名誉攸关自己最为根本的利害,因而每个人是为求利而求名,进而为求名而求名;说到底,每个人必定是因利而求名:利己是名誉内在的终极原因、原动力。

3. 良心的作用

从良心的直接起源和目的——良心直接起源于做一个好人的道德需要,目的是为了做一个好人、有道德的人、有美德的人——可以得出一个极为重要的结论:良心具有使人遵守道德规范的价值或作用。因为美德是长期遵守道德的结果:"德者,得也,行道而有得于心者也。"①所以,一个人只有遵守道德规范做好事,才可能成为一个好人、有道德的人、有美德的人,从而才能实现良心的目的。反之,如果他不遵守道德做坏事,便不可能成为一个好人、有道德的人、有美德的人,便不可能满足自己做一个好人、有道德的人、有美德的人的道德需要,便不可能实现良心的目的。这样,每个人的良心便会推动他去做遵守道德规范的好事、有道德的事、有美德的事,推动他对自己行为是否符合道德规范进行评价,从而因自己做一个好人的需要和目的是否被自己的行为所实现而发生种种情感反应:如果自己的行为符合道德规范、具有正道德价值,他便会因做一个好人的需要和目的得到实现而体验到自豪的快乐,沉浸于良心满足的喜悦;反之,如果他的行为不符合道德规范、具有负道德价值,那么,他做一个好人的需要和目的便得不到实现而归于失败,他便会陷入内疚感和罪恶感,便会遭受良心谴责的痛苦。快乐与痛苦,如所周知,不仅是需要和目的是否得到实现的心理体验,而且是引发一切行为的原动力。因此,良心便一方面通过产生自豪感和良心满足的快乐,推动行为者遵守道德,以便再度享受这种快乐;另一方面,则通过产生内疚感、罪恶感和良心谴责的痛苦,阻止行为者违背道德,以便从这种痛苦中解脱出来。对于这个道理,恐怕没有比弗洛伊德说得更透辟的了:

自我的每个动作都受到严厉的超我的监视。超我坚持行动的一定准则,不

---

① (南宋)朱熹:《四书章句集注·论语·学而》,齐鲁书社1992年版。

顾来自外在世界和本我的任何困难；如果这些准则没有得到遵守，超我就采用以自卑感和犯罪感表现出来的紧张感来惩罚自我。①

良心使人遵守道德规范的力量，当然与良心的强弱成正比：良心越弱，使人遵守道德规范的力量便越弱；良心越强，使人遵守道德规范的力量便越大。人人皆有良心，只不过强弱不同；但良心不论强弱，毕竟都具有使人遵守道德的作用。那么，为什么人们还会不遵守道德呢？

原来，每个人的行为都产生和决定于他的需要、欲望、目的；而任何人都绝不仅仅有"做一个好人、一个有良心的人"这样一种需要、欲望、目的：每个人的需要、欲望和目的都是多种多样的。这些需要、欲望、目的与良心相一致从而共同引发善行的情况，确实存在。但二者也往往会发生冲突而不能两全。在这种情况下，若顺从和满足良心的欲望而遵守道德做一个好人，便不能顺从和满足与其冲突的需要和欲望。就拿小偷来说，他并不是没有良心。但他的良心与其贼心互相冲突而不能两全：若顺从良心的欲望、遵守道德而做一个好人，便不能顺从、满足其偷盗的需要和欲望。斗争的结果，正如达尔文所言，无疑是顺从、满足比较强大的起决定作用的需要和欲望："人在行动的时候，无疑倾向于顺从更为强有力的那个冲动。"②

这样，当一个人的良心与其他欲望发生冲突时，如果他的良心比较强大，而与之冲突的欲望比较弱小，那么，他便会顺从良心的指令，遵守道德；而由此产生的自豪感和良心满足的快乐，又会推动他继续遵守道德。反之，如果他的良心比较弱小，而与之冲突的欲望比较强大，那么，他便会顺从这些比较强大的欲望而违背良心的指令，不遵守道德。但事后他会或多或少——多还是少取决于其良心强还是弱——感受到不遵守道德所产生的内疚感、罪恶感和良心谴责的痛苦，从而或多或少会阻止他继续违背道德，以便从这种痛苦中解脱出来。坏人不断干坏事而不断违背道德，并不是因为他事后感受不到违背道德所产生的内疚感、罪恶感和良心谴责的痛苦，也并不是因为这些痛苦不阻止他继续违背道德；而是因为他的良心比较弱，因而他违背道德所产生的内疚感、罪恶感和良心谴责的痛苦比较小，这些痛苦比起他干坏事所得到的快乐和满足是微不足道的，因而不足以阻止他继续违背道德干坏事。所以，良心因其源于每个人都有做一个好人的道德需要，因其为美德而求美德的本性，不但具有使人可能达到无私利人的道德最高境界之作用，而且具有使每个人遵守道德规范的作用：事前，它通过每个人

---

① 〔美〕霍夫曼：《弗洛伊德主义与文学思想》，王宁等译，三联书店1987年版，131页。
② Charles Darwin, *Descent of Man and Selection In Relation to Sex*, John Murray, Albemarle Street, W. London, 1922, p. 174.

追求做好人的需要和目的而推动每个人遵守道德规范做好事,以便成为一个好人;事后,则通过遵守道德规范所产生的良心满足快乐而使行为者继续遵守道德规范,通过违背道德所遭受的良心谴责的痛苦而阻止行为者违背道德规范。所以,赫胥黎说:

良心,它是社会的看守人,负责把自然人的反社会倾向约束在社会福利所要求的限度之内。①

一个人的良心具有使他遵守道德规范之作用,因而便极其有利于社会和他人。那么,它是否也有利于自己呢?是的。因为,一方面,良心能够使自己遵守道德,显然意味着,良心能够使自己具有美德:美德是经常遵守道德的结果;另一方面,良心能够使自己达到无私利人的崇高境界,显然意味着,良心能够使自己具有最崇高的美德。这样,良心对自己的作用,与美德对自己的作用便是一样的:良心就其直接作用来说,无疑是对自己的某些欲望和自由的压抑、侵犯,因而是一种害和恶;但就其间接的、最终的作用来说,却能够防止更大的害或恶(社会和他人的唾弃、惩罚)和求得更大的利或善(社会和他人的赞许、赏誉),因而是净余额为利的害,是净余额为善的恶,是必要的害和恶。所以,根本地、长远地看,良心对自己是极其有利的,是自己在社会安身立命之本,是自己的最根本、最重大的利益。这一点早为达尔文说破:"人在他的良心的激励下,通过长期的习惯,将取得一种完善的自我克制能力……这对于他自己是最有利的。"②

于是,总而言之,我们便可以得出一条良心强弱与遵守道德以及利害人己的关系的正比例定律:社会对于每个人品德好坏的赏罚越公正,他做一个好人的道德需要便越强,他的良心便越强,他遵守道德所带来的自豪感和良心满足的快乐便越强大,他违背道德所产生的内疚感、罪恶感和良心谴责的痛苦便越深重,他便越能够克服违背道德的欲望而遵守道德,他的品德便越高尚,他便越有利于社会和他人,他自己——长远地看——从中所得到的利益也就越多,最终社会的道德风气便越良好;反之,社会对于一个人品德好坏的赏罚越不公正,他做一个好人的道德需要便越弱,他的良心越弱,他遵守道德所带来的自豪感和良心满足的快乐便越弱小,他违背道德所产生的内疚感、罪恶感和良心谴责的痛苦便越浅薄,他便越容易顺从不道德的欲望而违背道德,他的品德便越卑鄙,他便越可能有害于社会和他人,他自己——长远地看——从中所遭受的损害也就越多,最终社会的道德风气便越败坏。这就是被良心的起源和本性所决定的良心作用之定律。

---

① 〔英〕赫胥黎:《进化论与伦理学》,科学出版社 1971 年版,第 21 页。
② Charles Darwin, *Descent of Man and Selection In Relation to Sex*, John Murray, Albemarle Street, W. London, 1922, p.177.

4. 名誉的作用：名誉与良心的作用之比较

与良心不同,名誉起源和本性的研究表明,一方面,每个人都有希望他人做一个好人的道德需要,因而便会对他人的行为是否符合道德进行评价,从而因自己希望他人做好人的道德需要是否被他人的行为所满足而赋予他人以荣誉或耻辱;另一方面,名誉攸关自己最为根本的利害,因而每个人无不具有极为深重的名誉心：最初是为求利而求名,进而必定为求名而求名。这样一来,当一个人的行为符合道德规范、具有正道德价值,那么,他便会从社会和他人那里得到好名誉、得到荣誉、得到荣誉所带来的巨大利益,他的极为深重的名誉心便会得到满足而体验到巨大的快乐;反之,如果他的行为违背道德规范、具有负道德价值,那么,他便会从社会和他人那里得到坏名誉、遭受耻辱和舆论谴责及其所造成的巨大利益损失,他的极为深重的名誉心便得不到满足而体验到巨大的痛苦。对于这种巨大的苦乐体验,斯密曾这样写道：

> 大自然,当她为社会造人时,就赋予人一种欲求使同胞们愉快和避免使同胞们不快的原始感情。她教导人被同胞们赞扬便感到愉快和被同胞们谴责便感到痛苦。她使同胞们的赞许自身就成为对人来说是最令人满意和愉快的事,并把他们的不赞同变成最令人羞辱和不快的事。①

于是,荣誉、好名誉便通过给予行为者以巨大的快乐、利益,而极有成效地推动他遵守道德;而耻辱、坏名誉则通过使行为者遭受巨大的痛苦、损害,而极有成效地阻止他违背道德。"众人所指,无病而死"这句格言,十分生动而准确地道出了名誉——荣誉和耻辱——使人遵守道德的巨大力量。名誉这种使人遵守道德的力量之巨大,确实往往强大于良心。但是,就良心与名誉的本性来说,良心是一种使人遵守道德的无负作用的力量;而名誉则是一种使人遵守道德的有负作用的力量。这可以从两方面看：

一方面,良心是自我道德评价,是每个人自身的内在的力量,因而是无可逃避的：它总是使人真诚地遵守道德。反之,名誉却是人们相互间的道德评价,是作用于每个人的外部力量,是可以逃避的：它既可能使人真诚地遵守道德,也可能使人假装遵守道德。更确切些说,面对名誉这种使人遵守道德的巨大力量,每个人却可能有两种相反的选择。一种是,名誉的巨大力量使他产生了与自己的良心一致的名誉心,亦即对光荣的渴求。他凭着自己的良心追求光荣,真诚对待社会和他人：老老实实遵守而不违背道德,从而赢得荣誉、避免耻辱和舆论谴

---

① Adam Smith, *The Theory of Moral Sentiments*, Edited by D. D. Raphael and A. L. Macfie, Clarendon Press, Oxford, 1976, p.116.

责。另一种则是,名誉的巨大力量使他产生了与自己的良心相反的名誉心,亦即虚荣心。他昧着良心追求虚荣,欺骗社会和他人:自己并不遵守道德,却设法使社会和他人相信自己遵守道德,从而赢得荣誉、避免舆论谴责①。

另一方面,良心是自己对自己行为的意识,因而总是与自己的行为事实如何相符;而名誉是对别人行为的认识,因而很容易发生错误。也就是说,一个人所得到的名誉与他的行为事实往往不符:或者徒有虚名;或者枉受诋毁。在这些错误中,最为普遍也最为重大的是:屈己从众、丧失自我的人总是得到荣誉;而热爱自由、富有创新精神的人却总是遭受耻辱和舆论谴责。这种错误的普遍性使它几乎成为名誉的必然负产品,从而使名誉几乎必然具有这样的负作用,亦即使人们发生自我异化:不得不放弃自由、违背自我意志而屈从社会和他人意志,从而赢得社会和他人的赞誉。

如果一个人的名誉心使他追求的是虚荣,是名不副实的、与自己的良心相违的荣誉,那么,他不但会陷入卑鄙的说谎、欺骗、无耻,最终被社会和他人所蔑视和唾弃;而且会成为一个无所成就的浅薄轻浮之徒。因为一个人要满足其虚荣心、得到社会和他人的赞扬,不必有所作为、有所贡献、有所成就;而只要练就一套装模作样、厚颜无耻的本事就可以了。反之,如果他追求的是光荣,是真正的、名副其实的、与自己的良心一致的荣誉,避免的是真正的、名副其实的、与自己的良心一致的耻辱和舆论谴责,那么,他不但会因为真诚遵守道德而成为一个有道德的人,而且会成为一个卓有成就的人。因为一个人要满足其真正的荣誉心,必须得到社会和他人的赞扬;而要得到社会和他人的赞扬,从根本上说来,必须有所作为、有所贡献、有所成就。这是从质上看。从量上看,一个人得到社会和他人的赞扬的程度、他真正的荣誉心的满足程度,从根本上说来,显然与他所作出的贡献、所取得的成就之大小成正比:他的贡献越大、取得的成就越多,他得到的赞扬便越多,荣誉心得到的满足便越充分,他便越自豪、快乐;他的贡献越少、取得的成就越少,他得到社会和他人的赞扬便越少,荣誉心得到的满足便越不充分,他便越羞耻、痛苦。所以,不论从量上看还是从质上看,真正的荣誉心都是推动每个人自强自立、有所作为、取得成就、创造价值的动力。历史印证了这一真理。试数历代伟大人物,不论是大政治家还是大学问家抑或大艺术家,有哪一个不怀抱强烈的荣誉的渴求?当人们询问似乎十分淡泊名利的列夫·托尔斯泰,究竟是什么在推动他写出一部部著作时,托尔斯泰出人意料地答道:是对于荣誉的渴望。所以,包尔生说:"追求最高的名望和荣誉是大多数造成历史伟大转

---

① Adam Smith, *The Theory of Moral Sentiments*. Edited by D. D. Raphael and A. L. Macfie, Clarendon Press, Oxford, 1976, p. 17.

折的人们——如亚历山大、恺撒、弗里德里希、拿破仑——的最强有力的动机。而且,如果在人的心灵中没有对卓越、名望和不朽的渴求,伟大的精神和艺术成就也将是不可想象的。"[1]

可见,一个人不应该昧着良心追求虚荣;而应该凭着良心追求真正的光荣。但是,细究起来,追求真正的光荣、追求名副其实的荣誉,也有两种相反方式:自我异化和自我实现。自我异化方式的特点是:为了求得荣誉,便放弃自由、违背自我意志而屈从社会和他人意志,从而赢得社会和他人的赞誉。选择这种方式的人,与其说是按照良心不如说是按照名誉行事。反之,自我实现方式的特点是:虽然是为了得到荣誉,却仍然坚持自由、按照自己的意志,从而实现自己的潜能,成为一个可能成为的最有价值的人,最终赢得社会和他人的赞誉。选择这种方式的人,与其说是按照名誉不如说是按照良心行事。自我实现的方式,不但能够使人真诚地遵守道德,而且还能使人实现自己的创造潜能,成为一个可能成为的最有价值的人。所以,这种方式既极其有利于自己,最终说来,又极其有利于社会和他人。但是,以这种方式追求荣誉者——不论从名誉的本性来看,还是就历史和现实来说——往往要在他死后才能得到荣誉。而在他有生之年,却大都得不到社会和他人的理解而备受耻辱与舆论谴责之苦。反之,自我异化的方式,固然能够使人真诚地循规蹈矩、遵守道德;但是,最终说来,却因其使人发生异化、丧失创造性而既不利于自己,又有不利于社会和他人。但是,以这种方式追求荣誉者,却必定能够如愿以偿,得到社会和他人的理解和盛赞,在他有生之年,便可望享尽荣华富贵。这就是为什么古往今来那些圣贤往往蔑视荣誉的缘故。显然,这种蔑视只意味着:荣誉往往导致自我异化;而并不意味着:不应该追求荣誉。人无疑应该追逐荣誉。但是,他不应该以自我异化的方式追求荣誉;而应该以自我实现的方式追求荣誉。

比较良心和名誉的作用,可以理解为什么先哲们无不盛赞良心却很少盛赞名誉。诚然,良心和名誉都是使人遵守道德的极其巨大的力量:名誉是人的外在名声,因而是使人遵守道德的外在力量;良心是人的内心信念,因而是使人遵守道德的内在力量。但是,良心使人遵守道德的力量是纯粹的、无负作用的:它只会使人遵守道德而不会使人背离道德。反之,名誉使人遵守道德的力量是不纯粹的、有负作用的:它使人遵守道德往往以使人陷于恶德——假仁假义和自我异化——为代价。名誉的负作用几乎是不可避免的,因而只有依靠良心来消解:如果一个人遭受了不该得的谴责,如果他因为追求自由、创新、自我实现而

---

[1] Friedrich Paulsen, *System of Ethics*, Translated By Frank Thilly, Charles Scribner's Sons, New York, 1908, p.572.

遭受轻蔑,他的良心便应该自豪,从而化解这种错误评价的压力;如果他得到了不该得的荣誉,如果他因为屈己从众、追赶时髦而赢得赞誉,他的良心便应该惭愧,从而改弦易辙而追求自由、创新、自我实现①。

可见,当每个人的名誉心与良心发生冲突时,应该牺牲名誉而服从良心:他若服从名誉便必定陷入虚荣而背离道德;他若服从良心便必定抛弃虚荣而遵守道德。不过,良心与名誉一样,对善恶的判断有时是错误的,因而有所谓正确的良心与错误的良心之分;正如有正确的名誉与错误的名誉之分一样。可是,错误的良心难道与正确的良心一样使人不差不错地遵守道德吗?究竟何谓正确与错误的良心或名誉?怎样才能避免良心与名誉的错误而使之正确?这无疑是一些极为复杂的难题,它们关涉到良心与名誉的评价标准和评价依据,说到底,它们是"应该怎样"进行良心与名誉的评价问题,是良心与名誉的主观评价问题;反之,良心与名誉的起源和作用,说到底,则是"为什么应该"进行良心与名誉的评价的问题,是良心与名誉的客观本性问题。良心与名誉的起源及其作用的研究,已使我们完成了"为什么应该"进行良心与名誉的道德评价问题;那么,究竟"应该怎样"进行良心与名誉的道德评价?

三、良心与名誉的主观评价

不言而喻,良心与名誉的评价过程,无非是运用一定的评价标准来评价自己的行为和他人的行为的过程。这两种评价的标准完全相同,区别只在于评价对象:良心是评价自己的行为而名誉是评价他人的行为。因为不论是评价自己的行为还是评价他人的行为,都同样是评价这些行为的道德价值,因而也就只能同样以道德规范作为评价标准:道德规范是良心与名誉的标准。然而,问题是:行为由动机与效果构成,两者有时并不一致。那么,当我们运用良心与名誉的标准对行为进行评价时,究竟是依据行为动机还是行为效果?这就是从古到今一直争论不休的道德评价依据——亦即良心与名誉的依据——之难题。解决这个难题的起点显然是:何谓动机与效果?

1. 动机与效果概念

行为的研究表明,行为是有机体受意识支配的实际活动:行为是主观因素

---

① Adam Smith, *The Theory of Moral Sentiments*, Edited by D. D. Raphael and A. L. Macfie, Clarendon Press, Oxford, 1976, p.131.

"意识"和客观因素"实际活动"的主客统一体。行为的主观因素就是所谓的"动机";行为的客观因素则叫做"效果":动机与效果是构成行为的两要素。对此,马克思在分析建筑师的行为时曾有十分精辟的论述:

> 最蹩脚的建筑师从一开始就比最灵巧的蜜蜂高明的地方,是他在用蜂蜡建筑蜂房以前,已经在自己的头脑中把它建成了。劳动过程结束时得到的结果,在这个过程开始时就已经在劳动者的表象中存在着,即已经观念地存在着。①

这就是说,建筑师的筑房行为由两要素构成。一个要素是筑房的观念,是头脑中、观念中的筑房行为;另一个要素则是观念中的筑房行为所引发的筑房的实际,是实际的筑房行为:前者便叫做筑房行为之动机,后者则叫做筑房行为之效果。更确切些说,动机是行为的思想意识、心理因素,是行为者对于所从事的行为的思想,也就是对行为目的和行为手段的思想,亦即对行为结果和行为过程的预想。它是行为的意识、思想、心理、观念、主观的方面,是意识中、思想中、观念中的行为。反之,效果则是动机的实际结果,是动机所引发的实际行为,是实际出现的行为目的与行为手段,是实际出现的行为结果与行为过程,是行为之实际,是行为的客观的、实际的方面。举例说:

初中生夏某的母亲看到夏某的学习成绩不良,认为痛打夏某(这是对行为手段的思想,是思想中的行为过程)就可以使夏某畏打而努力读书,从而成绩优良(这是对行为目的的思想,是预期的行为结果)。这些都是动机:动机就是对所从事的行为目的和行为手段的思想。在这种动机支配下,夏某母亲便用铁棍痛打夏某(动机所引发的实际行为过程),但不料打死(动机所引发的实际行为结果)。这些都是效果:效果就是动机的实际结果,就是实际出现的行为结果与行为过程。然而,人们大都一方面把行为效果与行为结果等同起来,以为行为效果就是行为结果;他方面则把行为动机与行为目的等同起来,以为行为动机就是行为目的。这是个双重错误:

一方面,行为效果与行为结果,从词义上看,确实没有什么区别;但从概念上看,却根本不同。因为从概念上看,行为结果与行为过程(而不是行为动机)是构成行为的两因素。所以,行为结果是相对行为过程来说的,与行为过程是对立面:行为结果不是行为过程,而是行为过程的结果;行为过程也不是行为结果,而是导致行为结果的过程。反之,行为效果则与行为动机(而不是行为过程)是构成行为的两因素。因此,行为效果是相对行为动机来说的,与行为动机是对立面;行为效果不是行为动机,而是行为动机的效果:行为动机也不是行为效果,

---

① 《马克思恩格斯全集》第3卷,人民出版社1971年版,第202页。

而是导致行为效果的动机。这样,行为动机就既包括行为过程,又包括行为结果:行为动机是观念中的行为过程和行为结果。相应的,行为效果也就既包括行为结果又包括行为过程:行为效果是行为动机的实际结果,是动机所引发的实际存在的行为过程和行为结果。所以,行为效果与行为结果根本不同:行为效果不是行为或行为过程的效果、结果,而是动机的效果、结果,因而既可能是行为结果,也可能是行为过程。

另一方面,动机与目的也根本不同。因为目的与手段(而不是效果)是构成行为的两因素。因此,目的是相对手段来说的,与手段是对立面:目的是构成行为的一部分,是为了达到的行为结果;行为的另一部分是手段,是用来达到目的的行为过程。所以,目的属于"行为"范畴。反之,动机则属于"行为思想"范畴:动机与效果(而不是手段)是构成行为的两因素。因此,动机是相对效果来说的,与效果是对立面;动机是行为的思想意识因素,是行为者对于所从事的行为的思想,也就是对行为目的和行为手段的思想;效果则是动机的实际结果,是动机所引发的实际行为,是实际出现的行为目的与行为手段。因此,动机与目的根本不同:动机不仅包括预想的目的,而且包括预想手段;反过来,只有存在于思想中的目的才属于动机范畴,而已经实现了的目的则属于效果范畴。

可见,一方面,行为效果与行为结果根本不同:行为效果是行为动机的实际结果,因而不仅是实际存在的行为结果,而且包括实际存在的行为过程;另一方面,动机与目的根本不同:动机是对行为目的和行为手段的思想,因而不仅包括预想的目的,而且包括预想手段。这样,动机与效果便是基于并包含目的与手段以及行为过程与行为结果的行为之最为复杂的结构;把握了这一结构,便不难发现良心与名誉的评价依据:对行为本身的评价依据效果;而对行为者品德的评价则依据动机。我们不妨将这一发现叫做"动机效果分别论"。

2. 动机效果分别论:行为本身与行为者品德

"动机效果分别论"是一种关于良心与名誉评价依据的理论,它所基于其上的事实是:不论良心评价还是名誉评价,同样都包括两个方面:一方面是对行为自身进行评价;他方面是对表现于行为的行为者的品德进行评价。这一点,包尔生已经大略讲过:

  每一行为都引起两种判断:一种是对这个人的品德的主观的、形式的判断;一种是对这一行为本身的客观的、内容的判断。[①]

---

① Friedrich Paulsen, *System of Ethics*, Translated By Frank Thilly, Charles Scribner's Sons, New York, 1908, p. 227.

显然,他所谓"这个行为本身的客观的内容的判断",就是对行为本身的评价:行为本身是一种实际的、客观的活动;他所谓"这个人的品德的、主观的、形式的判断",就是对行为者的品德的评价:品德是一种主观的、心理的东西。那么,对行为本身和行为者品德进行道德评价的依据是否相同?

所谓行为,如所周知,是有机体受意识支配的实际活动:行为本身虽受意识支配,却不是意识的、主观的、观念的活动,而是实际的、客观的、物质的活动。因此,行为本身的道德价值也就不是一种意识的、主观的、观念的活动的道德价值;而是一种实际的、客观的、物质的活动的道德价值。所以,判断行为本身的道德价值、对行为本身进行道德评价,便不应该依据行为之观念,看行为之观念如何;而只应该依据行为之实际,看行为之实际如何;便不应该依据思想中的行为,看思想中的行为如何;而只应该依据实际发生的行为,看实际发生的行为如何。一句话,良心与名誉对行为本身的评价不应该依据行为的动机,看动机如何;而只应该依据行为的效果,看效果如何。

我们不是常说好心办坏事吗?事是行为,心是动机。好心办坏事岂不意味着:对事、行为本身的好坏之评价是不依据动机、不看动机的?否则,如果对事、行为本身的好坏之评价依据动机,岂不就不会有好心办坏事,而只能有好心办好事吗?那么,当我们说好心办坏事时,我们是依据什么断定事是坏的?显然是依据事、行为之实际效果。试想,夏某母亲痛打夏某至死的行为是坏的,是依据什么说的?是依据动机吗?不是。因为其动机是为了夏某学习好,是为了夏某好,是好动机。那么,是依据什么呢?显然只是依据她痛打夏某至死之实际效果:评价行为本身的好坏只应该依据行为效果。

但是,行为者的品德与行为相反,乃是一种主观的、观念的、意识的东西;而不是客观的、实际的、物质的东西:品德是一个人长期的伦理行为所表现和形成的稳定的、恒久的、整体的心理状态。所以,对行为者的品德进行评价,便不应该依据行为之实际,不应该看行为之实际如何;而只应该依据行为之观念,只应该看行为之观念如何;不应该依据实际发生的行为,看实际发生的行为如何;而只应该依据思想中、观念中的行为,看思想中、观念中的行为如何。一句话,良心与名誉对行为者品德的评价,只应该依据行为的动机,看动机如何;而不应该依据行为的效果、看效果如何。

我们都知道,好心办坏事的人是好人,而坏心办好事的人是坏人。为什么?岂不就是因为评价行为者的品德好坏只应该看行为者的心、动机,而不应该看事或行为之效果?否则,如果评价行为者的品德好坏看效果,那么,好心办坏事的人岂不就不是好人而是坏人?而坏心办好事的人岂不就不是坏人而是好人了?试想,一个孝子服侍病母,恨不能以自己性命换回母亲健康。可是,他过于劳累,因而给母亲吃错了药,使母亲死亡。对此,我们仍说他的品德是好的,是好人。为什么?岂不就是因为他给病母服药的效果虽是坏的,但动机却是好的:评价品德只看动机不看效果。反之,一个人以毒药害人,却不料以毒攻毒,竟医好被害人的多年老病。对此,我们仍说他的品德坏,是坏人。为什么?岂不就是因为他给别人服药的效果虽好,但动机却是坏的:评价品德好坏只看动机而不看效果。

可见,良心与名誉的评价依据应该分别论:对行为本身的评价只应该看效果;对行为者品德的评价只应该看动机。换言之,对行为者品德的评价只应看其预想的行为目的或行为结果与预想的行为手段或行为过程;对行为本身的评价则只应看实际出现的行为目的或行为结果与实际出现的行为手段或行为过程。这就是"动机效果分别论"。最早提出这一理论的,似乎是穆勒。他这样写道:"几乎所有功利主义道德论者都坚持,动机虽与行为者的品德关系很大,但与行为的道德价值无关。"①所以,"好行为并不一定表示品德好,坏行为也常常引发于好品德。这种情况不论出现于何种场合,都不影响对于行为本身的评价,而只影响对于行为者品德的评价。"②然而,良心与名誉评价究竟依据动机还是效果,毕竟是一个十分复杂而歧义丛生的难题。围绕这个难题,自古以来,伦理学家们便一直争论不休。这些争论可以归结为四派:"效果论"、"动机论"、"动机效果统一论"以及"动机效果分别论"。

3. 效果论

所谓效果论,如所周知,就是认为道德评价只应该以行为效果为依据的理论,说到底,也就是认为良心与名誉的评价只应该以行为效果为依据的理论。以往的功利主义论者几乎都主张效果论;其代表当推边沁、穆勒、包尔生和梯利。他们准确无误地看到,一方面,价值是客体对主体目的的效用,行为的道德价值是行为对道德目的的效用:"道德是实现目的的一个手段,它存在的理由要归之于它的功用。"③另一方面,道德目的是保障社会存在发展,最终增进每个人利益,实现每个人的幸福:"幸福是道德的终极目的。"④因此,行为的道德价值,说到底,也就是行为对于社会和每个人利益的效用。这样一来,所谓道德评价,也就是评价行为对于社会和每个人利益的效用。因此,道德评价只应该依据行为

---

① John Stuart Mill, *The Federalist*, Robert Maynard Hutchins, *Great Books of the Western World*, Volume 43, American State Papers, Encyclopaedia Britannica Inc., Chicago, 1952, p.453.
② 同上书,p.454。
③ 〔美〕梯利:《伦理学概论》,何意译、苗力田校,中国人民大学出版社1987年版,100页。
④ John Stuart Mill, *The Federalist*, Robert Maynard Hutchins, *Great Books of the Western World*, Volume 43, American State Papers, Encyclopaedia Britannica Inc. Chicago, 1952, p.456.

对社会和每个人利益的效用,只应该看行为对社会和每个人利益的效用如何:增进社会和每个人利益的行为,便是道德的、善的行为;减少社会和每个人利益的行为,便是不道德的、恶的行为:"将功利或最大幸福原则作为道德终极标准的学说,主张行为的正当性与其增进幸福的程度成比例;行为的不正当性与其减少幸福的程度成比例。"①

这些观点无疑是真理。然而,遗憾的是,效果论却进而把"效用"与"效果"以及"行为效用"与"行为效果"等同起来,于是得出结论说:道德评价只应该看行为效果,只应该以行为效果为依据。包尔生在论及他的效果论的观点时便这样写道:

> 目的论根据行为方式和过程对行为者及周围人的生活自然产生的效果来判断其善恶,将倾向于保全和增进人的福利的行为称作善的,而将倾向于扰乱和毁灭人的福利的行为称作恶的。②

诚然,包尔生和穆勒都认为客观的判断或对行为自身的评价看效果;主观的判断或对行为者品德的评价看动机。但是,他们并没有固守这一真理;相反的,却由这一真理错误地推论道:评价行为者品德虽然依据其动机好坏,但评价动机好坏还是依据动机的效用(这是对的),因而也就是依据动机的效果(这是错的)。于是,归根结底,道德评价只应该依据效果:"道德评价的最终根据在于行为的效果。"③

这种推论是不能成立的。因为行为效用与行为效果根本不同。行为效果,如上所述,是一个特定的伦理学术语,不可望文生义:行为效果与行为动机是构成行为的两因素。因此,行为效果是相对行为动机来说的,与行为动机是对立面;行为效果是行为动机的效果、结果,而不是行为的效果、结果。反之,行为效用则不是特定的概念,可以顾名思义:行为效用就是行为的效用,而不仅仅是行为动机的效用。因为行为效用是行为自身(动机与效果的统一体)与非行为的他物(这里是道德目的)的外部关系,是相对非行为的他物来说的,而不是相对行为动机来说的。所以,行为效用与行为动机不是对立面:行为效用是行为的效用,因而既包括行为动机的效用,又包括行为效果的效用。

因此,"道德评价只看行为效果"与"道德评价只看行为效用"根本不同。"道

---

① John Stuart Mill, *The Federalist*, Robert Maynard Hutchins, *Great Books of the Western World*, Volume 43, American State Papers, Encyclopaedia Britannica Inc., Chicago, 1952, p. 448.
② Friedrich Paulsen, *System of Ethics*, Translated By Frank Thilly, Charles Scribner's Sons, New York, 1908, p. 222.
③ 〔美〕梯利:《伦理学概论》,何意译、苗力田校,中国人民大学出版社1987年版,第103页。

德评价只看行为效果"是片面的、错误的,因为它意味着道德评价只看行为效果(对道德目的)的效用,不看行为动机(对道德目的)的效用。照此说来,坏心办好事的人就是好人,岂不荒谬?因为道德评价只看行为效果(好事)对道德目的的效用;而不看行为动机(好心)对道德目的的效用。反之,"道德评价只看行为效用"则是全面的、正确的,因为它意味着道德评价既看行为效果(对道德目的)的效用,又看行为动机(对道德目的)的效用:对行为本身的评价看效果(对道德目的)的效用;对行为者品德的评价看动机(对道德目的)的效用。照此说来,坏心办好事的人就是坏人办好事,这显然是真理。因为道德评价既看行为效果(好事)对道德目的的效用,又看行为动机(坏心)对道德目的的效用:对行为本身(事)的评价看效果(好事)对道德目的的效用;对行为者品德(坏人)的评价看动机(坏心)对道德目的的效用。效果论的错误显然就在于把行为效果与行为效用等同起来,从而由"道德评价只应该看行为的效用"的正确前提,得出"道德评价只应该看行为效果"的错误结论。

4. 动机论

所谓动机论,如所周知,就是认为道德评价只应该以行为动机为依据的理论,说到底,也就是认为良心与名誉的评价只应该以行为动机为依据的理论。动机论的代表,主要是义务论者,如康德、布拉德雷、儒家以及基督教伦理学家们。细察他们的著作,可知动机论的论据乃是"道德起源和目的自律论"。

我们知道,康德、布拉德雷、儒家以及基督教伦理学家们都是道德起源和目的自律论者。在他们看来,道德自身就是道德的目的;道德并非他物的手段。人创造道德的目的,便是为了道德自身,便是为了完善人的道德品质,使人与动物区别开来,实现人之所以为人者①。若果真如此,道德目的果真是为了完善行为者品德,那么显然,也就只有行为所表现的行为者品德才与道德目的有关,才有道德不道德之分,才有道德价值;而行为本身便与道德目的无关,便无所谓道德不道德,便没有道德价值了。因此,康德说,对行为进行道德评价,不是评价行为本身,而只是评价行为所表现的行为者品德:"关于道德价值的问题,我们要考究的不是我们能看见的行为,乃是我们看不见的那些发生行为的内心原则。"②而行为者品德,如上所述,完全取决于行为动机,而与行为效果无关。所以,康德认为,行为的道德价值完全存在于动机中,而与行为效果无关:"行为的道德价值不在于所期望于这个行为的结果……这样,我们行为的价值,假如不在于追求某种

---

① 〔德〕康德:《实践理性批判》,关文运译,商务印书馆1960年版,第164页。〔英〕布拉德雷:《伦理学研究》上册,商务印书馆1944年版,第76页。
② 〔德〕康德:《道德形而上学原理》,苗力田译,上海人民出版社1986年版,第57页。

对象的意志,还能够在于什么呢?"① 于是,康德得出结论说,对行为的道德评价便只能看动机、只能依据动机,而不能看效果、不能依据效果:

> 行为之所以是道德上的善,有赖于动机,与结果无关。②

可见,道德目的自律论是动机论的前提,因而动机论能否成立,完全取决于道德目的自律论能否成立:如果道德目的自律论是真理,动机论也就是真理;如果道德目的自律论是谬误,动机论也就难以成立了。那么,道德目的自律论是真理吗?道德目的自律论,如前所述,是根本不能成立的。

因为道德与美德,就其自身来说,不过是对人的某些欲望和自由的某种限制、压抑、侵犯,因而是一种害和恶;就其结果和目的来说,却能够防止更大的害或恶(道德能够防止社会崩溃;美德能够防止自己被社会和他人唾弃)和求得更大的利或善(道德能够保障社会的存在、发展;美德能够使自己赢得社会和他人的赞许),因而是净余额为善的恶,是必要的恶。这样,如果说道德目的是自律的,是为了道德自身,是为了完善人的品德,那就等于说:道德的目的就是为了压抑人的欲望、侵犯人的自由,就是为了压抑人的欲望而压抑人的欲望,就是为了侵犯人的自由而侵犯人的自由,就是为了害人而害人,就是为了作恶而作恶:岂不荒唐!所以,道德的目的不可能是自律的,而只能是他律的,只能在于保障道德之外的他物:社会的存在发展、每个人利益的增进。

道德目的自律论不能成立,动机论也就不能成立了。因为道德目的既然不是自律的而是他律的,不是以完善人的品德为目的,而是以保障社会存在发展、增进每个人利益为目的;那么显然,不但行为所表现的行为者品德与道德目的(保障社会存在发展、增进每个人利益)有关,具有道德价值,而且行为本身也与道德目的(保障社会存在发展、增进每个人利益)有关,具有道德价值。这样,对行为进行道德评价也就不仅仅应该评价行为所表现的行为者品德,而且也应该评价行为本身。于是,对行为进行道德评价便不仅应该依据动机,而且也应该依据效果:对行为者品德的评价依据动机;对行为本身的评价依据效果。

综上可知,动机论的错误,直接说来,是其道德评价对象的片面化:绝对化对行为者品德的评价,而抹杀对行为本身的评价;根本说来,则是其以为道德起源和目的在于完善行为者品德的道德目的自律论。这样一来,动机论与效果论的直接分歧,固然在于道德评价的依据是动机还是效果;而根本分歧,则基于道德目的是为了道德自身,还是为了道德之外的他物?是为了完善每个人的品德,

---

① 〔德〕康德:《道德形而上学原理》,苗力田译,上海人民出版社1986年版,第49页。
② 周辅成:《西方伦理学名著选辑》下卷,商务印书馆1967年版,第365页。

还是为了增进每个人的幸福?从直接分歧来说,双方都是片面的、错误的;就根本分歧来说,动机论是谬论,而效果论是真理。

5. 动机效果统一论

半个多世纪以来,"动机效果统一论"一直是我国理论界占据统治地位的理论。它似乎已经成了绝对权威,因为直到今日,竟无一人提出异议。确实,认为道德评价只依据动机的"动机论"和只依据效果的"效果论",既然都是片面的、错误的,那么,岂不只有既依据动机又依据效果的"动机效果统一论"才是全面的真理?

其实不然。细察动机效果统一论著作,不难发现,统一论根本不能成立:它把认识论问题与价值论问题混为一谈。它在认识论上,十分强调效果;但在价值论上,却倾向于动机论,默认道德评价只是对行为所表现的行为者品德的评价,而不是对行为本身的评价。从此出发,统一论便由"动机是什么,只有通过效果才能表现出来而加以检验和判断,因而对行为者品德的评价不能不看效果"的正确认识论前提,得出了错误的价值论结论:对行为者品德的评价既应看动机、依据动机,又应看效果、依据效果。

殊不知,对行为者品德的评价要看效果,仅仅因为动机只有通过效果才能检验和判断,仅仅为了弄清楚动机究竟是什么,而与对行为者品德的评价毫无关系:不管效果怎样好,只要动机是坏的,那么行为者品德便是坏的;不管效果怎样坏,只要动机是好的,那么行为者品德便是好的。所以,对行为者品德的评价虽然既看动机又看效果,却不依据效果而只依据动机。这就是说,对行为者品德评价的看效果的"看",是个认识论概念,是分析、研究、弄清楚的意思;而不是个价值论概念,不是依据的意思。

可见,动机效果统一论的错误,一方面与动机论一样,片面地以为对行为进行道德评价,仅仅是对行为者品德的评价而不是对行为本身的评价;另一方面则在于把"看效果"的认识论意义的"看"偷换成价值论意义的"看";于是便由对行为者品德的评价既看动机又看效果(这个看效果的"看"是认识论概念,是分析研究的意思)的正确前提出发,得出了错误结论:对行为者品德进行评价应既看动机、依据动机,又看效果、依据效果(这个看效果的"看"是价值论概念,是依据的意思)。

统一论在理论上不能成立,在实践上也行不通。试想,如果对行为者品德进行评价既依据动机又依据效果,那么,我们就既不能说好心办坏事者是道德的,也不能说他是不道德的,而只能说他既是道德的,又是不道德的:依据动机是道德的,依据效果是不道德的。这岂不荒唐之极?

总观良心与名誉的评价依据理论,可知动机论和效果论以及动机效果统一论都是片面的、错误的。真理只能是"动机效果分别论":评价行为者品德依据其动机;评价行为本身依据其效果。然而,"动机效果分别论"仅仅科学地说明了良心与名誉的评价依据问题,它同良心与名誉的标准问题一起,仅仅科学地说明了人们究竟是怎样进行良心与名誉的道德评价的;而并没有说明人们究竟怎样才能做出正确而非错误的良心与名誉之评价,并没有解决良心与名誉之真假对错的问题。不过,弄清了良心与名誉的评价标准及依据,也就不难解析良心与名誉的真假对错难题了。

四、良心与名誉的真假对错

1. 良心与名誉的真假对错之概念

何谓良心与名誉之真假对错?佩斯塔那答道:

一个错的或假的良心乃是一个人的这样一种心理状态:他相信一种行为具有而实际上却不具有某种道德品质。①

确实,错的或假的良心与名誉的根本特征,是与所评价的行为之实际道德价值不相符;反之,真的或对的良心与名誉的根本特征,是与所评价的行为之实际道德价值相符。举例说,我当年渴望成名成家而刻苦读书,领导和同事们却认为我走白专道路是不道德的(这是我的名誉);我自己最终也觉得自己成名成家的思想是不道德的(这是我的良心)。我的这种良心和领导、同事们赋予我的这种名誉都是假的,因为它们不符合成名成家的实际道德价值:成名成家事实上具有正道德价值。

然而,这仅仅是良心与名誉认知评价之真假的特征,而不是其对错的特征;更不是良心与名誉的感情评价、意志评价和行为评价之对错的特征。因为只有良心与名誉之认知评价才具有真理性,才具有是否与所评价的行为之实际道德价值相符的问题;而良心与名誉之感情评价和意志评价以及行为评价却只具有效用性,亦即只具有是否满足主体的需要或达到主体的目的的问题:主体的需要或目的是衡量良心与名誉之感情评价、意志评价和行为评价以及认知评价之对错的标准。可是,衡量良心与名誉的认知评价、感情评价、意志评价和行为评价之对错的标准,究竟是什么主体的需要或目的?

---

① John K. Roth, *International Encyclopedia of Ethics*, Braun-Brumfield Inc., U.C., 1995, p. 188.

良心与名誉属于道德评价范畴。因此,衡量良心与名誉的认知评价、感情评价、意志评价和行为评价之对错的标准,说到底,乃是道德终极标准,亦即社会创造道德的终极目的,亦即所谓道德终极目的:增进社会和每个人利益。这样一来,所谓对的、好的、应该的或正确的良心与名誉的认知评价、感情评价、意志评价和行为评价之根本特征,说到底,便是增进社会和每个人利益、符合道德终极目的;而错的、坏的、不应该或不正确的良心与名誉的认知评价、感情评价、意志评价和行为评价之根本特征,则是减少社会和每个人利益、不符合道德终极目的:增进全社会和每个人利益因而符合道德终极目的的良心与名誉,就是对的、好的、应该的或正确的良心与名誉;减少全社会和每个人利益因而违背道德终极目的的良心与名誉,就是错的、坏的、不应该或不正确的良心与名誉。

我们还是接着上面的例子说。想当年,我渴望成名成家而刻苦读书。于是,领导和同事们认为我走白专道路是不道德的,并且鄙视我,打算批判我,终于开会批判了我。这些都是我的名誉。"认为我走白专道路是不道德的",是名誉的认知评价,是认知名誉,是认知耻辱,它既是假的、是谬误(因其与成名成家的实际具有的正道德价值不符),又是错的、坏的、不应该的(因为否定成名成家有害社会存在发展、不符合道德终极目的)。"鄙视我"是名誉的感情评价,是情感名誉,是情感耻辱;"打算整我"是名誉的意志评价,是意志名誉,是意志耻辱;"开会批判我"是名誉的行为评价,是行为名誉,是行为耻辱。三者都仅仅是错的、坏的、不应该或不正确的(它们有害社会存在发展、不符合道德终极目的);而无所谓真假:谁能说鄙视之情和整人之意以及整人的行为是真理或谬误呢?

但是,当时我渴望成名成家而刻苦读书引来的坏名誉却使我夜不能寐,扪心自问,也觉得自己成名成家的思想是不道德的,因而悔恨不已,于是决心悬崖勒马而不再努力成名成家,结果从那以后就不再追求成名成家而努力奋斗了。这些都是我的良心。"觉得自己成名成家的思想是不道德的"是认知良心,也就是所谓的"良知",是良心的认知评价,是良心的认知谴责,它既是假的、是谬误(因其与成名成家的实际具有的正道德价值不符),又是错的、坏的、不应该的(因为它有害社会发展、不符合道德终极目的)。"悔恨不已"是情感良心,是良心的感情评价,是良心的情感谴责;"决心不再成名成家"是意志良心,是良心的意志评价,是良心的意志谴责;"不再追求成名成家而努力奋斗了"是行为良心,也就是所谓的"良能",是良心的行为评价,是良心的行为谴责。三者都既不是真理也不是谬论,无所谓真假而仅仅是错的、坏的、不应该或不正确的:三者有害社会存在发展、不符合道德终极目的。

可见,良心与名誉同样有真假、对错、好坏之分。首先,所谓真的良心或良心真理,也就是与自己行为的道德价值相符的良知,是与自己行为的道德价值相符的认知良心,是与自己行为的道德价值相符的良心之认知评价;所谓假的良心或良心谬误,也就是与自己行为的道德价值不相符的良知,是与自己行为的道德价值不相符的认知良心,是与自己行为的道德价值不相符的良心之认知评价。其次,所谓真的名誉或名誉真理,也就是与他人或自己的行为道德价值相符的名誉,是与他人或自己的行为道德价值相符的认知名誉,是与他人或自己的行为道德价值相符的名誉之认知评价;所谓假的名誉或名誉谬误,也就是与他人或自己的行为道德价值不相符的名誉,是与他人或自己的行为道德价值不相符的认知名誉,是与他人或自己的行为道德价值不相符的名誉的认知评价。最后,所谓对的、好的、应该的或正确的良心,则与对的、好的、应该的或正确的名誉一样,以是否符合道德终极目的为准:对的、好的、应该的或正确的良心就是符合道德终极目的的良心,就是增进全社会和每个人利益的良心;错的、坏的、不应该或不正确的良心就是违背道德终极目的的良心,就是减少全社会和每个人利益的良心;对的、好的、应该的或正确的名誉就是符合道德终极目的的名誉,就是增进全社会和每个人利益的名誉;错的、坏的、不应该或不正确的良心就是违背道德终极目的的名誉,就是减少全社会和每个人利益的名誉。这就是良心与名誉的真假对错之概念。那么,良心与名誉究竟如何才能是真的、对的、好的、正确的,而不是假的、错的、坏的、不正确的?或者说,如何才能证明良心与名誉之真假对错?

2. 良心与名誉的真假对错之证明

佩斯塔那在探究错误良心的起因时,曾这样写道:

使一个人陷入邪恶行为的良心错误,或者是事实的,或者是道德的。事实的错误关涉处境或行为之事实……道德的错误则关涉道德本身,亦即运用于一定场合的道德规范。①

这就是说,良心与名誉之错误,或者是因为对于自己和他人行为的事实判断发生了错误;或者是因为用作评价标准的道德规范发生了错误。佩斯塔那的这一分析是不错的,但还不够确切和全面。更确切和全面些说,良心与名誉之真假对错,直接说来,固然取决于良心或名誉与其所评价的行为之实际道德价值是否相符;但是,根本说来,一方面,取决于所信奉的道德规范之对错;另一方面,取决于对自己和他人行为(动机和效果)的事实判断之真假:如果二者是对的和真的,那么,良心与名誉的评价必定是真的和对的;如果良心与名誉的评价是假的和错的,那么,或者所信奉的道德规范是恶劣的、不正确的,或者对自己和他人行

---

① John K. Roth, *International Encyclopedia of Ethics*, Braun-Brumfield Inc., U.C., 1995, p. 188.

为(动机和效果)的事实判断是假的,或者二者兼而有之。这就是良心与名誉真假对错的推导过程,这就是良心与名誉真假对错的证明方法。按照这一方法:

首先,如果不但对评价对象的事实判断是真的、是真理,而且用作评价标准的道德规范是优良的、正确的,那么,良心与名誉的认知评价必是真理,而感情评价、意志评价和行为评价必定正确。试想,如果张三努力工作的动机确实是一种无私奉献(对于评价对象的事实判断是真理),并且人们将"无私奉献"作为最高道德原则是正确的(评价标准是正确的);那么,人们认为"张三努力工作的动机符合最高道德原则,因而具有最高道德价值(名誉的认知评价)"显然便是真理(亦即与张三努力工作的实际道德价值相符);由此而来的"对于张三努力工作的钦佩之情(名誉的情感评价)"和"学习之意(名誉的意志评价)"以及"向张三学习的行为(名誉的行为评价)"也就都是正确的(亦即符合道德终极目的:增进全社会和每个人利益)。

其次,如果良心与名誉的认知评价是假的,情感评价、意志评价和行为评价是错的,那么,这往往是因为所信奉的道德规范是恶劣的、不正确的。想当年,我觉得自己成名成家的思想是不道德的(良心的认知评价是假的),因而为自己有这种不道德的思想而悔恨不已(良心的情感评价是错的),于是决心悬崖勒马而不再努力成名成家(良心的意志评价是错的),结果从那以后我就不再追求成名成家而努力奋斗了(良心的行为评价是错的)。我之所以犯有这些错误,主要讲来,岂不就是因为我所信奉的道德原则是恶劣的、不正确的?岂不就是因为我错误地否定为己利他而片面地认为无私利他是评价行为是否道德的唯一准则?

再次,如果良心与名誉的认知评价是假的、情感评价和意志评价以及行为评价是错的,并不是因为所信奉的道德规范是恶劣的、不正确的,那一定是因为对于评价对象的事实判断是假的:对于名誉来说尤其如此。试举一例:张三在自选商场实际上并没有偷商品,可是,不知为何,防盗警报却响起来,保安人员赶来,把张三带走了。于是,他的一些熟人和朋友便认为张三偷了东西(对评价对象事实如何的判断是假的)。因此,他们便都认为张三缺德(名誉的认知评价是假的);不免露出鄙视之情(名誉的感情评价是错的);并且皆有疏远他之意(名誉的意志评价是错的);熟人和朋友纷纷疏远张三(名誉的行为评价是错的)。所以,人们之所以对于张三名誉的认知评价是假的、情感评价和意志评价以及行为评价是错的,完全是因为他们误以为张三偷了东西:对评价对象事实如何的判断是假的。

最后,良心与名誉的认知评价是假的、情感评价和意志评价以及行为评价是错的,有时既因为所信奉的道德规范是不正确的,又因为对于评价对象的事实判断是假的。多年来我们之所以误以为成名成家是不道德的(名誉的认知评价是假的),鄙视成名成家(名誉的情感评价是错的),动辄决定开会批判成名成家(名誉的意志评价是错的),动辄开会批判成名成家(名誉的行为评价是错的),如果全面地究其原因,岂不既因为我们误以为成名成家势必损人利己(事实判断是假的),又因为我们错误地否定为己利他而片面地认为无私利他是评价行为是否道德的唯一准则(道德规范是不正确的)?

于是,证明良心与名誉之真假对错,便一方面在于证明良心与名誉对自己和他人的行为(动机和效果)的事实判断之真假;另一方面在于证明良心与名誉所信奉的道德规范之优劣:如果二者都是对的和真的,那么,良心与名誉的评价便必定与其所评价的行为之实际道德价值相符,便必定是真的和对的;如果良心与名誉的评价是假的和错的,那么,或者所信奉的道德规范是恶劣的、不正确的,或者对自己和他人行为(动机和效果)的事实判断是假的,或者二者兼而有之。这就是良心与名誉真假对错的推导过程和证明方法,我们不妨将其归结为一个公式:

前提1:良心与名誉所信奉的道德规范之对错
前提2:良心与名誉对自己和他人行为(动机和效果)的事实判断之真假

结论1:良心与名誉认知评价之真假
结论2:良心与名誉情感评价和意志评价以及行为评价之对错

可是,我们究竟为什么力求良心与名誉的真与对而避免其假与错?换言之,良心与名誉的真假对错究竟有什么作用、效用或意义?进言之,正确的良心或名誉是否与不正确的良心或名誉一样使人不差不错地遵守道德?这就是"应该怎样"进行良心与名誉的道德评价的最后问题,这就是良心与名誉的最为复杂也最为令人困惑的难题:良心与名誉真假对错之意义或价值。

3. 良心与名誉的真假对错之意义

信奉优良道德规范导致的正确的名誉和良心,与信奉恶劣道德规范导致的错误的名誉和良心,所具有使人遵守道德的巨大效用是根本不同的。诚然,良心与名誉具有使每个人遵守道德的巨大作用,意味着:"正确的良心与名誉"和"不正确的良心与名誉"一样具有使人遵守道德的巨大作用。因为根据"遍有遍无"的演绎公理,一般的事物所具有的属性,个别的事物无不具有。这样,"正确的良心与名誉"和"不正确的良心与名誉"便必定无不具有"良心与名誉"所具有的使每个人遵守道德的巨大作用。但是,细究起来,二者使每个人遵守道德的巨大作用毕竟具有根本不同之处。

第十一章 良心与名誉：优良道德的实现途径

这种根本不同之处，粗略看来，显然在于：正确的良心和名誉的根本的特征在于信奉优良道德，因而它们使人遵守的是优良道德；错误的良心和名誉的根本的特征在于信奉恶劣道德，因而它们使人遵守的是恶劣道德。但是，究竟言之，并不尽然。我们固然可以由正确的良心和名誉的根本的特征在于信奉优良道德，而得出结论说：它们能够使人真正遵守优良道德。但是，我们却不能由不正确的良心和名誉的根本的特征在于信奉恶劣道德，而得出结论说：它们能够使人真正遵守恶劣道德。因为不正确的良心与名誉，就其所信奉的恶劣道德规范、道德要求来说，可以分为两种："违背人的行为本性因而是人做不到的"和"不违背人的行为本性因而是人能够做到的"。不正确的良心与名誉的道德要求，如果违背人的行为本性因而是人做不到的，结果究竟会怎样呢？

违背人性的道德之最普遍者，当推极端利他主义：该派的基本特征，是否定为己利他而把无私利他奉为评价行为是否道德的唯一准则。一个人的良心如果与名誉评价、社会舆论的道德要求一致，真诚信奉这种利他主义，从而他的良心是利他主义的良心，那么，按照利他主义道德标准，他必须压抑自己的一切目的在于利己的欲望和自由，他便会因自己的任何目的在于利己的行为而遭受背离道德的内疚感的折磨。这样，他便遭受到比信奉优良道德多得多的损害和痛苦。因为按照优良道德，比如说按照己他两利主义，他只需压抑以损人手段实现利己目的的欲望和自由，他只会因自己的损人利己的行为而遭受背离道德的内疚感的折磨。并且，问题的真正关键在于，他不但在个人幸福方面遭受损害，而且在自我品德上遭受损失：他注定要成为伪君子。因为否定个人利益追求的利他主义道德原则违背人的行为本性，是谁都做不到的。于是，他必定要自欺欺人，把目的为自己的行为当作是为他人的；因而实际上，他不但没有遵守利他主义的道德，而且不自觉地成了一个伪君子。反之，如果一个人的良心并不是真诚地信奉利他主义，利他主义仅仅是名誉评价、社会舆论的要求，那么，他对利他主义的道德便会阳奉阴违，自觉地变成伪君子。所以，错误的良心与名誉的道德要求，如果违背人的行为本性因而是人做不到的，那么，它们并不能使人遵守它们那种违背人性的道德要求；它们那种使人遵守道德的巨大力量必定发生异化：使人无可逃脱地——自觉或不自觉——变成伪君子。弗洛伊德每谈及此，便感慨不已：

> 文明社会只要求行为好……便自行将道德标准尽可能提高，使其成员进一步与自身的本性疏远……凡是一直按照文明的信条而不是受本能驱使行事的人，从心理学的角度讲，过的是入不敷出的生活。不管他自己能否意识得到，都可以客观地将他称作一个伪君子。无可否认，我们当今的文明社会特别有利于产生这种形式的虚伪。我们可以冒昧地说，如果人们打算面对心理现实的话，他

们就会明白,文明社会正是建立在这种虚伪的基础之上的。这种情况必须改变,这种改变有着深远的意义,因为现在伪君子大大多于真正的文明人。①

错误的良心与名誉所信奉的道德规范,如果不违背人性,因而与正确的良心与名誉所信奉的道德规范一样是人们能够做到的,那么,错误的良心与名誉便与正确的良心与名誉同样能够使人遵守道德,不论这种道德是多么荒唐。恐怕再也没有比"女人应该裹小脚"的道德规范更为荒唐的了!但是,这种道德规范并不违背行为的客观本性,是每个女人都能做到的。所以——问一下我们上一辈的人就可以知道——信奉这种道德规范的错误的良心与名誉,与那些正确的良心与名誉同样能够使人遵守它们所信奉的道德规范。"因此",达尔文说,"极为离奇怪诞的风俗和迷信,尽管与人类的真正福利与幸福完全背道而驰,却变得比什么都强大有力地通行于全世界。"②

可见,错误的良心与名誉,在其不违背人性的条件下,并不影响使人遵守道德的巨大力量。然而,唯有正确的良心与名誉才能使人遵守优良道德,从而才能够做出真正的善行;而错误的良心与名誉则只可能使人遵守恶劣道德,从而便可能使人陷入真正的罪恶。想想看,当年纳粹分子受着诸如"应该灭绝犹太人"的错误的良心与名誉的鼓舞,曾做出了多少惨绝人寰的真正的罪恶:短短的几年间就有600万犹太人因此命丧黄泉!所以,只有按照正确的良心与名誉的道德指令而行,行为者才能因其遵守优良道德而做出真正的善行;错误的良心与名誉或者只可能使行为者的行为遵守恶劣道德,从而便可能使行为者的行为陷入真正的罪恶;或者不可能使行为者的行为真正遵守这种恶劣道德——在这种恶劣道德违背人性的条件下——从而也只能造就伪君子。这就是良心与名誉的真假对错之效用、作用、价值或意义之所在。

良心与名誉的真假对错之价值或意义表明,与其说良心与名誉,不如说正确的良心与名誉,是实现道德的真正途径,至少是实现优良道德的唯一途径:正确的良心是使人遵守道德的内在途径,是实现优良道德的唯一的内在途径;正确的名誉是使人遵守道德的外在途径,是实现优良道德的唯一的外在途径。如果人们不是一次、两次、偶尔的行为遵守道德,而是一系列的、长期的、恒久的行为遵守道德,那么,道德便会由社会的外在规范转化为人们的内在品德。道德只有由社会外在规范转化为人们的内在品德,才算真正得到了实现。因为,一方面,如果一种道德没有由社会外在规范转化为人们的内在品德,那么,人们遵守这种道

---

① 〔奥〕弗洛伊德:《论创造力与无意识》,纳尔逊编,孙恺祥译,中国展望出版社1986年版,第216页。
② Charles Darwin, *Descent of Man and Selection In Relation to Sex*, John Murray, Albemarle Street, W. London, 1922, p. 186.

德便是被迫的、偶尔的、不可靠的;如果一种道德已经由社会外在规范转化为人们的内在品德,那么,人们遵守这种道德便是自愿的、恒久的、可靠的。另一方面,人们对道德的遵守,归根结底,取决于人们的品德如何:品德越高,行为越能遵守道德;品德越低,行为越不能遵守道德。那么,人们的品德究竟是如何形成与发展的? 究竟应该如何培养人们的品德? 这是下面两章"品德本性"和"品德培养"的研究对象。

思 考 题

1. 人们往往以为,一个人越有良心,或者说,他的良心越强,他便越吃亏;反之,他越没有良心,或者说,他的良心越弱,他便越占便宜。然而,达尔文却认为良心强对自己是极其有利的:"人在他的良心的激励下,通过长期的习惯,将取得一种完善的自我克制能力……这对于他自己是最有利的。"达尔文的观点能成立吗? 一个人良心的强弱与他自己的利益关系究竟如何? 怎样才能使一个人有良心或良心强?

2. 孟子曰:"人之不学而能者,其良能也;所不虑而知者,其良知也。"①弗洛伊德却说:"良心无疑是我们身内的某种东西,但是,人之初并无良心。"②辨析二者之是非? 良能、良知和良心是同一概念吗?

3. 西塞罗说:"许多人蔑视荣誉,却又因遭受不公正的谴责而感到莫大的羞辱和痛心:这岂不极为矛盾?"果真矛盾吗? 那么,为什么伟大智者往往蔑视荣誉? 是因为他们没有名誉心,还是因为不应该追求荣誉?

4. 一个人不应该昧着良心追求虚荣;而应该凭着良心追求名副其实的光荣。然而,是否只要凭着良心追求名副其实的光荣就都是应该的?

5. 以自我实现——亦即坚持自由和个性从而实现自己的创造性潜能——的方式追求荣誉者,往往要在他死后才能得到荣誉;而在他有生之年,大都得不到社会和他人的理解而备受耻辱与舆论谴责之苦。反之,以自我异化——亦即放弃自由和个性而屈己从众——的方式追求荣誉者,大都能够如愿以偿,得到社会和他人的理解和盛赞;在他有生之年,便可望享尽荣华富贵。请躬心自问:自己以往究竟是以哪一种方式追求着荣誉? 今后自己将以何种方式追求荣誉? 回

---

① 《孟子·尽心上》。
② Sigmund Freud, *New Introductory Lectures On Psycho-Analysis*, Translated by W. J. H. Sprott, W. W. Norton & Company, Inc. Publishers, New York, 1933, p. 89.

答你的选择和选择的理由。

6. 试比较"行为效果"、"行为结果"与"行为效用"之异同以及"行为动机"与"行为目的"之异同。动机论与效果论的分歧究竟何在？动机效果统一论是克服了动机论与效果论的片面性的真理吗？

7. 卢梭说：良心"不差不错地判断善恶"。斯密亦有此见。他们的观点能成立吗？如果答案是肯定的，那么，应该如何理解所谓"坏良心"、"怀疑的良心"之说？如果答案是否定的，那么，良心如何才能是真的、对的，而不是假的、错的？名誉的真假对错问题也是如此吗？

参 考 文 献

《孟子·尽心》、《孟子·告子》。

（明）王阳明：《传习录》。

（南宋）朱熹：《四书章句集注·论语·学而》，齐鲁书社1992年版。

张岱年：《中国哲学大纲》，中国社会科学出版社1982年版。

Adam Smith, *The Theory of Moral Sentiments*, Edited by D. D. Raphael and A. L. Macfie, Clarendon Press, Oxford, 1976.

Gerhard Zecha and Paul Weingartner, *Conscience: An Interdisciplinary*, D. Reidel Publishing Company, Dordrecht, Holland, 1987.

Charles Darwin, *Descent of Man and Selection In Relation to Sex*, John Murray, Albemarle Street, W. London, 1922.

Friedrich Paulsen, *System of Ethics*, Translated By Frank Thilly, Charles Scribner's Sons, New York, 1908.

第十二章 品德本性

> **本章提要**：国民总体品德发展规律可以归结为四条。① 德富律：一个社会的经济发展越快，物质财富增加得越多，对于这些物质财富的分配越公平，人们的生理需要、物质需要的相对满足的程度便越充分，因而人们做一个好人的道德需要和欲望便越多，人们的品德便越高尚。② 德福律：一个国家的政治越清明，人们的德福便越一致，人们做一个有美德的人的动力便越强大，他们做一个有美德的好人的道德愿望便越强大，他们善的动机便越强大以致能够克服恶的动机和实现善的动机的内外困难，他们的道德意志便越强大，他们的品德便越高尚。③ 德识律：一个国家的科教文化越发达，该国国民普遍的认识水平便越高，国民普遍的道德认识水平便越高，国民的品德便越高尚。④ 德道律：道德越优良，它给予每个人的压抑和损害便越少，而给予他的利益和快乐便越多，于是人们遵守道德从而做一个有美德的人的动力、道德欲望和动机以及道德意志便越强大，因而他们的品德便越高尚。

一、品 德 概 念

1. 品德的定义

品德与"德"、"德性"、"道德品质"、"道德自我"、"道德人格"、"道德个性"无疑是同一概念。从词源来看，中文的"惪"字（古"德"字），从直从心，指一个人的心理特征。这种心理的特征，可以用"得"字来概括：心有所得。德就是获得、占有某种好东西的意思。这就是为什么《广雅·释诂》和《释名·释言语》诸书皆训

"德"为"得"的缘故。《说文解字》也这样写道:"得即德也"。英文中的"德性"一词是 Virtue,源于拉丁文 Vir,本义为"力量"、"勇气"或"能力",也有获得、占有某种好东西的意思。希腊文中的"德性"一词是 arete,本义亦然,进而引申为事物之完善的、良好的、优秀的状态。

可见,就词源来说,不论中西,"德"与"得"都是相通的,德性或品德都有获得、占有某种好东西的意思;只不过中文略胜一筹,进而指明了这种好东西属于心理范畴,是一种心理品质、心理特征、心理状态。当然,这还不是德性或品德的定义。因为正如黑格尔所言:一个人一两次行为所表现的偶尔的、不稳定的内心状态和心理特征还不是品德[1]。我们不能因为一个人做了一两件好事便说他品德好,也不能因为他做了一两件坏事便说他品德坏。品德是一个人在长期的、一系列的行为中所表现出来的习惯的、稳定的、恒久的、整体的心理状态;品德是个人的一种心理自我、一种人格、一种个性。那么,品德这种人格或个性究竟是一种什么样的人格或个性?

品德与人格或个性的区别,粗略看来,乃在于品德是人格或个性的两大类型之一。因为人格或个性无疑可以分为两类:一类人格或个性,如思维型还是艺术型、急性还是慢性等等,显然是不能进行道德评价、无所谓善恶的;反之,另一类人格或个性,如诚实还是虚伪、勇敢还是怯懦等等,则可以进行道德评价、有所谓善恶。这些可以进行道德评价而有所谓善恶的人格或个性,便是一个人的道德人格、道德个性,便是所谓的"品德"。但是,品德与人格或个性的区别,说到底,乃在于人格或个性可以形成于任何行为;品德——一种特殊的人格或个性——则只能形成于一种特殊的行为。这种特殊的行为显然就是遵守或违背道德的行为,是受具有一定的道德价值、可以进行道德评价的意识支配的行为,也就是受利害人己意识支配的行为,说到底,亦即所谓伦理行为或道德行为。一个人的品德,就是他这种遵守或违背道德的伦理行为积累到一定程度的结果。对此,亚里士多德讲得很清楚:

德性的获得,不过是先于它的行为之结果;这与技艺的获得相似。因为我们学一种技艺就必须照着去做,在做的过程中才学成了这种技艺。我们通过从事建筑而变成建筑师,通过演奏竖琴而变成竖琴手。同样,我们通过做公正的事情而成为公正的人,通过节制的行为而成为节制的人,通过勇敢的行为而成为勇敢的人。[2]

---

[1] 周辅成编:《西方伦理学名著选辑》下卷,商务印书馆 1987 年版,第 428 页。
[2] Aristotle, *Aristotle's Nicomachean Ethics*, Translated with Commentaries and Glossary by Hippocrates G. Apostle, Peripatetic Press, Grinnel, Iowa., 1984, p. 21.

这就是说，一个人的品德不但表现于、而且形成于他长期遵守或违背道德的行为；不但表现于而且形成于他长期的道德行为：品德是一个人长期遵守或违背道德的行为所形成和表现出来的相对稳定的心理状态、道德人格和道德个性。这就是为什么，一个人的品德水平与其长期道德行为水平必定完全一致：长期道德行为高尚者，品德必定高尚；长期道德行为恶劣者，品德必定恶劣。反之，品德高尚者，长期行为必定高尚；品德恶劣者，长期道德行为必定恶劣。

2. 品德的结构

界定了品德概念，也就不难解析它的结构了。因为心理学表明，一切心理活动都是由知（认识）、情（感情）、意（意志）三种成分构成。品德是一个人长期的伦理行为所形成和表现出来的稳定的心理自我，是一个人长期遵守或违背道德的行为所形成和表现出来的道德人格和道德个性，属于心理、人格和个性范畴，因而也不能不由知、情、意三者构成：品德的"知"即其个人道德认识或个人道德认知；品德的"情"即个人道德感情或道德情感；品德的"意"即个人道德意志。所以，蔡元培写道：

> 人之成德也，必先有识别善恶之力，是智之作用也。既识别之矣，而无所好恶于其间，则必无实行之期，是情之作用，又不可少也。既识别其为善而笃好之矣，而或犹豫畏葸（葸），不敢决行，则德又无自而成，则意之作用，又大有造于德者也。故智、情、意三者，无一而可偏废也。①

所谓个人道德认识，当然与道德认识有所不同："个人道德认识"乃是作为一个人的品德结构之一种成分的"道德认识"，是一个人所得到的人类道德认识，是一个人对于人类道德认识的"得"。因此，个人道德认识极为复杂多样，包括一个人所获得的有关道德的一切科学知识、个人经验和理论思辨；然而其核心无疑是对一个人为什么应该做和究竟如何做一个有道德、有美德的人的认识：它是品德的最重要的认知成分。那么，一个人究竟是怎样获得和形成这些道德认识的呢？

不言而喻，一个人的道德认识，与其他认识一样，说到底，只能来源于他的社会生活，来源于他所遭遇和所进行的道德实践活动。就拿"为什么应该做一个有美德的人"——它无疑是最重要的个人道德认识——来说。一个人对于这一认识的获得，说到底，显然源于社会和别人因他品德的好坏所给予他的赏罚：如果他品德好，那么，他便会得到社会和他人的赞许和给予，便会获得一切；反之，则

---

① 《蔡元培全集》第二卷，中华书局1984年版，第253页。

会受到社会和他人的谴责和惩罚,则会失去一切。他所遭遇的这种赏罚实践活动逐渐地便会使他认识到,一个人是否有美德乃是他一切利益中最根本的利益,因而应该做一个有美德的人:"莫之御而不仁,是不智也。"①

个人道德认识是个人道德行为的指导,因而一个人没有一定的道德认识,便不会有相应的道德行为及其品德。试想,一个人如果认为救助遇难者极可能被讹诈,因而不应该救助遇难者,那么,当他见到一个人躺在马路上的时候,他会去救助这个人吗?显然不会。那么,一个人有了道德认识,便会有相应的道德行为及其品德吗?不一定。因为任何认识都只是行为的指导,而不是行为的动力。行为的动力乃是欲望和需要。这样,一个人有了道德认识,知道什么是道德的和不道德的,懂得一个人为什么应该做和究竟如何做一个有道德、有美德的人;却未必想做、愿做、欲做符合道德的行为和不做违背道德的行为,于是也就未必会发生相应的道德行为,因而也就未必会有相应的品德。试想,某些一辈子研究伦理学的专家,为什么竟然干了那么多缺德的勾当?为什么他们远非品德高尚的人?岂不就是因为他们虽然深知为什么应该做一个品德高尚的人,却并没有做一个品德高尚的人的深切欲望?

可见,一个人没有一定的道德认识,固然不会有相应的道德行为,不会有相应的品德;但他有了一定的道德认识,却不一定会有相应的道德行为,不一定会有相应的品德。因此,个人道德认识只是道德行为的必要条件而非充分条件,从而也就只是品德的必要条件而非充分条件。那么,当一个人不但有了应该做一个好人的道德认识,而且有了做一个好人的欲望的时候,他就一定会进行相应的伦理行为从而逐渐具有相应的品德吗?或者说,个人道德欲望、个人道德感情是品德形成的充分条件吗?

欲望等一切感情,如所周知,是主体对其需要是否被客体满足的心理体验,是引发每个人行为的原动力。因此,所谓个人道德感情,说到底,也就是一个人所具有的引发自己道德行为或伦理行为的感情。引发一个人伦理行为的感情,主要讲来,无疑可以归结为四类(爱人之心和自爱心以及恨人之心和自恨心)九种(同情心和报恩心、求生欲和自尊心、嫉妒心和复仇心、内疚感和罪恶感以及自卑心):爱人之心(同情心和报恩心)和自爱心(求生欲和自尊心),就其自身来说,显然符合道德终极目的、道德终极标准——增进全社会和每个人利益——因而是善的个人道德感情;恨人之心(嫉妒心和复仇心)和自恨心(内疚感、罪恶感和自卑心),就其自身来说,显然违背道德终极目的、道德终极标准,因而是恶的个人道德感情。然而,这些就是个人全部道德感情吗?否。因为这些个人道德

---

① 《孟子·告子下》。

感情显然仅仅是人与其他社会性动物,如猩猩、猴子、猪、鸡、猫、狗和驴、马等,所共有的感情。谁能否认,这些动物同样具有爱恨、同情、嫉妒等感情呢?所以,每个人必定还具有人所特有而不同于其他动物的道德感情。这种道德感情,正如达尔文所言,乃是良心和名誉的情感评价及其所由以产生的做具有美德的人之个人道德需要、个人道德欲望、个人道德愿望和个人道德理想①。可是,个人道德感情究竟是怎样形成和获得的呢?

不难看出,个人道德感情直接源于、形成于个人道德认识,最终则源于、形成于个人道德实践。就拿一个人对他父母的爱来说。他的这种道德感情无疑产生和形成于他所承受的父母长期给予他的快乐和利益;因为所谓爱,如前所述,就是自我对其快乐和利益之因的心理反应。然而,我们看到那么多不孝儿女,他们虽然从父母那里得到了巨大的快乐和利益,却并不深爱他们的父母。原因之一,岂不就是因为不养儿不知父母恩?岂不就是因为他们没有真正理解和认识父母的深恩大德?及至他们自己有了儿女,他们才理解了父母的养育之不易,才真正懂得了父母之深恩大德,从而心中才充满了对父母的深情挚爱。所以,只有对于父母的给予怀有正确的道德认识,一个人才能够真正深爱给予他莫大利益和快乐的父母:一个人对父母的爱直接源于、形成于诸如"父母之恩无与伦比"的道德认识;最终则源于、形成于他长期从父母那里得到的快乐和利益的道德实践。

那么,当一个人的道德认识与道德实践结合起来,因而使他有了相应的道德感情,就会引发相应的伦理行为吗?是否一个人有爱人之心,就会引发利人之行为?未必。因为任何人都绝不会孤立地、孤零零地只有一种道德感情,只有一种爱人之心;而必定具有多种道德感情,必定还有自爱心、嫉妒心、复仇心等等众多道德感情。这样一来,如果一个人有了某种道德感情,他一定想做、愿做、欲做相应的伦理行为;可是他却未必会实际做出这种伦理行为。只有当他的这种道德感情达到一定的强度,能够克服与其冲突的其他感情从而处于决定的和支配的地位,他的这种道德感情才会使他进行相应的伦理行为,才会使他具有相应的品德;否则,他便徒有某种道德感情而不会引发相应的伦理行为,不会有相应的品德。所以,虽然没有某种道德感情,必定不会有相应的伦理行为,必定不会有相应的品德;但是,有了某种道德感情,却未必会有相应的伦理行为,未必会有相应的品德。因此,道德感情虽然是伦理行为的原因和动力,却仅仅是引发伦理行为的必要条件而非充分条件,因而也就仅仅是品德形成的必要条件而非充分条件。那么,品德形成的充分条件究竟是什么?既非个人道德认识,亦非个人道德感

---

① Charles Darwin, *Descent of Man and Selection In Relation to Sex*, John Murray, Albemarle Street, W. London, 1922, p. 148.

情,因而只能是个人道德意志吗?

个人道德感情引发其伦理行为的整个心理过程,也就是所谓的个人道德意志:个人道德意志就是个人道德愿望转化为实际伦理行为的整个心理过程,就是一个人的伦理行为从思想确定到实际实现的整个心理过程,就是个人伦理行为目的与手段从思想确定到实际实现的整个心理过程,就是个人的伦理行为动机从确定到执行的整个心理过程。举例说,我买保健食品(伦理行为手段)以便使父母健康长寿(伦理行为目的)的伦理行为从思想打算(伦理行为动机)到实际实现(伦理行为效果)的整个心理过程,就是我的个人道德意志。

这样,个人道德意志显然包括两个阶段。第一阶段是伦理行为动机确定的心理过程阶段,亦即伦理行为目的与手段的思想确定阶段,可以称之为"做出伦理行为决定"阶段。第二阶段则是伦理行为动机的执行的心理过程阶段,亦即关于伦理行为目的与手段的思想之付诸实现的心理过程阶段,可以称之为"执行伦理行为决定"阶段。我给父母买保健食品(伦理行为手段)以便使父母健康长寿(伦理行为目的)的想法和打算,属于伦理行为动机的确定阶段,亦即"做出伦理行为决定"阶段;我去药店买保健食品并将这些食品给我父母送去的心理过程,属于伦理行为动机付诸实现阶段,亦即"执行伦理行为决定"阶段。

这两个阶段的完成,无疑都需要克服困难,都需要个人道德意志之努力。做出伦理行为决定阶段所要克服的困难,主要是解决动机冲突。如果一个人善的欲望和动机克服了恶的欲望和动机,或者层次较高、价值较大的善的欲望和动机克服了较低、较小的善的欲望和动机,那么,我们便说他有道德意志,或者说他的道德意志强。反之,我们便说他没有道德意志,或者说他的道德意志弱。执行伦理行为决定阶段所要克服的困难可以分为外部困难和内部困难:前者如环境的复杂、条件的恶劣和他人的阻挠等;后者如实现执行伦理行为决定的过程和道路之漫长、曲折以及妨碍决定执行的习惯、懒惰、疲劳等等。一个人在执行善的、道德的伦理行为决定阶段时,如果克服了这些困难,实现了所选择的道德动机,那么,他便具有道德意志,或者说他的道德意志强;否则,即使他选择和做出了善的、道德的伦理行为决定,他仍然缺乏足够的道德意志,或者说他的道德意志仍然是较弱的、不够强大的。

个人道德意志之强弱,显然取决于个人道德感情、道德欲望之强弱而与其成正比例变化:如果一个人的道德欲望、道德感情比较强,那么,他的善的欲望和动机就能够克服恶的欲望和动机,他就能够克服执行道德决定所遭遇的内外困难,因而他的道德意志便比较强;反之,如果一个人的道德欲望、道德感情比较弱,那么,他的善的欲望和动机就不能够克服恶的欲望和动机,他就不能够克服执行道德决定所遭遇的内外困难,因而他的道德意志便比较弱。试看古今中外那些百折不挠的铮铮硬汉,他们之所以具有钢铁般的坚强意志,岂不就是因为他们怀抱成就丰功伟业的极其强烈的渴望?

因此,一个人即使有了做一个好人的道德认识和道德感情,因而懂得和欲做相应的伦理行为;但是,如果他的道德欲望、道德感情不够强烈,因而没有道德意志,或者说,他的道德意志比较弱,不能使道德动机克服不道德动机,不能克服执行道德决定的内外困难,那么,他实际上便不会做出相应的伦理行为,从而也就不会成为一个好人而具有相应的品德:个人道德意志与道德认识和道德感情一样,也是品德形成的必要条件。反之,一个人如果具有做一个好人的道德意志,或者说,他做一个好人的道德意志强,那么,他便不但一定具有相应的比较强烈的道德认识和道德感情,因而懂得和愿做相应的伦理行为,而且能够使道德动机克服不道德动机,能够克服执行道德动机的内外困难,从而做出相应的伦理行为,最终成为一个好人而具有相应的品德:个人道德意志与道德认识和道德感情不同,乃是品德形成的充分条件。于是,合而言之,个人道德意志乃是伦理行为的充分且必要条件,从而也就是品德形成的充分且必要条件。

综观品德结构三因素——个人道德认识、个人道德情感和个人道德意志——可以得出结论说,一个人的品德形成于他的长期的伦理行为;他的伦理行为形成于他的道德意志;他的道德意志形成于他的道德认识和道德感情;他的道德感情形成于他的道德认识:个人道德认识是伦理行为的心理指导、必要条件,是品德的指导因素、首要环节和必要条件;个人道德情感是伦理行为的心理动因、必要条件,是品德的动力因素、决定性因素、基本环节和必要条件;个人道德意志是伦理行为的心理过程、充分且必要条件,是品德的过程因素、最终环节和充分且必要条件。

3. 品德的类型

品德的定义——品德是一个人长期遵守或违背道德的伦理行为所形成和表现出来的稳定的心理自我、道德人格或道德个性——显然蕴含着,品德分为美德与恶德两大类型:美德是一个人的行为长期遵守道德所得到的结果,是已转化为一个人的人格和个性的应该如何的道德规范;而恶德是一个人的行为长期违背道德所得到的结果,是已转化为人格和个性的不应该如何的道德规范。所以,保罗·J·查拉(Paul J. Chara)在界说美德时这样写道:

美德是存在于品质和行为中的善与应当的道德准则,这些准则引导个人追求道德完善而避免道德堕落。[①]

[①] John K. Roth, *International Encyclopedia of Ethics*, Braun-Brumfield Inc., U.C., 1995, p.912.

这意味着，品德与道德不过是存在于不同场合的同一东西：任何道德或品德，如"节制"、"放纵"、"谦虚"、"骄傲"、"勇敢"、"怯懦"等等，究竟是"道德"还是"品德"，只能看它们存在于何处：如果存在于个体心中已转化为个人的人格和个性，它们就是"品德"；如果存在于个体心外而并没有转化为个人的人格和个性，因而仅仅是外在于个人的人格和个性的社会规范，它们就是"道德"。因此，品德——美德与恶德——的类型便与道德的类型完全一致：品德的类型就是道德的类型。

谁都知道，道德分为道德原则和道德规则：二者又都有普遍与特殊之分。特殊道德原则和特殊道德规则皆因社会不同而不同，因而多种多样、不胜枚举；它们都推导于普遍道德原则和普遍道德规则而仅仅适用于特定社会；它们在每个人的个性和人格中的实现显然算不上是人类的主要品德。人类的主要品德无疑是适用于一切社会的普遍道德原则和普遍道德规则在每个人的个性和人格中之实现。普遍道德原则分为道德总原则"善"与善待自我的道德原则"幸福"以及社会治理道德原则"公正"、"平等"、"人道"和"自由"等六大原则；普遍道德规则主要是"诚实"、"贵生"、"自尊"、"谦虚"、"勇敢"、"节制"、"智慧"、"中庸"等八大规则：这十四种道德规范的内化便构成了人类的主要品德。

道德总原则"善"在一个人的人格和个性中的内化或实现，无疑是一切美德的总汇，是一种完全的美德，我们不妨借用中国道家和西哲亚里士多德的用语，而称之为"全德"。但是，道家所谓的"全德"是指隐士的美德，亚里士多德的"全德"是指公正的美德，因而我们是用其词而异其指也。相应的，不道德总原则"恶"在一个人的人格和个性中的内化或实现，则是一切恶德的总汇，是一种完全的恶德。

普遍道德原则——"公正"、"平等"、"人道"、"自由"和"幸福"——在一个人的人格和个性中的内化或实现，可以借用古希腊和基督教的用语而称之为"主德"。古希腊所谓"四主德"是"公正"、"节制"、"智慧"和"勇敢"；基督教的"三主德"是"信"、"望"、"爱"：两者结合起来被称作"七德"。所以，我们虽用其词而并不完全同其所指。"公正"、"平等"、"人道"与"自由"是善待他人的四大道德原则，主要是社会治理的道德原则，因而四者在一个人的人格和个性中的内化或实现，乃是善待他人的美德，主要是社会治理的美德，是社会治理者的四大美德，可以称之为"社会治理四大主德"。反之，"不公正"、"不平等"、"不人道"和"异化"四大不道德原则在一个人的人格和个性中的内化或实现，则是对待他人的恶德，主要是社会治理的恶德，是社会治理者的四大恶德，不妨称之为"社会治理四大恶德"。反之，"幸福"则是善待自我的道德原则。这一道德原则当然不是指一个人事实上是否幸福：幸福之为道德原则显然是指一个人应该如何追求幸福。应该如何追求幸福的道德原则在一个人的人格和个性中的内化或实现,就是善待自我的主要美德,就是善待自我的主德。反之,违背这些幸福道德原则的人格和个性,则是对待自我的主要恶德。

普遍道德规则——"诚实"、"贵生"、"自尊"、"谦虚"、"勇敢"、"节制"、"智慧"和"中庸"——在一个人的人格和个性中的内化或实现,可以借用儒家用语而称之为"达德"。《礼记·中庸》曰:"知、仁、勇三者,天下之达德也。"所以,我们这里也是用其词而并不完全同其指。"诚实"、"贵生"、"自尊"、"谦虚"、"勇敢"、"节制"、"智慧"和"中庸"八种道德规则在一个人的人格和个性中的内化或实现,是八种普通而重要的美德,可以称之为"八达德"。反之,"欺骗"、"轻生"、"自卑"、"骄傲"、"怯懦"、"放纵"、"愚蠢"和"偏执"在一个人的人格和个性中的内化或实现,则是八种普通而重要的恶德,可以称之为"八恶德"。

显然,有多少道德,就有多少美德:道德无穷无尽,美德也无穷无尽。但是,要言之,这些美德——恶德是美德的反面——可以归结为一全德(善)、五主德(公正、平等、人道、自由和幸福)和八达德(诚实、贵生、自尊、谦虚、勇敢、节制、智慧和中庸)。然而,问题的关键无疑在于:究竟为什么一些人会长期遵守道德从而具有美德? 反之,另一些人为什么会长期违背道德从而具有恶德? 一个人究竟为什么应该具有美德而不应该具有恶德? 这就是品德性质之难题,亦即今日西方美德伦理学的根本问题:一个人究竟为什么是道德的?

二、品德性质

1. 品德的价值

当我们深入探究一个人为什么长期遵守或违背道德从而具有美德或恶德时,将会发现,这是由美德和恶德的价值——美德和恶德对于其拥有者都既是一种"善"同时又是一种"恶"——所决定的:"善"与"好"和"正价值"是同一概念,就是客体有利于主体的需要、欲望和目的效用性;"恶"与"坏"和"负价值"是同一概念,就是客体有害于主体的需要、欲望和目的的效用性。所以,罗素说:"当一个事物满足了愿望时,它就是善的。或者更确切些说,我们可以把善定义为愿望的满足。"[1]不过,罗素这一真知灼见早在两千年前就已经被孟子极为精辟地概括为五个字:"可欲之谓善。"[2]

---

[1] 〔英〕罗素:《伦理学和政治学中的人类社会》,肖巍译,中国社会科学出版社 1992 年版,第 66 页。
[2] 《孟子·告子下》。

准此观之,美德和恶德对于它们的拥有者便同样既是善又是恶。因为道德与法律一样,就其自身来说,不过是一种行为规范,是对人的某些欲望和自由的限制、约束、压抑、侵犯,因而是一种害和恶;但就其结果和目的来说,却能够防止更大的恶(社会崩溃)和求得更大的善(社会的存在、发展),因而是净余额为善的恶,是必要恶。但是,美德也是如此吗?是的。因为"美德"与"道德",都是一种应该如何的行为规范:"道德"是外在规范,是未转化为个体内在心理和道德人格的社会规范;而"美德"则是内在规范,是已经转化为个体内在心理和道德人格的社会规范。所以,美德与道德一样,就其自身来说,都是对人的某些欲望的限制、约束、压抑,因而都是一种害和恶。那么,究竟有没有不压抑欲望的道德和美德?没有。

因为道德和美德无非两类:高级的或善待他人的与低级的或善待自己的。善待他人的道德和美德,如"大公无私"、"自我牺牲"、"报恩"、"同情"、"爱人"、"公正"、"诚实"、"慷慨"等等,压抑的是利己的欲望而实现利他的欲望;反之,善待自己的道德和美德,如"节制"、"贵生"、"幸福"、"谨慎"、"豁达"、"平和"等等,压抑的则是某些利己欲望(如:不理智的欲望),而实现另一些利己欲望(如:理智的欲望)。于是,道德和美德,就其自身来说,无不压抑欲望,因而无不是一种害和恶。相反的,恶德就其自身来说,必定是对于拥有这种恶德的人的欲望的解放、实现,因而是一种利和善。只不过,美德对于每个拥有美德的人,不仅仅是害和恶,而且必定能够导致更大的利和善,因而是一种净余额为善的恶,是一种必要恶,说到底,也就是一种真正的利和善。反之,恶德对于每个拥有恶德的人,不仅仅是利和善,而且必定导致更大的害和恶,因而是一种净余额为恶的善,说到底,也就是一种真正害和恶。

不难理解,"节制"、"贵生"、"谨慎"、"刚毅"、"自尊"、"智慧"等等善待自我的美德,就其自身来说,固然压抑、侵犯了自我的某些欲望和自由,但是,这种压抑和侵犯却能够,一方面,防止自我的更大的欲望和自由的被压抑、被损害;另一方面,则可以求得自我更大的欲望和自由之实现,因而其净余额是利和善,是一种必要的害和恶,是一种真正的利和善。反之,"放纵"、"轻生"、"任性"、"自暴自弃"等对待自我的恶德,就其自身来说,固然解放、实现了自我的自由和欲望,但是,这种解放和实现,一方面会导致自我的更大的欲望和自由的被压抑、被损害;另一方面则会阻碍自我的更大的欲望和自由的实现,因而其净余额是害和恶,是一种得不偿失的利和善,说到底,是一种真正的害和恶。

至于善待他人的美德,如"无私利他"、"公正"、"报恩"、"同情"、"爱人"、"诚实"、"慷慨"等等,对自己的欲望等利益的压抑无疑更为严重:它们压抑的是利己的欲望而实现利他的欲望。但是,它们却能够求得更大的利或善(社会和他人的赞许、赏誉),和防止更大的害或恶(社会和他人的唾弃、惩罚),因而净余额是更大的善和利,是更加必要的恶和害,说到底,便是一种更大的、真正的利和善而非害和恶。反之,对待他人的恶德,如"忘恩负义"、"临阵脱逃"、"损人利己"、"贪污受贿"、"敲诈勒索"、"杀人越货"、"不公正"、"欺骗"等等,对自己的自由和欲望等利益的解放和实现,比起对待自己的恶德来说,无疑更为重大:它们不但不压抑自己的任何自由和欲望,而且侵犯他人的利益以实现自己的自由和欲望。但是,不言而喻,它们却会导致更大的害或恶(社会和他人的唾弃、惩罚)和丧失更大的利或善(社会和他人的赞许、赏誉),因而净余额是更为巨大的害和恶,说到底,便是一种真正的、更大的害和恶而绝不是什么利和善。有鉴于此,雷切尔斯在总结善待他人与善待自己两种美德的价值时指出,这两种美德乃是人的成功的生活所必需的两种品质:

从最一般的标准来说,我们都是理智的和社会的生物,既需要也愿望与他人交往。所以,我们生活在朋友、家庭等团体之中,并且同样是公民中的一员。在这样的环境里,诸如忠诚、公平和诚实品德对于成功地与他人相处是必需的。……从更为个别的标准来说,我们单独的生活可以包括从事一种特殊的工作和拥有一种特殊的利益——坚毅和勤奋便是重要的了。……结论是,尽管这些美德有所不同,却都具有这样的普遍价值:它们是人的成功的生活所必需的品质。①

纵观美德与恶德之价值可知,美德就其自身来说,是对于拥有美德的人的欲望的压抑,因而是一种害和恶;但这种害和恶却能够避免更大的害和恶或求得更大的利和善,因而是一种净余额为善的恶,是一种必要恶,说到底,也就是一种真正的利和善。反之,恶德就其自身来说,则是对于拥有这种恶德的人的欲望的解放、实现,因而是一种利和善;但是,这种利和善却必定导致更大的害或恶,因而是一种净余额为恶的善,说到底,是一种真正的害和恶。这就是品德——美德与恶德——对于它的拥有者的效用或价值,这是品德最深刻的本性。

2. 品德的原因

美德与恶德的价值研究表明,一方面,一个人之所以追求美德而避免恶德,就是因为美德就其结果来说是善和利,而恶德就其结果来说是恶和害。试想,一个人追求"节制"的美德,说到底,岂不就是因为节制的结果可以实现自己的符合理智的欲望和自由,从而是一种利和善?他避免"放纵"的恶德,说到底,岂不就

---

① Stevn M. Cahn and Peter Markie, *Ethics: History, Theory, and Contemporary Issues*, Oxford University Press, New York, Oxford, 1998, pp. 675-676.

是因为放纵的结果必定会阻碍实现自己符合理智的欲望和自由,从而是一种害和恶?一个人追求"利人"的美德,说到底,岂不就是因为利人的结果会得到社会和他人的赞许、赏誉,从而是一种利和善?他避免"损人"的恶德,说到底,岂不就是因为损人的结果会受到社会和他人的谴责、惩罚,从而是一种害和恶?

另一方面,一个人之所以陷入恶德而背弃美德,就是因为恶德就其自身来说是利和善,而美德就其自身来说是恶和害。试想,一个人陷入"放纵"的恶德,说到底,岂不就是因为"放纵"就其自身来说是对自己不理智的欲望和自由——如吸毒、淫荡、吃喝嫖赌等等——的实现和解放,从而是一种利和善?他背弃"节制"的美德,说到底,岂不就是因为"节制"就其自身来说是对自己的不理智的欲望和自由的压抑,从而是一种害和恶?一个人陷入"损人"的恶德,说到底,岂不就是因为"损人"就其自身来说是对自己损人利己的欲望和自由的实现,从而是一种利和善?他背弃"利人"美德,说到底,岂不就是因为这种美德就其自身来说是对自己损人利己的欲望和自由的压抑,从而是一种害和恶?

那么,一个人究竟应该追求和避免什么:美德还是恶德?答案无疑是:应该追求美德而避免恶德。因为恶德就其自身来说,固然是对欲望和自由的实现因而是一种利和善,但这种利和善却必定导致更大的害和恶,因而其净余额是恶和害,从而也就是一种真正的恶和害;反之,美德就其自身来说,固然是对欲望和自由的压抑因而是一种害和恶,但这种害和恶却能够避免更大的害和恶或求得更大的利和善,因而其净余额是利和善,从而也就是一种真正的利和善。因此,一个人应该追求美德而不应该陷入恶德:恶德是一个人害己的最根本、最主要的原因,而美德则是一个人利己的最根本、最主要的手段。所以,阿尔奇·J·巴姆(Archie J. Bahm)通过解析"一个人为什么应该是有美德的"难题而得出结论说:

"应该"乃是一种迫使我们不得不选择的最为合算的利益。"应该"的根源就在于它是一种显然更大的利益。"应该"绝无其他根源。对于"应该"的根源可能有其他说明,但是,这种说明不论如何,都在某种程度上固有这样的见地:一个人应该做的,就是长久说来对他最有利的。①

这样,我们就找到了今日西方美德伦理学难题——一个人究竟为什么是道德的——的答案:一个人之所以追求美德,正如巴姆所言,乃是因为美德是一个人所有的最好的东西。那么,究竟为什么还会有那么多人陷入恶德而背弃美德?原来,恶德的净余额虽然是恶和害;但这种恶和害,只是恶德的结果而不是恶德

---

① Archie J. Bahm, *Why be Moral?* Albuquerque World Books, 1992, p. xi.

自身：恶德自身乃是利和善。恶德自身是利和善，意味着：恶德只要存在便是一种利和善，恶德的存在过程——而不必等到结果出现——便是一种利和善，因而恶德的利和善是当下的、眼前的、近的、确实的。反之，恶德的结果是恶和害，则意味着：恶德的恶和害是尔后的、远的、不确实的。因为结果不但必定要经过一定的过程才能够达到，并且还会受多种因素影响，因而是不确实的。试想，"放纵"恶德的净余额固然是恶和害；但这种恶和害并不存在于放纵自身：放纵自身乃是自己的某些欲望——如吃喝嫖赌等——的实现，因而是利和善。放纵的恶和害只存在于其结果：放纵会导致身败名裂等恶果。放纵所导致的身败名裂等恶和害之结果，既然是结果，当然是要经过一定的过程才能出现，因而是尔后的、远的、不确实的。反之，放纵自身所实现的吃喝嫖赌等欲望之利和善，则显然是当下的、眼前的、近的、确实的。

这就是一个人陷入恶德的真正原因！他陷入恶德，是因为恶德虽然就其结果来说，会给自己带来更大的恶和害，但就其本身来说，却是对自己眼前的欲望和自由的解放和实现。这样，恶德对他虽然害多利少、恶多善少，但其利和善是眼前的、近的、确实的；而害和恶却是尔后的、远的、不确实的。一句话，为了当前的、近的、确实的利和善而不顾虽然更大但毕竟是尔后的、远的、不确实的恶和害：这就是一个人为什么陷入恶德的原因和目的。试想，一个人为什么会去偷窃而陷入恶德？他知道，若被发现，便会身败名裂，便吃了大亏；但是，究竟能否被发现，是不确实的、尔后的、远的。可是，他偷窃所能够得到的利益，却是确实的、当下的、近的。所以，偷窃恶德之目的和原因，就在于为了享有偷窃所给予的眼前的、近的、确实的利益和快乐，而不顾偷窃所带来的虽然更大但毕竟是尔后的、远的、不确实的恶和害。

可见，一个人陷入恶德的目的和原因，说到底，可以概括为七个字"占小便宜吃大亏"：为了占有当前的、近的、确实的小利小善，而不顾尔后的、远的、不确实的大恶大害，为了眼前小利而不顾日后长远大害。相反的，一个人追求美德的目的和原因，说到底，也可以归结为七个字"吃小亏占大便宜"：为了占有尔后的、远的、不确实的大利大善，而宁愿承受当前的、近的、确实的小恶小害，为了日后长远大利而忍受眼前小害。因此，一个人追求美德还是陷入恶德，说到底，乃是他有无智慧的结果和标志：陷入恶德是"占小便宜吃大亏"，得不偿失，显然是一种真正的愚蠢和不智，是愚蠢和不智的结果；反之，追求美德是"吃小亏占大便宜"，得大于失，无疑是一种真正的智慧，是智慧的结果。所以，孟子曰："夫仁，天之尊爵也，人之安宅也。莫之御而不仁，是不智也。"

这样一来，美德的追求便因其是智慧使然而最终是学习的结果；反之，恶德的陷入则因其是不智使然而最终是不学的结果。因此，恶德便比美德更接近人的本能;美德的形成是困难的,它是学习的结果,它必需一定的学习,必需一定的教育、经验和训练;反之,恶德的形成则是容易的,它是不学而能的,是人的自然倾向。因此,每个人一生下来,最初总是因其尚无智慧而自愿接受恶德,他接受美德而遵守道德实出于被社会和他人所迫:道德最初总是他律的,总是作为一种外在的东西强加于每个人。只有随着学习和经验的积累以及道德教育训练,一个人才会因具有一定的智慧而逐渐懂得美德的利益和恶德的不利,他才克服恶德而自愿追求美德:首先将美德作为利己的根本手段而处于美德他律境界,最终则为美德而求美德,使美德由手段而转化为目的,因而处于美德自律境界①。

3. 品德的境界

当美德或恶德的价值推动一个人追逐美德或陷入恶德达到一定程度时,他就进入了美德境界或陷入了恶德境界。所谓恶德境界,也就是一个人长期、恒久地违背道德总原则"善"的伦理行为所形成和表现出来的一种不道德的人格境界,是不应该如何的道德道德总原则"恶"已经转化为自己的人格和个性的品德境界。这就是说,一个陷入恶德境界的人,并非完全违背道德而全干坏事;而必定也会遵守道德干好事。不过,他的行为违背道德干坏事必定是恒久的;而遵守道德干好事则只能是偶尔的。否则,如果他的行为恒久遵守道德和偶尔违背道德,他就处于美德境界而不是处于恶德境界了。

反之,所谓美德境界,也就是一个人长期、恒久地遵守道德总原则"善"的伦理行为所形成和表现出来的一种善的、道德的人格境界,是道德总原则"善"已经转化为一个人的人格和个性的品德境界。这就是说,一个即使达到了美德最高境界的人,也绝不可能完全遵守道德而全干好事;而必定也会违背道德干坏事。只不过,他的行为违背道德干坏事只能是偶尔的;而遵守道德干好事则必定是恒久的。否则,如果他的行为偶尔遵守道德而恒久违背道德,他就不是处于美德境界而是处于恶德境界了。

美德境界比恶德境界复杂得多,因而进一步分为美德自律与美德他律两大境界。所谓道德和美德的自律,正如自律论伦理学家布拉德雷所言,指道德和美德以道德和美德自身为目的,而不是以道德和美德自身之外的他物为目的:

道德说,她是为其本身之故而被欲求为一目的的,不是作为达到本身以外的某物的手段。②

---

① John K. Roth, *International Encyclopedia of Ethics*, Braun-Brumfield Inc., U.C., 1995, p. 915.
② 〔英〕布拉德雷:《伦理学研究》上册,商务印书馆 1944 年版,第 76 页。

因此,所谓美德自律境界,也就是以美德为目的的美德境界,是为了美德而求美德的美德境界,说到底,也就是一个人长期的为了美德而求美德的遵守道德的行为所形成和表现出来的美德境界。换言之,一个人如果受完善自我品德之心所驱动,其长期遵守道德的行为目的是为了完善自己的品德而求美德、为了做好人而做好人,为道德而道德、为义务而义务,那么,这种行为所形成和表现出来的品德境界就是美德自律境界。

相反的,美德他律境界是为了美德之外的他物——自己的利益和幸福——而追求和获得美德的美德境界,是为了自己的利益、幸福而追求和获得美德的美德境界,是为了利己而求得美德的美德境界,说到底,也就是一个人长期的为了利己而求得美德的遵守道德的行为所形成和表现出来的美德境界。相反的,美德自律境界则是以美德为目的的美德境界,是受完善自我品德之心所驱动从而为了美德而求美德的美德境界,说到底,也就是一个人为了完善自己的品德而遵守道德的长期的行为所形成和表现出来的美德境界。

一个处于美德他律境界的人,既然是一种为了美德之外的他物——自己的利益、幸福——而求美德,那么,他必不以拥有美德而快乐和幸福,而仅仅以拥有美德给自己所带来的利益而快乐和幸福:在他那里,美德与幸福、快乐是两回事。因此,他遵守道德、追求美德是有条件的:只有美德能够给自己带来利益和幸福,他才会遵守道德、追求美德;否则,如果美德不能够给自己带来利益和幸福,他就不会遵守道德、追求美德了。

反之,如果一个人达到了美德自律境界,则会以拥有美德而快乐和幸福:在他那里,美德与幸福、快乐原本是一回事。因为幸福无非是重大的快乐,无非是人生重大的需要、欲望和目的得到实现的心理体验。处于美德自律境界的人,其人生既然以美德为重大目的,那么,他求得了美德岂不就得到了快乐和幸福? 当然,他得到的只是内在的"德性幸福"而不是外在的"非德性幸福"。所以,包尔生说:

> 对于一个意志完全由美德支配的人来说,增进美德的行为总是最大的幸福,即使这种行为并不给他带来外在的幸福,反而给他的生活带来苦难。斯宾诺莎的格言对于他是适用的:幸福不是美德的结果,而是美德自身。[1]

这样,一个处于美德自律境界的人,他遵守道德和追求美德,并不以道德和美德是否带来快乐与幸福为条件:不论道德和美德能否带来利益、快乐和幸福,

---

[1] Friedrich Paulsen, *System of Ethics*, Translated By Frank Thilly, Charles Scribner's Sons, New York, 1908, p. 406.

他都会遵守道德、追求美德。因为对于他来说,美德自身就是目的,就是一种利益、快乐和幸福;因而即使美德自身不能带来利益、快乐和幸福,他遵守道德而得到了美德,也就达到了目的,也就得到了一种利益、快乐和幸福,亦即所谓"德性幸福"。

在美德境界与恶德境界之间,还存在一个过渡境界:无德境界。所谓无德境界,就是尚未形成品德、道德人格或道德个性的不稳定的心理状态,就是一个人遵守或违背道德总原则"善"的伦理行为还没有形成一种品德、道德人格和道德个性的不稳定心理状态。在这种状态中,善和恶两大道德总原则还都没有转化为一个人的个性和人格。因此,一个处于无德境界的人,必定断断续续交错地、半斤八两地遵守道德总原则和不遵守道德总原则,以致道德和不道德互相中和、抵消而皆未能内化为其人格或个性,从而他既不是一个具有恶德的坏人,也不是一个具有美德的好人,而摇摆于美德与恶德、好人和坏人之间,处于美德与恶德的中间状态。这样,他的道德境界便是不定的,他没有确定的品德:他是个名副其实的"无德者"。

显然,一个人最初既不会处于美德境界,也不会处于恶德境界,而只能处于无德境界。因为恶德与美德一样,都只能形成于一个人的长期的行为。所以,任何人都不可能一生下来就是个具有恶德的坏人或具有美德的好人。他最初必定因缺乏道德智慧而处于自愿逃避道德而接受恶德、同时又被迫遵守道德而接受美德的无德境界。从此出发,他既可能长期地、稳定地、恒久地不遵守道德,从而形成恶德、成为坏人而堕入恶德境界;也可能长期地、稳定地、恒久地遵守道德,从而形成美德、成为好人而进入美德境界:首先进入以美德为手段的美德他律境界,最终达到以美德为目的的美德自律境界。

总之,品德境界分为为三类四种:恶德境界、无德境界和美德境界三类,恶德境界、无德境界、美德他律境界与美德自律境界四种。恶德境界是坏人的品德境界:处于这一境界的人,恒久说来,是不遵守道德的。无德境界是品德的中立境界,是无恶德亦无美德的境界,主要是儿童的品德境界:处于这一境界的人,必定半斤八两交错地遵守道德和不遵守道德。美德境界是好人的品德境界,处于这一境界的人,必定恒久遵守道德:处于美德他律境界者大多数的行为必定遵守道德;而处于美德自律境界者的行为则近乎百分之百地遵守道德。因此,不论处于恶德境界,还是处于无德境界,道德都不会真正被遵守从而得到实现;只有处于美德境界,特别是美德自律境界,道德才能真正被遵守,从而得到实现。那么,究竟怎样才能提高人的品德,使人从无德境界进入美德境界而不堕入恶德境界?怎样才能使人从恶德境界归依美德境界?怎样才能使人从美德他律境界达于美德自律境界?这些无疑是美德伦理学——关于道德实现途径的伦理学——的核心问题。要科学地解决这些问题,显然必须弄清和遵循品德的发展变化规律。

三、品 德 规 律

考究历史和现实,往往令人困惑:为什么某个国家在一历史阶段道德风尚良好淳美,而在另一历史阶段却腐败堕落而出现所谓"道德滑坡"现象?为什么一些国家的国民品德高尚,而另一些国家的国民品德败坏?在这些道德现象的深处是否有规律可循?是的,任何现象都是某种规律或本质的表现,绝对不存在不表现规律或本质的现象。隐藏在这些国民品德高低变化现象背后的规律,就是我们所谓的品德规律,亦即品德高低变化规律,亦即一个社会或国家的国民、人们的品德高低发展变化规律。这些规律可以归结为四条:"德富律:品德与经济的内在联系","德福律:品德与政治的内在联系","德道律:品德与道德的内在联系","德识律:品德与科教的内在联系"。

1. 德富律:国民品德与经济的内在联系

德福律是关于国民品德高低与国民经济发展的内在联系之规律。对于这一规律,我国先哲早有所见。墨子说:"故时年岁善,则民仁且良;时年岁凶,则民吝且恶。"[1]韩非说:"饥岁之春,幼弟不让;穰岁之秋,疏客必食:非疏骨肉爱过客也,多少之实异也。"[2]孟子说:"民非水火不生活,昏暮叩人之门户求水火,无弗与者,至足矣。圣人治天下,使有菽粟如水火。菽粟如水火,而民焉有不仁者乎?"[3]但是,说得最系统的恐怕还是王充:

夫饥寒并致,而能无为非者寡;然则温饱并至而能为不善者稀。传曰:"仓廪实,民知礼节;衣食足,民知荣辱。"让生于有余,争起于不足。谷足食多,礼义之心生;礼丰义重,平安之基立矣。故饥岁之春,不食亲戚;穰岁之秋,召及四邻。不食亲戚,恶行也;召及四邻,善义也。为善恶之行,不在人质性,在于岁之饥穰。由此言之,礼义之行,在谷足也。[4]

原来,如前所述,品德的决定性因素是道德感情。道德感情分为两大类型:

---

[1] 《墨子·兼爱上》。
[2] 《韩非子·五蠹》。
[3] 《孟子·尽心上》。
[4] (东汉)王充:《论衡·治期》。

一类是人所特有的,它依赖于道德的存在,是每个人或多或少都具有的遵守道德从而做一个好人的道德需要、道德欲望、道德愿望和道德理想;另一类是人与其他一些动物所共有的,它不依赖于道德的存在,是每个人自然具有的爱恨心理反应,包括爱人之心(同情心和报恩心)和自爱心(求生欲和自尊心)以及恨人之心(嫉妒心和复仇心)和自恨心(内疚感、罪恶感和自卑心)。不难看出,每个人所具有的做一个好人的道德需要和道德欲望,是决定性的个人道德感情,因而也就是品德发展变化的最根本的决定性因素。因为,如果一个人做一个好人的道德需要、欲望强大多厚,那么,他自然具有的爱恨心理反应便会向善的方向发展,他个人道德感情便趋于善良,这些道德感情所引发的伦理行为便趋于善良,从而他的品德便趋于高尚;反之,如果一个人做一个好人的道德需要、欲望弱小少薄,那么,他自然具有的爱恨心理反应便会向恶的方向变化,他个人道德感情便趋于恶毒,这些道德感情所引发的伦理行为便趋于邪恶,从而他的品德便趋于恶劣。一言以蔽之,人们的品德高低发展变化取决于他们做一个好人的道德需要、欲望的强弱多少,两者成正比例关系。

那么,每个人做一个好人的道德需要和欲望的强弱、多少又取决于什么?现代心理学的回答是:取决于人的物质需要或生理需要——两者显然是同一概念——的相对满足是否充分。马斯洛认为,人的需要及欲望由低级到高级地分化为五种:生理、安全、爱、自尊、自我实现。他发现,比较低级的需要优先于、强烈于比较高级的需要,而比较高级的需要则是比较低级的需要得到相对满足的结果:安全需要是生理需要相对满足的产物;爱的需要是生理和安全需要相对满足的产物;尊重需要是生理、安全、爱的需要相对满足的产物;自我实现需要是生理、安全、爱、尊重需要相对满足的产物。于是,人的一切需要和欲望最终便都是在生理需要基础上产生的,都是生理需要相对满足的产物[①]。

因此,每个人做一个好人的道德需要、欲望便是在他的生理需要、物质需要基础上产生的,是他的生理需要、物质需要相对满足的结果:他的生理需要、物质需要满足得越充分,他做一个好人的道德需要、欲望便越多;他的生理需要、物质需要满足得越不充分,他做一个好人的道德需要、欲望便越少;他的生理需要如果得不到满足,他便不会有做一个好人的道德需要和道德欲望;只有他的物质需要得到了相对的满足,他才会有做一个好人的道德需要和道德欲望。这个道理,我们的祖宗早已知晓,故有"仓廪实则知礼节"云云。

可是,一个人的生理需要、物质需要相对满足的充分与否又取决于什么?显

[①] 参阅 Abraham H. Maslow, *Motivation And Personality*, Second Edition, Harper & Row Publishers, New York, 1970, p.59。

然，一个人的生理需要、物质需要相对满足的充分与否，不仅取决于他所拥有的物质财富的多少，而且取决于他的物质需要的多少：他的物质需要越少、物质财富越多，他的物质需要的相对满足便越充分；反之，他的物质需要越多、物质财富越少，他的物质需要的相对满足便越不充分。换言之，一个人的生理需要、物质需要相对满足的充分与否，取决于物质财富和物质需要双重因素：一方面取决于他所拥有的物质财富的多少而与之成正比；另一方面则取决于他的物质需要的多少而与之成反比。

准此观之，也就并非只有在物质财富极大丰富的社会，人们的物质需要才会得到相对的满足。在任何社会，人们的物质需要都可能得到相对的满足，也都可能得不到相对的满足。因为社会发展的较高阶段，物质财富固然较多；但是，人们的物质需要也较多，因而他们的物质需要也可能得不到相对的满足。反之，社会发展的较低阶段，物质财富固然较少；但人们的物质需要也较少，因而他们的物质需要也可能得到相对的满足。

那么，人们的物质需要能否得到相对满足究竟取决于什么？取决于人们所生活于其中的社会的经济发展速度：经济发展慢，财富的增加便慢，因而便不能适应人们物质需要的不断增长，不能满足人们不断增长的物质需要；经济发展快，财富的增加便快，因而便能够适应人们物质需要的不断增长，便能够满足人们不断增长的物质需要。那么，人们物质需要的相对满足，是否仅仅取决于经济发展速度呢？

否！人们的物质需要是否得到满足，还取决于物质财富的分配是否公平。因为，虽然一个社会的经济发展迅速、物质财富增加得快，但是，如果该社会对于这些财富的分配却不公平，应该多得者得的却少，应该少得者得的却多，那么，人们也绝不会感到满足，即使他们拥有的财富并不算少；只有不仅经济发展迅速和社会财富增加得快，而且分配公平，应该多得者得的多，应该少得者得的少，那么，人们才会感到满足，即使他们拥有的财富并不算多。因此，我们往往看到，一个社会虽然经济发展比以往快得多，物质财富增加比以往多得多，但人们还是不满足，虽然他们的所得比以前翻了几翻。究其原因，岂不就在于分配不公？岂不就在于应该多得者得的却少，应该少得者得的却多？

因此，人们的生理需要、物质需要满足与否，一方面取决于经济发展、物质财富增加的速度而与之成正比，他方面则取决于这些物质财富分配的公平性而与之成正比：社会的经济发展越快、物质财富增加的速度越快，对于这些物质财富的分配越公平，人们的生理需要、物质需要的相对满足的程度便越充分；社会的经济发展越慢、物质财富增加的速度越慢，对于这些物质财富的分配越不公平，人们的生理需要、物质需要的相对满足便越不充分。

于是,可以得出结论说:一个社会的经济发展越快,物质财富增加得越多,对于这些物质财富的分配越公平,人们的生理需要、物质需要的相对满足的程度便越充分,因而人们做一个好人的道德需要和欲望便越多,人们的品德便越高尚;反之,经济发展越慢,物质财富的增加越少,对于这些物质财富的分配越不公平,人们生理需要、物质需要的相对满足便越不充分,因而人们做一个好人的道德需要和欲望便越少,人们的品德便越恶劣。这个被我国古代大哲——孔子、墨子、孟子、韩非和王充等等——所发现的并系统论证的品德高低发展变化的规律,关乎人们的道德需要、道德欲望与经济以及财富的关系,属于品德的道德感情因素高低变化的前提和基础之规律,因而可以名之为"德富律:品德与经济的内在联系"。

2. 德福律:国民品德与政治的内在联系

按照"德富律",人们物质需要的相对满足,只是一个人做一个好人的道德需要得以产生和发展的必要条件,二者成正比例关系发展变化。这就是说,没有物质需要的相对满足,一个人便不会有——或不会较多地具有——做一个好人的道德需要;但有了物质需要的相对满足,一个人未必会有——或未必会较多地具有——做一个好人的道德需要。确实,我们到处看到,那些丰衣足食、生活富裕的人们,不但没有强烈的做一个好人的道德需要,而且竟是些地地道道的坏人!所以,使人们具有强烈的做一个好人的道德需要,除了必须使他们的物质需要得到相对满足,还必须具备一些其他条件。那么,这些条件究竟是什么?这些条件,正如爱尔维修所见,主要是政治清明、德福一致:

> 在已证明大的报酬造成大的德行、荣誉之贤明的管理是立法家能够用以联结个人利益于公众利益而形成有德行的公民之最有力的纽带以后,在我想来,我是很正当地由此下结论说某种人民对德行之爱慕或冷淡就是他们的政体不同的结果。①

原来,物质需要的相对满足只是做一个有美德的好人的道德需要产生、发展的前提和基础;而获得幸福则是做一个有美德的好人的道德需要产生、发展的目的和动力:幸福是美德的唯一动力。因为一个人所具有的做一个有美德的好人的道德需要,具体表现为两个方面:一方面是把美德作为利己的手段的需要,他方面是把美德作为目的的需要。美德自身是对自我的欲望和自由的一种限制、约束、侵害,因而一个人最初绝不会以美德为目的,为美德而美德;相反,他最初

---

① 〔法〕爱尔维修:《精神论》,杨伯凯译,辛垦书店1928年版,第193页。

只可能把美德作为求得利益和幸福的手段，为了利己而求美德。美德之所以会成为一个人利己的手段，无非因为人是个社会动物，每个人的生活都完全依靠社会和他人：他的一切利益都是社会和他人给的。所以，能否得到社会和他人的赞许，便是他一切利益中最根本、最重大的利益：得到赞许，便意味着得到一切；遭到谴责，便意味着丧失一切。不言而喻，能否得到社会和他人的赞许之关键，在于他的品德如何：如果社会和他人认为他品德好，那么，他便会得到社会和他人的赞许和给予；反之，则会受到社会和他人的谴责和惩罚。

　　这就是一个人最初为什么会有做一个有美德的人的道德需要的缘故：他需要美德，因为美德就其自身来说，虽然是对他的某些欲望和自由的压抑、侵犯，因而是一种害和恶；但就其结果和目的来说，却能够防止更大的害或恶（社会和他人的唾弃、惩罚）和求得更大的利或善（社会和他人的赞许、赏誉），因而是净余额为善的恶，是必要的恶。因此，美德乃是他求得幸福的最根本、最重要的手段：他对美德的需要是一种手段的需要。但是，逐渐地，他便会因美德不断给他莫大利益而日趋爱好美德、欲求美德，从而便为了美德而求美德，使美德由手段变成目的；就像他会爱金钱、欲求金钱、使金钱由手段变成目的一样。这时，他对美德的需要便不再是把它们作为一种手段的需要，而是把它们作为一种目的的需要了。

　　可见，一个人以美德为目的的道德需要，源于以美德为手段的道德需要；而以美德为手段的道德需要又源于个人的利益和幸福，源于社会和别人因他品德的好坏所给予他的赏罚。因此，说到底，一个人做一个有美德的好人的道德需要，不论是以美德为手段的需要，还是以美德为目的的需要，均以个人的利益和幸福为动因、动力①。换言之，个人利益和幸福虽然不是一切美德的目的，却必定是一切美德的动因、动力。这意味着：

　　如果德福背离，有德无福、无德有福，那么，美德便失去了动因、动力，人们便不会追求美德了；如果德福一致，有德有福、无德无福，那么美德便有了动因、动力，人们便必定会追求美德了。因此，德福越一致——越有德便越有福、越无德便越无福——那么，人们追求美德的动力便越强大，他们做一个有美德的好人的道德愿望便越强大，他们善的动机便越强大以致能够克服恶的动机和实现善的动机的内外困难，他们的道德意志便越强大，他们的品德便越高尚；反之，德福越背离——越有德便越无福，越无德便越有福——那么，人们追求美德的动力便越弱小，他们做一个有美德的好人的道德愿望便越弱小，他们善的动机便越弱小以

---

① 参阅 John Stuart Mill, *The Federalist*, Robert Maynard Hutchins, *Great Books of the Western World*, Volume 43, American State Papers, Encyclopaedia Britannica Inc., Chicago, 1952, p.463。

致难以克服恶的动机和实现善的动机的内外困难,他们的道德意志便越弱小,他们的品德便越低劣。

各个社会人们德福一致的程度,如所周知,主要取决于各个社会的政治状况:社会的政治越清明,人们的德福一致程度便越高,便越接近德福完全一致,以致每个人越有德便越有福,越无德便越无福;社会的政治越腐败,人们的德福一致程度便越低,便越接近德福背离,以致一个人越有德却可能越无福,而越无德却可能越有福。于是,综上所述,可以得出结论说,人们的品德高尚与否,归根结底,取决于社会的政治清明与否:

一个国家的政治越清明,人们的德福便越一致,人们做一个有美德的人的动力便越强大,他们做一个有美德的好人的道德愿望便越强大,他们善的动机便越强大以致能够克服恶的动机和实现善的动机的内外困难,他们的道德意志便越强大,他们的品德便越高尚;一个国家的政治越腐败,人们的德福便越背离,人们追求美德的动力便越弱小,他们做一个有美德的好人的道德愿望便越弱小,他们善的动机便越弱小以致难以克服恶的动机和实现善的动机的内外困难,他们的道德意志便越弱小,他们的品德便越低劣。

这个爱尔维修多次论及的品德高低发展变化的规律,关乎人们做一个好人的道德需要、道德欲望、道德意志与政治以及幸福的关系,属于品德的道德感情和道德意志因素高低变化之规律,主要属于品德的道德感情因素高低变化的目的和动力之规律——德富律则是关于国民品德的道德感情因素发展变化的前提和基础规律——因而可以名之为"德福律:品德与政治的内在联系"。

3. 德识律:国民品德与科教的内在联系

遍观中外历史,可以看到:一个国家科教文化事业不发达时,国民的品德倒还高尚;而当其科教文化事业发达时,国民的品德反而败坏了。这是不容否认的事实。但是,这一事实岂不意味着:科教文化事业越发达,人们的品德便越低劣吗?在卢梭看来,正是如此。他在法国第戎科学院征文"科学与艺术的复兴是否有助于敦风化俗"的应征论文中便这样写道:

我们的灵魂是随着我们的科学和我们的艺术之臻于完善而越发腐败……海水每日的潮汐经常受那些夜晚照临我们的星球的运行所支配,也还比不上风尚与节操的命运之受科学与艺术的支配呢。我们可以看到,随着科学与艺术的光芒在我们的天边上升起,德行也就消逝了。这种现象在各个时代和各个地方都可以观察到。①

---

① 〔法〕卢梭:《论科学与艺术》,何兆武译,商务印书馆1959年版,第7页。

卢梭此见能成立吗？不能。恰恰相反，一个国家国民品德的高低变化，不仅取决于该国经济发展的快慢和财富分配的公平不公平以及政治的清明与否，而且取决于该国科教文化事业的发达程度：科教文化事业越发达，国民品德便越高尚；科教文化事业越不发达，国民品德便越沦丧。因为品德原本由个人道德认识、个人道德感情和个人道德意志三因素构成。品德的个人道德认识成分极为复杂多样，包括每个人所获得的有关道德的一切科学知识、个人经验和理论思辨。它的核心问题是：一个人为什么应该做和究竟如何做一个有道德、有美德的人的认识？显然，一个人只有具有为什么应该做一个有道德、有美德的人的道德认识，才可能具有相应的做一个有道德、有美德的人的道德愿望和道德感情，才可能进行相应的做一个有道德、有美德的人的道德行为，从而才可能具有相应的品德。一句话，个人道德认识是品德和道德愿望形成的必要条件、必要因素。因此，品德必定与个人道德认识成正相关变化：一个人的个人道德认识越加提高，他的品德便必定会越加提高；反之，他的个人道德认识越降低，他的品德便必定会越降低。

其实，就理论的推导来说，仅凭个人道德认识是品德的一个因素，显然就可以得出结论说：品德必定与个人道德认识成正相关变化。然而，实际上，我们却到处可以看到似乎恰恰相反的现象：个人道德认识比较高者，品德却比较低；品德比较高者，个人道德认识却比较低。一个终生都在研究伦理学的专家，道德认识可谓高且深矣！但他却明明是个嫉贤妒能、忘恩负义的卑鄙小人。反之，一个目不识丁的农民，个人道德认识可谓低且浅矣！但他却极地地道道是个忠厚善良的好人。那么，由此岂不可以否定品德与个人道德认识成正相关变化？造成这种理论与实际的"悖论"的原因究竟何在？

不难看出，这种所谓"悖论"现象的成因在于：个人道德认识并不是构成品德的唯一因素，而仅仅是其一个因素；除了个人道德认识，构成品德的还有个人道德感情和个人道德意志两因素。更何况，个人道德认识虽然是品德的一个部分、因素和环节，却只是品德的必要条件、指导因素和首要环节，而不是品德的动力因素、决定性因素；品德的动力因素、决定性因素是个人道德欲望、个人道德感情。这样一来，虽然一个人个人道德认识高因而品德必定相应的高；但是，如果他的个人道德感情低，那么，他的品德必定也相应地低。那么，如果一个人的道德认识很高而道德感情却很低——或者恰好相反——他的品德究竟是高还是低？

问题的关键在于，品德的决定因素是个人道德感情，而不是个人道德认识。品德的决定因素是个人道德感情，意味着，一个人的品德的总体水平必定与其道德感情水平一致：个人道德感情高者，品德必高；品德高者，道德感情必高。反之,品德的决定因素不是个人道德认识,则意味着,一个人的品德的总体水平与其道德认识水平未必一致:个人道德认识水平高者,品德未必高;品德高者,个人道德认识未必高。合而言之,品德的决定因素是个人道德感情而不是个人道德认识。所以,一个人的品德的总体水平必定与其道德感情水平一致,而未必与其道德认识一致:个人道德感情高者,即使其道德认识低,品德必高;个人道德认识水平高者,如其道德感情低,其品德必低。

因此,个人道德认识高的人所以品德低,完全不是因为他的道德认识高,而仅仅是因为他的品德的其他方面——如道德感情——低。反之,个人道德认识低的人所以品德高,完全不是因为他的道德认识低,而仅仅是因为他的品德的其他方面——如道德感情——高。如果人们的道德感情相同,如果人们的品德的其他方面相同,如果人们只有个人道德认识不同而其余条件完全一样,那么毫无疑义,个人道德认识高者,品德必高;品德高者,个人道德认识必高。换言之,仅仅从个人道德认识与品德的关系来看,二者完全成正比例变化:个人道德认识越高,品德便越高;个人道德认识越低,品德便越低。

可见,个人道德认识越高,其品德必定越高;但是,个人道德认识高的人,其品德未必高。他的品德低,并不是因为他的道德认识高,而是因为他的品德的其他因素低。反之,个人道德认识越低,其品德必定越低;但是,个人道德认识低的人,其品德未必低,却可能很高。他的品德高,并不是因为他的道德认识低,而是因为他的品德的其他因素高。这样,个人道德认识高者品德反倒很低——或个人道德认识低者品德反倒很高——的现象,并没有否定品德高低与个人道德认识高低成正相关变化:二者绝非悖论。

既然人们的品德高低必定与其个人道德认识高低成正相关变化,那么,人们的个人道德认识高低究竟又决定于什么呢?就一个国家国民普遍的个人道德认识水平来说,显然与该国的科教文化水平有必然联系。因为个人道德认识极为复杂多样,包括每个人所获得的有关道德的一切科学知识、个人经验和理论思辨。一个国家国民的这种个人道德认识水平,普遍讲来,无疑取决于该国国民普遍的认识水平。我们很难想象,一个国民普遍愚昧无知的国家,他们的道德认识和道德知识水平,普遍说来,却会很高:国民道德认识和知识水平普遍高的国家,岂不必定是那些认识和知识水平高的国家?而一个国家认识和知识水平当然取决于该国科教文化发展水平:一个国家的科教文化越发达,该国国民普遍的认识水平便越高,国民普遍的道德认识水平便越高;反之,一个国家的科教文化越不发达,该国国民普遍的认识水平便越低,国民普遍的道德认识水平便越低。

于是,可以得出结论说,一个国家国民品德高低变化,不仅取决于该国经济发展的快慢和财富分配的公平不公平以及政治的清明与否,而且取决于该国科教文化事业的发达程度:一个国家的科教文化越发达,该国国民普遍的认识水平便越高,国民普遍的道德认识水平便越高,国民的品德便越高尚;一个国家的科教文化越不发达,该国国民普遍的认识水平便越低,国民普遍的道德认识水平便越低,国民的品德便越败坏。这个规律,关乎国民的个人道德认识与其科教文化事业的关系,属于品德的个人道德认识方面的规律,因而可以名之为"德识律:品德与科教文化的内在联系"。

诚然,实际上,我们却往往看到与这一规律似乎恰好相反的现象:一个国家科教文化事业不发达时,国民的品德倒还高尚;而当其科教文化事业发达时,国民的品德反而败坏了。于是卢梭由此得出结论说:科教文化事业越发达,人们的品德便越低劣。卢梭此见的主要依据,真正讲来,无疑是他所谓人类的"自然状态"与"文明状态"之比较。在他看来,处于自然状态的原始人品德淳朴高尚;他们虽然无知无识,但政治民主清明、财富分配公正平等。反之,生活于文明状态——亦即君主专制的封建社会——的国民品德堕落败坏;他们的科教文化虽然发达,但政治专制腐败、财富分配极端不公正不平等。这一见地大体符合史实。因为确如卢梭所言,在原始社会,人们的品德淳朴高尚,他们无知无识得很,但政治民主清明、财富分配公正平等;反之,在君主专制的封建社会,国民品德远远堕落败坏于原始社会,他们的科教文化虽然发达,但政治专制腐败、财富分配极端不公正、不平等。

然而,卢梭却将"在此(科教发达、政治腐败和财富分配不公)之后(品德败坏)"统统当作"因此(科教发达、政治腐败和财富分配不公)之故",因而误以为:文明社会国民品德败坏的原因是科教发达、政治腐败和分配不公;自然状态人们品德高尚的原因则是科教文化不发达、政治民主清明和财富分配公正。在《论人类不平等的起源和基础》的结尾,卢梭便这样写道:"使我们一切天然倾向改变并败坏到这种程度的,乃是社会的精神和由社会而产生的不平等。"[①]这样一来,就科教文化与国民品德的关系来说,二者便恰成反比例关系变化:科教事业越不发达,人们的品德便越高尚;科教事业越发达,人们的品德便越败坏。所以,他通过考察生活于自然状态的野蛮人的品德状态而得出结论说,野蛮人品德高尚的原因在于无知无识:

我们可以说,野蛮人所以不是恶的,正因为他们不知道什么是善。因为阻止他们做恶的,不是智慧的发展,也不是法律的约束,而是情感的平静和对邪恶的

---

① 〔法〕卢梭:《论人类不平等的起源和基础》,李常山译,商务印书馆1962年版,第148页。

无知:"这些人因对邪恶的无知而得到的好处比那些人因对美德的认识而得到的好处还要大些。"①

这是一种双重的错误。一方面,卢梭不懂得,原始社会人们的品德之所以高尚,完全不是因为科教事业不发达。科教事业不发达只能降低人们的道德认识,只能降低人们品德所由以构成的道德认识因素,从而也就只能降低人们的品德:它怎么可能完善人们的品德呢? 原始社会人们的品德之所以高尚,只是因为与科教文化不发达同时并存的政治和经济的状况:政治民主清明和分配公正平等。另一方面,卢梭不懂得,封建社会国民品德败坏,完全不是因为科教文化事业发达。科教文化事业发达只能提高人们的道德认识,从而只能提高人们的品德:它怎么可能败坏国民的品德呢? 封建社会国民品德之所以败坏,只是因为与科教文化进步同时发生的该国的政治和经济的变化:政治专制腐败和财富分配不公。因为"德富律"与"德福律"——亦即国民品德与该国的经济及政治的内在联系——的研究表明:

一个国家的政治越腐败、财富的分配越不公平,人们的德福便越不一致,人们的物质需要的相对满足便越不充分,因而人们做一个有美德的人的动力便越小,做一个好人的道德需要和欲望便越少,人们的品德便越恶劣;反之,一个国家的政治越清明、财富的分配越公平,人们的德福便越一致,人们的物质需要的相对满足便越充分,因而人们做一个有美德的人的动力便越大,做一个好人的道德需要和欲望便越多,人们的品德便越高尚。

这样一来,一方面,政治专制腐败和经济分配不公所降低的乃是国民品德的决定性因素:个人道德感情;反之,科教文化的进步所提高的则是国民品德的非决定性因素:个人道德认识。因此,科教文化进步所导致的国民品德提高,必定远不及政治专制腐败和经济不公所导致的国民品德的降低:其净余额是降低而不是提高。这就是君主专制的封建社会的"科学与艺术的光芒升起而德行也就消逝"的真正原因:政治专制腐败和经济不公对于国民品德的败坏超过了科教文化对国民品德的提高。

另一方面,政治民主清明和分配公正所提高的乃是国民品德的决定性因素:个人道德感情;反之,科教文化的不发达所降低的则是国民品德的非决定性因素:个人道德认识。因此,科教文化落后所导致的国民品德降低,必定远不及政治民主清明和财富分配公正所导致的国民品德的提高:其净余额是提高而不是降低。这就是无知无识的原始社会人们品德反倒高尚的真正原因:政治清明和

---

① 〔法〕卢梭:《论人类不平等的起源和基础》,李常山译,商务印书馆1962年版,第99页。

财富分配公正对于人们品德的提高超过了科教文化落后对人们品德的降低。

可叹卢梭被"国民品德与科教文化发展恰成反比"的假象所惑而未见于此,遂将"在此(科教发达)之后(品德败坏)"当作"因此之故",于是错误地得出结论说:科教事业越发达,人们的品德便越低劣。殊不知真理恰恰相反:一个国家的科教文化越发达,该国国民普遍的认识水平便越高,国民普遍的道德认识水平便越高,国民的品德便越高尚;一个国家的科教文化越不发达,该国国民普遍的认识水平便越低,国民普遍的道德认识水平便越低,国民的品德便越败坏。只不过,决定国民品德高低变化的主要因素,乃是政治的清明程度和分配的公正程度,而不是科教文化的发达程度罢了。

4. 德道律:国民品德与道德的内在联系

一个国家国民品德高低变化,不仅取决于该国经济发展的快慢、财富分配的公平程度和政治的清明以及科教文化发达与否,而且——最为直接地——取决于该国所奉行的道德之优劣。因为品德亦即长期遵守或违背道德的行为所形成的道德人格,完全是遵守或违背道德的结果;而每个人究竟遵守还是违背道德,无疑直接取决于道德本身的性质,取决于道德本身之优劣:道德越优良,便越易于被人们遵守,人们的品德便越优良;道德越恶劣,便越难以被人们遵守,人们的品德便越败坏。那么,究竟为什么道德越优良就越易于被遵守?

如前所述,道德终极标准是衡量一切行为之善恶和一切道德之优劣的唯一标准;而道德终极标准不过是道德最终目的之量化。道德最终目的的研究表明,道德与法律一样,就其自身来说,不过是对人的某些欲望和自由的压抑、侵犯,因而是一种害或恶;就其结果和目的来说,却能够防止更大的害或恶(社会的崩溃和每个人的死亡)和求得更大的利或善(社会的存在发展和每个人利益的增进),因而是净余额为利的害,是净余额为善的恶,是必要的害和恶:道德手段是压抑、限制每个人的某些欲望和自由;道德最终目的是保障社会——亦即经济、文化产业、人际交往、法、政治——的存在发展,增进每个人个人利益。

因此,保障经济、文化产业、人际交往、法、政治的存在发展,增进全社会和每个人的利益总量——亦即道德给予每个人的利与害之比值——便是评价一切道德优劣之标准:哪种道德对人的欲望和自由侵犯最少、促进经济和文化产业发展速度最快、保障人际交往的自由和安全的系数最大、使法和政治最优良、最终增进每个人利益最多、给予每个人的利与害的比值最大,哪种道德便最优良;反之,则最恶劣。这就是说,不管是哪种道德,不管它如何不理想不漂亮,只要它对人的欲望和自由侵犯较少,又能够把经济搞上去、能够让文化产业繁荣起来、能够保障人际交往之自由和安全、能够造就优良的法和政治、能够较大限度地增进每个人利益,从而给予每个人的利与害的比值较大,那么,它就是比较优良的道德。反之,不管它如何理想漂亮,只要它对于人的欲望和自由侵犯较重,使经济停滞、文化产业萧条、人际交往得不到自由和安全、法和政治恶劣,最终使每个人利益增进较少、从而给予每个人的利与害的比值较小,那么,它就是比较恶劣的道德。

于是,道德越优良,它给予一个人的压抑和损害便越少,而给予一个人的利益和快乐便越多;因而人们遵守道德、做一个有美德的人的动力便越强大,他们做一个有美德的人的道德愿望便越强大,他们善的动机便越强大、以致能够克服恶的动机和实现善的动机的内外困难,从而他们的道德意志便越强大,他们的品德便越高尚。反之,道德越恶劣,它给予每个人的压抑和损害便越多,而给予他的利益和快乐便越少;因而人们遵守道德、做一个有美德的人的动力便越弱小,他们做一个有美德的好人的道德愿望便越弱小,他们善的动机便越弱小、以致难以克服恶的动机和实现善的动机的内外困难,从而他们的道德意志便越弱小,他们的品德便越低劣。因此,在《为什么是道德的》这一学术专著中,巴姆对于"为什么是道德的?"这一问题回答道:"因为这是你最想要的东西。"但是,他马上补充道:

> 我所说的道德,乃是一种长久说来能够为每个人自己造成最好结果的道德;反之,道德只要是一种挫败人的愿望的东西,那么,它就不会是人想要的东西,或者说,它肯定不会是一个人最想要的东西。①

国民品德之高低,取决于该国所奉行的道德之优劣,其根据尚不仅此也!因为道德之优劣不仅取决于是否符合道德最终目的、道德终极标准,而且还——更为根本地——取决于是否符合人性,亦即是否符合人的行为事实如何之本性。因为人的行为应该如何的优良的道德规范,显然基于人的行为事实如何的客观本性:行为应该如何的优良的道德规范,只是直接通过道德最终目的、道德终极标准,而最终从行为事实如何的客观本性中推导、制定出来的。因此,所制定的行为应该如何的道德规范之优劣,最终便取决于是否与行为事实如何的客观本性相符:优良道德必定符合行为事实如何的客观本性;违背行为事实如何客观本性的道德必定恶劣。

这是不难理解的。因为人的一切活动能否达到目的之根本原因,显然在于是否与事物的客观本性相符。道德是人所制定的行为规范,所以,它能否达到目的的根本原因,便在于它是否与行为的客观本性相符:道德符合其目的从而是优良的,最终说来,岂不是因其与行为客观本性相符?道德不符合其目的从而是恶劣的,最终说来,岂不是因其与行为客观本性不符?合而言之:优良的道德必

---

① Archie J. Bahm, *Why be Moral ?* Albuquerque World Books, 1992, p. 11.

定与道德目的和行为的客观本性相符；而恶劣的道德必定与道德目的或行为的客观本性不符。所以，霍尔巴赫说：

> 要判断某种道德体系的优劣，我们只能根据这种体系在怎样的程度上符合人性。①

于是，道德越优良，与人们行为客观本性便越相符；道德越恶劣，与人们行为的客观本性便越背离。而只有与行为客观本性相符的道德，才是人们能够遵守和实行的；背离行为客观本性的道德，必定是人们不能遵守和实行的。所以，越是与人们行为客观本性相符的道德，便越易于被人们遵守和实行，从而人们遵守和实行道德的行为便越多，人们的品德便越高尚；反之，越是与人们行为客观本性背离的道德，便越难于被人们遵守和实行，从而人们遵守和实行道德的行为便越少，人们的品德便越低下。

总而言之，道德越优良，它给予一个人的压抑和损害便越少，而给予他的利益和快乐便越多，于是，人们遵守道德从而做一个有美德的人的动力、道德欲望和动机以及道德意志便越强大，因而他们的品德便越高尚；道德越优良，与人们行为的客观本性便越相符，便越易于被人们实行，从而人们实行道德的行为便越多，人们的品德便越高尚。反之，道德越恶劣，那么，它给予每个人的压抑和损害便越多，而给予他的利益和快乐便越少，那么，人们遵守道德从而做一个有美德的人的动力、道德欲望和动机以及道德意志便越弱小，因而他们的品德便越低下；道德越恶劣，它与人们行为的客观本性便越背离，便越难于被人们实行，从而人们实行道德的行为便越少，人们的品德便越恶劣。这个规律，是关于每个人的道德感情以及道德行为或道德意志与社会所奉行的道德之优劣的关系之规律，因而也属于国民品德的个人道德感情和道德意志两方面的复合规律，不妨名之为"德道律：品德与道德的内在联系"。

综观"德富律"、"德福律"、"德识律"和"德道律"，可知四者都是国民总体、群体品德高低变化规律，而不是国民个体、个人品德高低变化规律；都是一个国家国民群体品德高低变化的统计性规律，而不是个人品德高低变化的非统计性规律。这就是说，某个人、一个人的品德高低变化并不或未必遵循这些规律；而只有一个国家或社会的国民群体、社会群体的品德高低变化才必定遵循这些规律。某个人、一个人的品德并不或未必遵循这些国民品德发展变化规律，所以，一个国家或社会，不论如何腐败，总有一个或一些品德极其高尚的人；反之，不论如何清明，总有一个或一些品德极其败坏的人。只有一个国家或社会的国民群体、社

---

① 周辅成：《西方伦理学名著选辑》下卷，商务印书馆 1987 年版，第 88 页。

会群体的品德高低变化才必定遵循这些国民品德发展变化规律,所以,一个国家或社会,只要政治腐败,不论诞生了多么伟大的道德楷模,该国国民总体来说必定品德败坏;反之,只要政治清明,不论出现了多么十恶不赦的坏人,该国国民总体必定品德高尚。

*　　　　　*　　　　　*

品德的定义、结构、类型及其本性和规律的研究表明,每个人的个人道德认识都是可以提高的、个人道德感情都是可以陶冶的、个人道德意志都是可以锻炼的,因而完全由它们所构成的品德也就是可以提高、可以陶冶、可以锻炼的:品德是可以培养的。不言而喻,品德的培养如果遵循品德的客观本性和规律,便能够提高人的品德,从而既可以使人使人从无德境界进入美德境界而不堕入恶德境界;也可以使人由恶德境界归依美德境界。那么,遵循品德本性和规律的品德培养究竟是怎样的？这就是下一章"品德培养"的研究对象:品德培养目标与品德培养方法。

思 考 题

1. 一个人因遵守道德——不论这种道德是优良的还是恶劣的——而形成的品德就都叫做美德;因违背道德——不论这种道德是优良的还是恶劣的——而形成的品德就都叫做恶德。这种观点正确吗？

2. 洛克、休谟、费尔巴哈和弗洛伊德都一再说:爱就是自我对其快乐和利益之因的心理反应。可是,为什么那些不孝儿女,他们虽然从父母那里得到了极其巨大的快乐和利益,却并不深爱他们的父母？

3. 孟子曰:"夫仁,天之尊爵也,人之安宅也。莫之御而不仁,是不智也。"这意味着:陷入恶德是一种真正的愚蠢和不智;而追求美德则是一种真正的智慧。这种观点究竟是一种劝人为善的道德说教,还是一种不依人的意志而转移的客观真理？试回答今日西方美德伦理学的根本问题:一个人究竟为什么是道德的？

4. 好人或处于美德境界的人,虽然有美德也有恶德,但必定以美德为主;反之,坏人或处于恶德境界的人,虽然有恶德也有美德,但必定以恶德为主。那么,这种将好人与坏人以及美德境界与恶德境界区别开来的主要的、决定性的、支配性的品德究竟是什么？

5. 有些伦理学家以为市场经济是一把双刃剑:虽发展经济却败坏道德。这样一来,市场经济便不可能是提高国民品德的方法;恰恰相反,它只可能败坏道德:败坏道德是它发展经济所不可避免的副作用。于是,伦理学家的任务就是:如何既搞市场经济又尽量避免它败坏道德的副作用,从而将这种副作用降至最低限度。这种观点能成立吗?

6. 管子说:"仓廪实则知礼节,衣食足则知荣辱。"这种观点科学吗?孟子赞成管子的观点,进而发挥道:"民非水火不生活,昏暮叩人之门户求水火,无弗与者,至足矣。圣人治天下,使有菽粟如水火。菽粟如水火,而民焉有不仁者乎?"可是,他又断言:"为富不仁矣,为仁不富矣。"这是否自相矛盾?

参 考 文 献

《墨子》。
《荀子》。
《管子》。
《四书》。
(南宋)朱熹:《四书章句集注》,齐鲁书社1992年版。
冯友兰:《三松堂全集》第四卷,河南人民出版社1986年版。
〔法〕卢梭:《论科学与艺术》,何兆武译,商务印书馆1959年版。
〔瑞士〕皮亚杰:《儿童的道德判断》,傅统先、陆有铨译,山东教育出版社1984年版。
苗力田主编:《亚里士多德全集》第八卷,中国人民大学出版社1992年版。

John K. Roth, *International Encyclopedia of Ethics*, Braun-Brumfield Inc., U.C., 1995.

Stevn M. Cahn and Peter Markie, *Ethics: History, Theory, and Contemporary Issues*, Oxford University Press, New York, Oxford, 1998.

Michael Slote, *From Morality to Virtue*, Oxford University Press, New York, Oxford, 1992.

Fhilippa Foot, *Virtues and Vices*, University of California Press, 1978.

Gilbert C. Meilaender, *The Theory and Practice of Virtue*, University of Notre Dame Press, 1984.

Archie J. Bahm, *Why be Moral?* Albuquerque World Books, 1992.

Adam Smith, *The Theory of Moral Sentiments*, Edited by D. D. Raphael and A. L. Macfie, Clarendon Press, Oxford, 1976.

第十三章　品德培养：优良道德之实现

> **本章提要**：品德培养方法分为道德教养——道德教育和道德修养——与制度建设。道德教养是国民个体、各个个人的品德培养方法；制度建设——亦即宪政民主、市场经济、思想自由和优良道德四大制度建设——则是国民总体、群体之品德的培养方法。制度建设是国民总体品德培养方法，它虽然不能保证具体提高各个个人的品德境界，却能够保证提高一个国家的国民总体的品德境界；而道德教育与道德修养则是国民个体的品德培养方法，它只能保证具体提高各个个人的品德境界，却不能够保证提高一个国家的国民总体的品德境界。这样一来，一个国家，只要制度优良，不论该国道德教养如何，该国国民总体来说必定品德高尚；反之，只要制度恶劣，那么，不论道德教修养如何，该国国民总体来说必定品德败坏。

一、品德培养的目标

1. 君子：品德培养的基本目标

君子与小人自春秋战国时代就明确作为两种对立人格而沿用至今。但是，这对范畴最初既指两种道德人格，又指两种社会阶层：君子指王侯、公卿和大夫等统治阶层；小人指庶民和奴隶等被统治阶层。所以，王安石说：

> 天子诸侯谓之君，卿大夫谓之子，古之为此名也，所以命天下之有德。故天下之有德，通谓之君子。有天子、诸侯、卿大夫之位，而无其德，可以谓之君子，盖称其位也。有天子、诸侯、卿大夫之德而无其位，可以谓之君子，盖称其德也。①

---

① （北宋）王安石：《王文公文集》卷三十四。

从汉代以来,君子与小人才逐渐只有一种含义:君子就是善人、好人、合乎道德的人、处于美德境界的人;小人就是恶人、坏人、不道德的人、处于恶德境界的人。进而言之,君子就是长期遵守道德总原则"善"从而使之内化为自己的人格和个性的人,就是长期遵守"无私利他"、"为己利他"和"单纯利己(不损人己)"三大善原则从而使之内化为自己的人格和个性的人,就是具有"无私利他"、"为己利他"和"单纯利己(不损人己)"三大美德的人:"无私利他"是君子的最高美德;"为己利他"是君子的基本美德;"单纯利己(不损人己)"是君子的最低美德。反之,小人就是长期违背道德总原则"善"从而使不道德总原则"恶"内化为自己的人格和个性的人,就是使"纯粹害人"、"损人利己"和"单纯害己"三大恶原则内化为自己的人格和个性的人,就是具有"纯粹害人"、"损人利己"和"单纯害己"三大恶德的人:"纯粹害人"是小人最重恶德;"损人利己"是小人的基本恶德;"单纯害己"是小人最轻恶德。

于是,君子就是善人、好人、合乎道德的人:他可以是最善、最好、最道德的人,因而可以是具有无私利他人格的人;而不必是最善、最好、最道德的人,不必是具有无私利他人格的人。一个人的行为不论如何自私利己而罕见无私利他,不论他的行为目的是如何为自己,但是,只要他不损人,只要他是为己利他而不是损人利己,那么,他就是一个合乎道德的人,他就是一个君子而不是小人。即使他损人,即使他损人利己,只要这些不道德的行为还没有使他形成和具有损人利己的品德或人格,那么,他就仍然是君子而不是小人。只有当他损人利己的行为越来越多而终于使他形成和具有损人利己的品德或人格时,他才是小人而不是君子了。显然,君子是品德培养的基本目标,而不是品德培养的最高目标。那么,品德培养的最高目标是什么? 是仁人。

2. 仁人:品德培养的最高目标

仁是什么? 冯友兰答道:"仁之事,即是爱人,即是利他。"[①]不过,利他有为己利他与无私利他之分。从孔子对仁是"爱人"的解释来看,仁是无私利他,而不是为己利他。因为为己利人显然绝非爱他人而是爱自己;只有无私利他才是爱他人:爱人是无私利人行为的心理动因。从孟子的"仁也者,人也"[②]的解释来说,仁也是无私利他而非为己利他。因为孟子的这一定义意味着,仁是实现人之所以为人者的原则;而在孟子和儒家看来,一个人只有无私利他,才能使自己的品德达到完善境界,从而实现自己的人之所以为人者。这一点冯友兰讲得很清

---

① 冯友兰:《三松堂全集》第四卷,河南人民出版社 1986 年版,第 125 页。
② 《孟子·尽心上》。

楚:"求自己的利,可以说是出于人的动物倾向,与人之所以为人者无干……为实现人之所以为人者,我们可以说,人应该求别人的利。"①所以,郭沫若说:

> 仁的含义是克己而为人的一种利他的行为……他要人们除掉一切自私自利的心机,而养成为大众而献身的牺牲精神……仁既是牺牲自己以为大众服务的精神,这应该是所谓至善,所以说"苟志于仁矣,无恶也",——只要你存心牺牲自己以维护大众,那就干什么事情都是好的。你既存心牺牲自己,不惜"杀身成仁",那还有什么可怕的呢?又还有什么不能够敢作敢为的呢?在这些场合就是先生在前也不能和他推让,他不做,我也要做。所以他说:"仁者不忧","仁者必有勇","当仁不让于师"。②

这样一来,所谓仁人,便是君子的最高境界,是最高尚的君子,是达到了君子最高境界——无私利人——的人,是具有最高美德或至善美德——无私利人——的人,也就是无私利人的道德楷模,是长期遵守至善原则"无私利人"从而使之内化为自己的人格和个性的人,是使"无私利人"至善原则在自己的人格或个性中得到实现的人,是具有无私利他人格的人,因而是品德培养的最高目标。

3. 圣人:品德培养的终极目标

圣人无疑是其词源含义——富有智慧——进一步升华、拔高和全面化的结果。因为圣人之为圣人,不仅具有"智慧"的美德,而且还必须具有其他美德,比如说,至少还必须具有"善"和"仁"的美德:圣人不仅是智者,还必须是一个道德的人,必须是君子和仁人。然而,一个人是否只要具有"仁"和"智"的美德,只要是君子、仁人和智者,他就是圣人?否!圣人是几乎将全部道德都内化为自己的人格的人,是几乎具有全部美德的人,是全德之人,是道德完人。所以,荀子说:

> 圣也者,尽伦者也。③

这就是说,圣人必定具有智慧的美德,而不必是天下最高智慧者。更何况,只是就词源含义来说,圣人才以智慧为本;而就概念定义来说,圣人则以善或仁为本。因为圣人是道德完人而不是智慧完人;并且圣人的美德并不高于仁人,而只不过多于、全面于仁人:圣人不过是具有多方面美德的君子,不过是在美德诸方面得到全面发展的人罢了。因此,正如荀子所言,只要通过学习和实践的积累,人皆可以为圣人:"涂之人百姓,积善而全尽,谓之圣人。"④对于这个道理,王

---

① 冯友兰:《三松堂全集》第四卷,河南人民出版社 1986 年版,第 608 页。
② 郭沫若:《郭沫若全集》历史编,第二卷,人民出版社 1982 年版,第 88—90 页。
③ 《荀子·非十二子》。
④ 《荀子·儒效》。

阳明讲得就更清楚了：

> 圣人之所以为圣，只是其心纯乎天理，而无人欲之杂；犹精金之所以为精，但以其成色足，而无铜铅之杂也。人到纯乎天理方是圣，金到足色方是精。然圣人之才力亦有大小不同，犹金之分量有轻重。尧舜犹万镒，文王孔子犹九千镒，禹汤文武犹七八千镒，伯夷伊尹犹四五千镒。才力不同，而纯乎天理则同，皆可谓之圣人。……盖所以为精金者，在足色而不在分量。所以为圣者，在纯乎天理而不在才力也。故虽凡人，而肯为学，使此心纯乎天理，则亦可为圣人。①

人皆可以为圣人，蕴含一个贯穿儒家哲学的伟大的命题：学为圣人。确实，既然人皆可以为圣人，那岂不应该人皆学为圣人？程颐曰："人皆可以至圣人，而君子之学必至于圣人而后已。不至于圣人而后已者，皆自弃也。"②因此，跟君子和仁人一样，圣人也是适用于每个人的品德培养的普遍目标。只不过，君子是长期遵守"善"原则而使之内化为自己的人格的人，是善人、好人、合乎道德的人，因而是品德培养基本目标；仁人是长期遵守无私利人的"至善"原则而使之内化为自己的人格的人，是最善、最好、最道德的人，是品德培养最高目标；圣人则是长期遵守所有道德规范而使之内化为自己的人格的人，是几乎具有全部美德的人，是道德完人，因而是品德培养的终极目标。这就是品德培养的全部目标。那么，达到这些目标的方法是怎样的？达到这些目标的方法可以分为"制度建设"与"教育修养"两大系列：制度建设是国民总体品德培养方法；教育修养是国民个体品德培养方法。

二、制度建设：国民总体品德培养的方法

1. 市场经济：提高国民品德道德感情因素的基本方法

"德富律"的研究业已表明，一个国家的经济发展越快，物质财富增加得越多，对于这些物质财富的分配越公平，国民物质需要的相对满足的程度便越充分，因而做一个好人的道德需要和欲望便越多，他们的品德便越高尚。可是，一个国家的经济发展速度和财富分配的公平程度又取决于什么？

不难看出，任何社会的经济发展速度和财富分配的公平程度，固然取决于劳动者和管理者的个人品质，但是，根本说来，则取决于国家的经济体制。因为一

---

① （明）王阳明：《传习录》上。
② （北宋）程颐：《河南程氏遗书》卷二十五。

目了然,劳动者和管理者的个人品质不过是经济发展快慢和财富分配是否公平的偶然的、特殊的根源;而国家的经济体制则是经济发展快慢和财富分配是否公平的普遍的、必然的根源。那么,能够保障经济迅速发展和财富公平分配的经济体制究竟是怎样的呢?

是市场经济。因为市场经济是一种没有外在强制的自发的、自愿的经济,因而在这种经济体制下,每个人都享有经济自由;而经济自由无疑是经济繁荣昌盛的必要的、根本的条件。这就是为什么我们到处看到,哪个国家实行市场经济而经济自由,哪个国家的经济便繁荣昌盛的缘故。不过,如果没有政府干预,仅凭市场经济自身不但不能完全实现经济公正,不能完全实现公正的收入分配,而且不能够完全实现经济自由:市场经济自身无法自动消除垄断。因此,为了实现自由而公正的市场经济,必需政府干预市场经济活动。但是,政府的干预应该只限于确立和实现市场经济自由且公正地运行的规范,而不应该指挥市场经济活动:政府应该是经济活动规范的制定者与仲裁者,而不应该是经济活动的指挥者。所以,弗里德曼说:

> 自由市场的存在当然并不排除对政府的需要。相反地,政府的必要性在于,它是"竞赛规则"的制定者,又是解释和强制执行这些已被决定的规则的裁判者。①

因此,如果一个国家实行了市场经济,并且政府对市场经济的干预只限于对经济自由与经济公正等市场经济规范的制定和执行,因而只是充当市场经济的仲裁人而不是市场经济的指挥者,那么,该国便建立了自由而公正的市场经济体制。这样一来,该国的经济便必定迅速发展、物质财富必定迅猛增加,对于这些财富的分配必定公正,从而国民的物质需要必定得到相对充分的满足,因而做一个好人——君子、仁人乃至圣人——的道德需要和欲望必定强烈,最终势必导致国民品德的普遍提高,势必导致好人——君子、仁人乃至圣人——普遍增多。因此,建立自由且公正的市场经济体制是形成国民做一个好人——君子、仁人乃至圣人——的道德愿望的前提和基础之方法,是培养国民品德的道德感情因素的基本方法,是提高国民品德的基本方法。

2. 宪政民主:提高国民品德道德感情因素的主要方法

"德福律"的研究表明,一个国家的政治越清明,国民的德福便越一致,他们做一个有美德的好人的动力便越强大,他们做一个有美德的好人的道德愿望便

---

① 〔美〕弗里德曼:《资本主义与自由》,高鸿业译,商务印书馆1986年版,第16页。

越强大,他们善的动机便越强大以致能够克服恶的动机和实现善的动机的内外困难,他们的道德意志便越强大,他们的品德便越高尚:政治清明和德福一致是形成国民品德的道德感情因素之目的和动力。那么,一个国家的政治清明抑或腐败以及德福一致与否又取决于什么?

一个国家的政治之清明抑或腐败,正如中外史实所表明,无疑与统治者的个人品德有关:昏君在位,必定小人当道、政治腐败,从而邪佞者有福而忠良者有祸;明君在位,必定贤人当道、政治清明,从而忠良者有福而邪佞者有祸。然而,依阿克顿勋爵所见,政治腐败与否,根本说来,并不取决于诸如昏君与明君等统治者的个人品质,而取决于政治体制本身所固有之本性。他将这一思想归结为一句广为传颂的至理名言:

权力导致腐败,绝对权力导致绝对腐败。[1]

诚哉斯言!不过,精确言之,毋宁说,政治腐败与否之偶然的特殊的原因,在于统治者个人品质;而政治腐败与否之普遍的、必然的根源,显然与统治者个人的偶然品质无关,而全在于政治体制的固有本性:宪政民主,就其本性来说,是政治清明的普遍的必然的根源;君主专制,就其本性来说,是政治腐败的普遍的必然的根源。这恐怕就是"绝对权力导致绝对腐败"之真谛。

不难看出,只有民主的政治体制才可能保障政治清明和德福一致而防止政治腐败和德福背离。这可以从两方面看。一方面,只有民主政体才符合政治自由和政治平等两大社会治理道德原则。因为只有在民主政体中,每个人才能完全平等地共同执掌国家最高权力,从而完全平等地享有政治自由,亦即完全平等地使国家的政治按照自己的意志进行。这就是为什么民主政体能够保障政治清明的缘故:政治平等和政治自由——每个人完全平等地共同执掌国家最高权力——无疑是政治清明和德福一致的普遍的必然的根源。另一方面,民主政体意味着国家最高权力完全平等地共同掌握在每个公民手中,因而造成最高权力最大限度的分散和分立,使立法、行政和司法等政治权力互相分立、牵制、监督和抗衡,从而能够有效防止各级官员的腐败和德福背离而保障其清廉和德福一致。

不过,民主只是保障政治清明和德福一致而防止政治腐败和德福背离的必要条件,而不是其充分条件。因为民主的政权仍然可能被滥用而成为无限的(unlimited democracy),因而违背了自由与平等以及人道和公正等社会治理道德原则,从而导致民主的暴政。如果民主政权能够得到限制,亦即遵循自由与平等以及人道和公正等社会治理道德原则,那么,民主便不会沦为暴政,因而也就

---

[1] 〔英〕阿克顿:《自由与权力》,侯僵、范亚峰译,商务印书馆2001年版,第342页。

能够保障政治清明和德福一致而防止政治腐败和德福背离：受到自由等社会治理道德原则有效限制的民主，是保障政治清明和德福一致而防止政治腐败和德福背离的充分且必要条件。这种民主就是所谓"宪政民主（constitutional democracy）"：宪政民主就是被自由与平等以及人道和公正等社会治理道德原则有效限制的民主，就是将这些原则作为宪法的指导原则和基本精神的民主，就是遵循这种宪法而受其限制的民主。

因此，遵循宪法而受其限制的所谓"宪政民主"，真正讲来，也就是遵循名副其实的宪法之指导原则——自由与平等以及人道与公正诸社会治理道德原则——而受其限制的民主，因而也就是保障政治清明和德福一致而防止政治腐败和德福背离的充分且必要条件，是政治清明和德福一致的普遍的必然的根源。这样一来，如果一个国家实现了宪政民主，那么，该国的政治必定清明，国民的德福必定一致，他们做一个有美德的好人——君子、仁人乃至圣人——的动力必定强大，他们做一个有美德的好人——君子、仁人乃至圣人——的道德愿望必定强大，他们善的动机必定强大以致能够克服恶的动机和实现善的动机的内外困难，他们的道德意志必定强大，最终势必导致国民品德的普遍提高，势必导致君子、仁人乃至圣人之普遍增多：宪政民主是形成国民做一个好人——君子、仁人乃至圣人——的道德愿望的目的和动力之方法，因而是培养国民品德道德感情因素的主要方法，是提高国民品德的主要方法。

3. 优良道德：培养国民品德道德感情和道德意志两因素的复合方法

"德道律"的研究表明，一方面，道德越优良，它给予每个人的压抑、限制和损害便越少，而给予他的利益和快乐便越多；于是，人们遵守道德从而做一个有美德的人的动力、欲望、动机和意志便越强大，因而他们的品德便越高尚。另一方面，道德越优良，与行为的客观本性便越相符，便越易于被每个人实行；从而人们实行道德的行为便越多，人们的品德便越高尚。然而，问题是，一个国家究竟奉行怎样的道德才算得上优良呢？

任何国家所奉行的道德无疑都是不胜枚举的，因而必定既有一些是优良的，又有一些是恶劣的，而不可能全部优良或全部恶劣。所以，我们说一个国家所奉行的道德是恶劣的或是优良的，只能是就其处于基础与核心地位的——亦即具有决定意义——的道德来说的：如果一个国家处于基础与核心地位的道德是优良的，我们就说该国奉行优良道德；反之，如果一个国家处于基础与核心地位的道德是恶劣的，我们就说该国奉行恶劣道德。

在一个国家所奉行的道德规范体系中，处于基础与核心地位的无疑是普遍的道德原则，而不是推导于普遍道德原则的特殊道德原则和道德规则。人类社会普遍的道德原则无非四类。第一类是道德终极标准,亦即道德最终目的之量化:"增进每个人利益总量";第二类是一切伦理行为应该如何的道德总原则,亦即所谓"善";第三类是善待他人的道德原则,主要是社会治理的道德原则,亦即"公正(平等是最重要的公正)"和"人道(自由是最根本的人道)";第四类是善待自我的道德原则,亦即所谓"幸福"。善待自我的道德原则在一个国家所奉行的道德规范体系中显然不可能处于基础与核心地位。因此,判断一个国家所奉行的道德是否优良,说到底,全在于该国所奉行的道德终极标准和道德总原则以及社会治理道德原则是否优良。那么,一个国家究竟奉行怎样的道德终极标准、道德总原则和社会治理道德原则才堪称优良?规范伦理学的研究表明:

首先,极端义务论道德终极标准和极端利他主义的道德总原则最恶劣。因为二者虽然坚持了无私利他,鼓舞了人们无私奉献的至善热忱;却反对一切个人利益的追求,抛弃为己利他和自我实现原则,而以无私利他要求人的一切行为。这样,一方面,它们对每个人的欲望和自由的压抑、限制便最为严重:它们压抑、否定每个人的一切目的利己的欲望和自由,而妄图使人的一切行为都达到无私利他的至善峰峦;另一方面,它们增进社会和每个人利益最为缓慢,因为它们否定目的利己、反对一切个人利益的追求,也就堵塞了人们增进社会和他人利益的最有力的源泉。于是,合而言之,极端利他主义和极端义务论道德便是给予每个人的害与利的比值最大的道德,因而也就是最为恶劣的道德。相反的,马克思主义的功利主义道德终极标准和马克思主义的己他两利主义道德总原则最优良,因其将无私利他和利己不损人(为己利他与单纯利己)一起奉为评价行为是否道德的多元准则:

共产主义者既不拿利己主义来反对自我牺牲,也不拿自我牺牲来反对利己主义……他们清楚地知道,无论利己主义还是自我牺牲,都是一定条件下自我实现的一种必要形式。①

这样,一方面,马克思主义道德对每个人的欲望和自由的压抑和限制便最为轻微:它们仅仅压抑、否定每个人的损人的欲望和自由,因而只有在利益冲突时才要求无私利他、自我牺牲。另一方面,马克思主义道德增进全社会和每个人利益又最为迅速:因为它们不但提倡无私利他、自我牺牲,激励人们在利益冲突时无私利他、自我牺牲而不致损人利己,从而增进了社会利益总量;而且倡导为己利他与自我实现,肯定一切利己不损人的行为,鼓励一切有利社会和他人的个人利益的追求,也就开放了增进社会和每个人利益的最有力的源泉。于是,合而言

---

① 《马克思恩格斯全集》第 3 卷,人民出版社 1971 年版,第 275 页。

之,马克思主义道德终极标准和道德总原则便是给予每个人的利与害的比值最大的道德,因而也就是最为优良的道德。

其次,专制主义社会治理道德原则最恶劣。因为,一方面,它维护一个人独掌国家最高权力,而违背政治平等、经济平等和机会平等原则,从而剥夺所有人应该享有的各种平等权利,使所有人生活于一个极端不平等、不公正和无人权的等级社会;另一方面,它维护一个人独掌国家最高权力,而违背政治自由、经济自由和思想自由原则,剥夺所有人应该享有的各种自由权利,使所有人都生活于一个遭受全面的奴役、异化和不自由的社会,完全丧失个性而不可能实现自己的创造性潜能,因而必定极端阻碍社会发展进步,造成社会停滞不前。合而言之,专制主义道德对每个人的欲望和自由的压抑、限制和侵犯最大,而增进全社会和每个人利益却最少:它是给予每个人的害与利的比值最大的道德,因而是最为恶劣的社会治理道德。相反的,人道与自由以及公正与平等的社会治理道德原则最优良。因为,一方面,它们对每个人的欲望和自由的压抑无疑最为轻微——它们甚至倡导每个人的自由应该广泛到社会的存在所能容许的最大限度——另一方面,它们增进全社会和每个人利益必定最为迅速,因为人道与自由以及公正与平等无疑是实现每个人创造潜能、调动每个人劳动积极性和保障社会繁荣进步的根本条件。于是,合而言之,人道与自由以及公正与平等的道德原则便是给予每个人的利与害的比值最大的道德,因而是最为优良的社会治理道德。

这样一来,如果一个国家奉行极端义务论和极端利他主义以及专制主义道德,那么,该国所奉行的道德,就其基础或核心来说,便是最恶劣道德,因而不论其余道德如何,该国所奉行的都是最恶劣的道德:一方面,它对于国民的压抑、限制和损害必定极大,而给国民的利益和快乐必定极少;另一方面,它势必背离行为的客观本性而难以被每个人实行。于是,人们遵守这种道德从而做一个有美德的人的动力、欲望、动机和意志便必定极其弱小,因而他们的品德必定极其恶劣。反之,如果一个国家奉行马克思主义的功利主义、己他两利主义以及人道、自由、公正和平等的道德,那么,该国所奉行的道德,就其基础或核心来说,便是最优良的道德,因而不论其余道德如何,该国所奉行的都是最优良道德:一方面,它对国民的压抑、限制和损害必定极少,而给予国民的利益和快乐必定极多;另一方面,它必定符合行为的客观本性因而易于被每个人实行。于是,人们遵守这种道德从而做一个有美德的人的动力、欲望、动机和意志必定极其强大,因而他们的品德必定高尚。

可见,马克思主义的功利主义、己他两利主义以及人道、自由、公正和平等之优良道德,乃是形成国民做一个有美德的人——君子、仁人乃至圣人——的强大的动力、动机、欲望和意志之方法,因而是培养国民品德道德感情和道德意志两因素的复合方法,是提高国民品德的基本方法。

4. 思想自由:培养国民品德道德认识因素的基本方法

"德识律:国民品德道德认识规律"的研究表明,一个国家的科教文化越发达,该国国民普遍的认识水平便越高,国民普遍的道德认识水平便越高,国民的品德便越高尚。那么,一个国家的科教文化发达与否又取决于什么?

一个国家的科教文化发达与否,根本说来,无疑取决于该国是否有思想自由,亦即是否有获得与传达思想之自由,说到底,是否有言论与出版——思想获得与传达的主要途径——之自由:思想自由是科教文化迅速发展的根本条件,是精神财富繁荣兴盛的根本条件,是真理得以诞生的根本条件。因为不言而喻,任何人的思想,都不可能在强制和奴役的条件下得到发展。思想自由,确如无数先哲所论,是思想和真理发展的根本条件而与其成正相关变化:一个社会的言论和出版越自由,它所能得到的真理便越多,它的科学与艺术便越繁荣兴旺,它所获得的精神财富便越先进发达;一个社会的言论和出版越不自由,它所能得到的真理便越少,它的科学与艺术便越萧条荒芜,它所创获的精神财富便越低劣落后。

这个道理,只要简单比较一下中西科教文化发展之异同,就更清楚了。试想,为什么春秋战国时代的科教文化中西同样繁荣进步?岂不就是因为那时的中国和西方同样崇尚思想自由?冯友兰在总结"子学时代哲学发达之原因"时便这样写道:"上古时代哲学之发达,由于当时思想言论之自由。"[①]伯里也将古希腊罗马的哲学、科学、文学和艺术的伟大成就归因于思想自由:

若有人问及希腊人对于文化上的贡献是什么,我们自然首先要想到他们在文学和艺术上的成就了。但更真切的答复或者要说,我们最深沉的感谢是因为他们是思想自由和言论自由的创造者。他们哲学上的思想、科学上的进步和政制上的实验固然以这种精神的自由为条件,即文学艺术上的优美,也莫不以此为根据。[②]

诚然,言论与出版自由往往会产生一些有害后果,如种种谬论流传而引人误入歧途。反对言论与出版自由的理由,说来说去,亦莫过于此:禁止错误思想。然而,这个理由是不能成立的。因为,一方面,禁者未必正确,被禁者未必错误,我们今天禁止的所谓错误,往往便是明天的真理;另一方面,就算被禁者是错误,也不应禁止,因为真理只有在同错误的斗争中才能发展起来,没有这种斗争,真

[①] 冯友兰:《中国哲学史》上册,河南人民出版社1983年版,第30页。
[②] 〔英〕伯里:《思想自由史》,宋桂煌译,吉林人民出版社1999年版,第9页。

理便会丧失生命力而成为僵死的教条①。因此,正如诺兰所指出,如果因言论和出版完全自由的危害而限制其自由,那么,这种限制所带来的危害,便远远大于言论与出版完全自由所带来的危害②。

那么,是否有不通过限制言论和出版自由的方法来防止其危害呢?有的。一种方法是提高听众和读者的鉴别力。诺兰说:"一种信息通畅的具有批判精神的社会,乃是免除言论自由危害的最好武器。"③而这样的社会显然只有通过思想完全自由才能建立起来。所以,思想完全自由的有害后果,通过思想自由本身便可逐渐防止。另一种方法是追究言论者和出版者的责任:每个人都必须对自己的言论和出版的有害后果承担责任。对自己言论和出版的危害性后果承担责任的恐惧,无疑既能有效防止自己言论和出版的危害性,同时又没有限制言论和出版自由。

可见,应该坚持思想自由原则:一个国家的思想、言论和出版越不自由,该国的科教文化便越不发达,该国国民普遍的认识水平便越低,国民普遍的道德认识水平便越低,国民的品德便越败坏,国中君子、仁人乃至圣人便越稀少;一个国家的思想、言论和出版越自由,该国的科教文化便越发达,该国国民普遍的认识水平便越高,国民普遍的道德认识水平便越高,国民的品德便越高尚,国中君子、仁人乃至圣人便越多。这岂不意味着:思想自由是培养国民品德道德认识因素的方法,是提高国民品德的首要方法?

综观国民总体品德培养方法可知,宪政民主、市场经济、思想自由和优良道德四大制度建设乃是国民总体品德或群体品德培养方法,而不是国民个体品德、个人品德培养方法;是一个国家国民群体品德的统计性培养方法,而不是个人品德非统计性培养方法。因此,这些方法并不能保证具体提高某一个个人的品德境界,并不能保证提高一个具体的、特殊的个人的品德境界;而只能保证提高一个国家的国民总体的品德境界,只能保证提高一个社会的社会群体的品德境界。那么,一个人究竟怎样才能具有良好和高尚的品德?究竟怎样才能使一个人具有良好和高尚的品德?换言之,能够保证具体提高某一个个人的品德境界的品德培养方法究竟如何?说到底,国民个体品德培养方法究竟是什么?是道德教养,亦即道德教育与道德修养:道德教育是国民个体品德培养的外在方法;道德修养是国民个体品德培养的内在方法。

---

① 参阅 John Stuart Mill, *The Federalist*, Robert Maynard Hutchins, *Great Books of the Western World*, Volume 43, American State Papers, Encyclopaedia Britannica Inc., Chicago, 1952, p. 292.
② 参阅 Richard T. Nolan, Frank G. Kirkpatrick with Harold H. Titus, and Morris T. Keeton, *Living Issues in Ethics*, Wadsworth Pub. Co., Belmont, California, 1982, pp. 285–286.
③ 同上书, p. 296.

三、道德教育：国民个体品德培养的外在方法

道德教育无疑是社会对每个人品德的培养方法，是国家对国民个体品德的培养方法，是社会或国家将外在的道德规范转化为每个人的内在品德从而使每个人遵守道德规范的品德方法。不过，社会或国家原本一方面由个人构成，他方面由个人——亦即社会或国家的领导者如父母、教师、各级行政长官乃至大总统等——代表。因此，所谓道德教育，所谓社会或国家对国民个人品德的培养，直接说来，便是社会和国家的代表或领导者对被领导者的品德培养；说到底，则是人们相互间的品德培养，是他人对自己和自己对他人的品德培养，因而是国民个体品德培养的外在方法。反之，道德修养则是个人的自我品德培养，是自己对自己的品德培养，是个人将社会道德规范转化为自己内在品德从而自觉遵守道德规范的方法，因而是国民个体品德培养的内在方法。道德教育的主要方法是言教、奖惩、身教和榜样；道德修养主要方法则可以归结为学习、立志、躬行和自省。

1. 言教：提高个人道德认识的道德教育方法

教育者究竟应该如何对受教育者进行道德教育？首先应该进行言教。因为个人道德认识乃是品德的指导因素和首要成分，受教育者之所以背离美德而陷入恶德，正如孟子所言，首要原因便在于他缺乏道德智慧，便在于对美德的利益和恶德的不利之愚蠢无知：

夫仁，天之尊爵也，人之安宅也。莫之御而不仁，是不智也。①

所以，教育者的首要任务就是提高受教育者的个人道德认识、道德知识和道德智慧，从而使受教育者懂得为什么应该做和究竟怎样做一个有美德的人。道德认识、道德知识和道德智慧当然主要是通过语言表达、传授的。所以，教育者的首要任务就是通过语言向受教育者传授道德知识、道德认识和道德智慧。这就是所谓的言教：言教就是教育者通过语言向受教育者传授道德认识、道德知识和道德智慧以提高其个人道德认识的道德教育方法。

然而，几乎无人不说：言教不如身教。岂不有轻视言教之意？他们竟然忘记，言教乃是最高级的教育形式！难道不是唯有人类才拥有第二信号系统——语言——因而才拥有言教？而身教岂不是人类与其他动物所共有的教育方法？

---

① 《孟子·尽心上》。

言教不如身教,只是就某一方面——如道德践履、实行道德或确定和执行道德行为动机——来说才能成立;而就另一方面——如传授道德认识和道德智慧——来说则是不能成立的。因为道德认识和道德智慧岂不主要是通过语言——而不是通过行动——传授的?

诚然,品德的决定性因素是个人道德感情而不是个人道德认识或道德智慧。但是,一个人如果没有一定的个人道德认识和道德智慧,他绝不会有相应的个人道德感情:个人道德认识和道德智慧是个人道德感情的必要条件。因为个人道德感情固然最终源于和形成于个人道德实践,却直接源于和形成于个人道德认识、道德智慧。

就拿一个人对他父母的爱来说。他的这种道德感情无疑产生和形成于他所承受的父母长期给予他的快乐和利益:爱是自我对快乐和利益的心理反应。然而,我们看到那么多不孝儿女,他们虽然从父母那里得到了巨大的快乐和利益,却并不深爱他们的父母。原因之一,岂不就是因为不养儿不知父母恩?岂不就是因为他们没有真正理解和认识父母的深恩大德?及至他们自己有了儿女,他们才理解了父母的养育之不易,才真正懂得了父母之深恩大德,从而心中才充满了对父母的深情挚爱。所以,只有对于父母的给予怀有正确的道德认识,一个人才能够真正深爱给予他莫大利益和快乐的父母:一个人对父母的爱直接源于、形成于诸如"父母之恩无与伦比"的道德认识;最终则源于、形成于他长期从父母那里得到的快乐和利益的道德实践。

可见,个人道德认识不仅是品德的指导因素、首要成分,而且是品德的决定性因素——个人道德感情——形成的必要条件。所以,当代主知主义道德教育思想家柯尔伯格如是自问自答道:

是什么促进了道德从一个阶段向另一个阶段的向前发展?为什么有人达到了原则的阶段,而其他人就不能达到呢?我们的回答——即认知发展的回答——是以皮亚杰的研究为基础的,尽管在许多重要问题上与他不同。道德判断主要是理性运算的功能。诸如移情作用和内疚感等情感方面的因素必然会进入其中,但是,对道德情境的理解在认知上是由判断者决定的。因而,道德发展是一种不断增长着的认识社会现实或组织和联合社会经验的那种能力的结果。有原则的道德的必要条件——但不是充分条件——是逻辑推理能力的发展。①

这样一来,言教岂不就因其是提高受教育者个人道德认识的主要途径而既是个人道德认识的主要的、首要的教育方法,同时又是品德其他因素的首要教育

---

① 〔美〕柯尔伯格:《道德教育的哲学》,魏贤超、柯森译,浙江教育出版社2000年版,第8页。

方法?这就是言教为什么是道德教育首要方法的缘故。但是,言教充其量只能使受教育者知道为什么应该做和究竟应该怎样做一个有美德的人;却不能使受教育者真正想做、愿做、欲做一个有美德的人。使受教育者想做、愿做、欲做一个有美德的人的教育方法,是奖惩。

2. 奖惩:形成个人道德感情的道德教育方法

奖惩作为一种道德教育方法,顾名思义,就是使受教育者的美德得到奖励和恶德受到惩罚的道德教育方法,就是教育者通过使受教育者的美德得到奖励和恶德受到惩罚而使其欲求美德的道德教育方法。这种道德教育方法的主体、实施者或教育者,固然主要是社会及其代表者,亦即领导人;而奖惩的客体、对象或被教育者,固然主要是社会的成员、被领导者。但是,每个人既是受教育者同时又是教育者,因而每个人既是奖惩的主体或施予者,同时又都是奖惩的客体或对象。只不过,只有领导者拥有权力,因而领导者给予被领导者的奖惩,大都是权力奖惩,如职务之升降、大会表彰等等;反之,被领导者就其被领导来说,必无权力,因而被领导者给予领导者的奖惩,必定是非权力奖惩,因而主要是舆论奖惩,如说长道短、毁誉领导者的名声等等。这些奖惩尽管有所不同,却皆因每个人品德好坏而增进和减少其物质利益、社会利益和精神利益,从而满足和阻碍其物质需要、社会需要和精神需要,最终可以使每个人求美德而避恶德。对此,墨子早有所见。因为他一再说,奖惩是使人达到兼爱美德境界之道德教育方法:

今若夫兼相爱,交相利,此其有利且易为也,不可胜计也,我以为则无有上说之者而已矣;苟有上说之者,劝之以赏誉,威之以刑罚,我以为人之于就兼相爱、交相利也,譬之犹火之就上、水之就下也,不可防止于天下。[①]

可是,为什么奖惩可以使人欲求美德?奖惩之为使人欲求美德的道德教育方法的根据究竟何在?原来,人是个社会动物,每个人的生活都完全依靠社会和他人:他的一切利益都是社会和他人给予的。所以,能否得到社会和他人的赞许,便是他一切利益中最根本、最重大的利益:得到赞许,便意味着得到一切;遭到谴责,便意味着丧失一切。能否得到社会和他人的赞许之关键,显然在于他的品德如何:如果社会和他人认为他品德好,那么,他便会得到社会和他人的赞许和奖励;反之,则会受到社会和他人的谴责和惩罚。

这就是一个人最初为什么会有做一个有美德的人的道德需要的缘故:他需要美德,因为美德就其自身来说,虽然是对他的某些欲望和自由的压抑、侵犯,因

[①]《墨子·兼爱下》。

而是一种害和恶;但就其结果和目的来说,却能够防止更大的害或恶(社会和他人的唾弃、惩罚)和求得更大的利或善(社会和他人的赞许、赏誉),因而是净余额为善的恶,是必要的恶。因此,美德乃是他利己的最根本、最重要的手段:他对美德的需要是一种手段的需要。但是,逐渐地,他便会因美德不断给他莫大利益而日趋爱好美德、欲求美德——爱就是对于利益和快乐的心理反应——从而便为了美德而求美德,使美德由手段变成目的;就像他会爱金钱、欲求金钱、使金钱由手段变成目的一样。

因此,每个人以美德为目的的道德需要,源于以美德为手段的道德需要;而以美德为手段的道德需要又源于社会和别人因他品德的好坏所给予他的奖惩。于是,说到底,每个人做一个有美德的人的道德需要——不论是以美德为手段的需要还是以美德为目的的需要——均以奖惩、利益和快乐为根本动因、根本动力。奖惩是每个人做一个有美德的人的道德需要的根本动因、根本动力:这就是奖惩必定使人欲求美德而避免恶德的原因,这就是奖惩之为使人欲求美德的道德教育方法的根据。

可见,奖惩是每个人做一个有美德的人的道德需要、道德欲望形成发展的根本的源泉和动力,因而是形成和增强受教育者做一个有美德的人的道德需要、道德欲望的道德教育方法,是使道德由社会外在规范成为受教育者自身内在需要、欲望的教育方法,说到底,是陶冶受教育者个人道德感情的道德教育方法。不过,奖惩只能使受教育者愿做一个有美德的人;却不能保证受教育者实行道德从而实际成为一个有美德的人,不能使受教育者将成为一个有美德的人的道德愿望、道德理想付诸行动。保证受教育者实行道德从而实际成为一个有美德的人的道德教育方法是身教。

3. 身教:形成个人道德意志的道德教育方法

所谓身教,顾名思义,就是教育者通过自己躬行道德而使受教育者实行道德的道德教育方法。不难看出,这种方法之真谛乃在于道德之最深刻的本性:道德是社会制定或认可的关于每个人的行为应该如何的社会契约,是对每个人的行为的一种规范、限制、约束。这样,对于道德来说,一个人虽然知道自己应该遵守,并且也确实愿意遵守,但是,如果别人都不遵守,那么,自己也就不会遵守了;否则,自己岂不枉受束缚?任何契约的每一位缔结者岂不都是如此?岂不都是如果自己遵守契约,则必定要求他人也遵守契约?如果他人不遵守,自己岂不枉受束缚而毫无意义?教育者与受教育者之间是否实际遵守道德契约的关系,岂不更加如此?所以,袁采说:

勉人为善,谏人为恶,固是美事,先须自省。若我之平昔自不能为人,岂惟人不见听,亦反为人所薄。且如己之立朝可称,乃可诲人以立朝之方;己之临政有效,乃可诲人以临政之术;己之才学为人所尊,乃可诲人以进修之要;己之性行为人所重,乃可诲人以操履之详;己能身致富厚,乃可诲人以治家之法;己能处父母之侧而谐和无间,乃可诲人以至孝之行。苟不然,岂不反为所笑?①

诚哉斯言! 教育者通过言教和奖惩,使受教育者知道应该遵守道德、并且愿意遵守道德。但是,究竟怎样才能使受教育者的这种道德欲望强大到能够克服其他欲望,从而引发遵守道德的实际行为呢? 如果教育者不仅言教和奖惩,而且还身教,不但要求受教育者实行道德,而且自己率先躬行道德。那么,受教育者便会与教育者产生情感共鸣,便会认为教育者诚实公正、言行一致:让别人做的事自己首先做。这样一来,受教育者欲求做一个遵守道德有美德的人的道德欲望和感情便会得到加强,因而能够克服与之冲突的其他感情和欲望,从而引发遵守道德的实际行为,乃至长年累月自觉自愿地实行道德而成为一个有美德的人。

相反的,如果教育者仅仅言教和奖惩而不能做到身教,只要求受教育者实行道德而自己却并不实行道德,那么,受教育者便会产生反感,认为教育者言行不一、虚伪、欺骗和不公正:把自己不愿做的事让别人做。这样一来,受教育者欲求做一个遵守道德有美德的人的道德欲望和感情便会减弱萎缩,因而不能够克服与之冲突的其他感情和欲望,从而也就不会引发遵守道德的实际行为。诚然,他迫于教育者的奖罚而能够偶尔实行道德,那当然只是做样子给教育者看,而绝非其自觉自愿;因而只要教育者看不到,他必定溜之大吉,极力逃避实行道德。于是,他不会长年累月实行道德,从而也就不会成为一个有美德的人。

这个道理,不但是人人都有的体验,而且已为现代社会学家的实验证实。米斯切尔等1966年做了如下实验:让儿童们做小型滚木球游戏。作法是让儿童按一定的规则将木球投入球门,投中者得分,而得20分以上就可得奖。如果遵守规则,得奖的机会很少;如果偷偷违反规则就可把球投中,因而得分得奖。每个游戏者都有一个严格遵守规则和不守规则而用骗人方法得分的可能性。在实验开始阶段,儿童与成人一起玩。把儿童分为两组:第一组,成人不仅通过言教告诉儿童守规则,而且身教,以身作则、言行一致;第二组,成人仅仅言教却不能身教,仅仅告诉儿童守规则,自己却不守规则,言行不一。那么,成人之身教与否对儿童行为有何影响呢? 于是实验者又设计了第二个实验,让儿童独自玩此游戏,研究者可通过观察孔看到儿童行动。结果发现第一组儿童得奖的次数很少,只占百分之一左右,说明大多数儿童深受成人以身作则之身教的影响因而是严

---

① (南宋)袁采:《袁氏世范·处己》。

守规则的;第二组儿童得奖次数达到百分之五十以上,说明他们深受成人不以身作则之身教的影响,因而一旦离开成人便会不守规则。

可见,就道德的实行来说,身教重于言教:"其身正,不令而行,其身不正,虽令不从。"①身教是——言教则不是——引导受教育者实行道德的道德教育方法,因而也就是引导受教育者确定道德行为动机、执行道德行为动机的道德教育方法,也就是锻炼受教育者道德意志的道德教育方法。这样一来,道德教育方法岂不止于身教?不!因为身教、言教和奖惩结合起来,虽然足可以使受教育者实际成为一个有美德的人,但是,这些教育方法却都是片面的,不能给受教育者以完整的影响。完整的道德教育方法,是模仿完整的人,亦即所谓"榜样"。

4. 榜样:培养个人道德认识、道德感情和道德意志的综合道德教育方法

人是个道德动物,每个人或多或少必定都有遵守道德规范从而做一个好人的道德需要、道德欲望和道德愿望。这些道德需要、道德欲望和道德愿望经过言教、奖惩和身教等等道德教育方法便会逐渐强大而终成道德理想:道德理想岂不就是远大的道德愿望?岂不就是必经奋斗在较远的未来才能实现的远大道德愿望?道德需要、道德欲望、道德愿望和道德理想,无疑与其他需要、欲望、愿望和理想一样,乃是引发相应行为的动力。那么,一个人做一个好人的道德理想将引发怎样的行为呢?换言之,一个人怎样才能实现他做一个好人的道德理想呢?最佳的途径,就是模仿——模仿无疑是每个人所固有的最深刻的人性——道德榜样。

因为道德理想如果是抽象的、笼统的、模糊的和非现实的,显然无法实现。问题的关键在于,言教、奖惩和身教使受教育者形成的,恰恰只是抽象的、笼统的、模糊的和非现实的道德理想;只有榜样——当其成为受教育者的道德理想或理想人格的时候——才能使这种道德理想现实化、具体化和明确化。试想,每个人做一个好人的道德理想,岂不只有通过模仿榜样从而转换为做一个像岳飞、文天祥和雷锋式的人,才能现实化、具体化和明确化吗?否则,如果没有任何道德榜样,做一个好人的道德理想岂不只能是抽象的、笼统的、模糊的和非现实的吗?它怎么可能现实化、具体化和明确化呢?

因此,道德榜样就是受教育者做一个好人的道德理想之现实化、具体化和明确化的模型;模仿道德榜样就是受教育者现实化、具体化和明确化自己的道德理想的唯一途径,因而也就是他实现自己的道德理想的唯一途径:当他通过模仿道德榜样而终于成为像道德榜样一样的人的时候,岂不就实现了自己的道德理

---

① 《论语·子路》。

想？所以，一个人的品德固然可以超过他所模仿的道德榜样，甚至成为更加伟大和独特的道德英雄，但是，模仿和学习乃是创造和独创的基础：模仿道德榜样乃是他之所以超过他所模仿的道德榜样的基础。这就是为什么受教育者必定会模仿教育者所树立的道德榜样的缘故：模仿榜样是受教育者实现自己道德理想的必由之路。

可见，人的模仿本性及其做一个好人的道德理想，乃是榜样之为道德教育方法的前提和依据：榜样就是教育者引导受教育者模仿某些高尚者品德从而使受教育者的道德理想得到实现的道德教育方法。显然，榜样作为道德教育方法，与言教、奖惩、身教皆有所不同。一方面，榜样是一种全面的道德教育方法。因为言教、奖惩和身教所培养和提高的只是受教育者品德的某一种因素——或者是道德认识或者是道德感情或者是道德意志——因而皆为片面的道德教育方法。相反的，榜样所培养和提高的则是受教育者品德的全部因素。因为正如沛西·能所指出的，此乃模仿本性使然：

  模仿趋势表现在行动、情感和思想三个方面。意识生活的这些因素是那么密切地相互结合在一起，以致在一个方面开始的模仿，通常会扩散到其他方面。所以，在女孩子中间，对一个被崇拜的女教师的模仿，可能开始是仿效她的笔迹、她的口吻和她的头饰，结果往往全盘地采取她的情操和意见。①

因此，榜样是教育者引导受教育者模仿和学习某些高尚者品德各种因素的全面道德教育方法，是教育者引导受教育者模仿和学习某些品德高尚者的道德认识、道德感情和道德意志的综合道德教育方法。另一方面，榜样是最具感染力的道德教育方法。因为不言而喻，言教、身教和奖惩的教育未必是具体的、感性的、直观的、形象的和生动的；反之，榜样的教育则必定是具体的、感性的、直观的、形象的和生动的：具体的、感性的、直观的、形象的和生动的教育岂不更具感染力？岂不更能够陶冶、增强和提高受教育者的道德感情、道德意志和道德认识？试想，有什么道德教育方法能够比文天祥为国为民而放弃荣华富贵直至牺牲性命的鲜活榜样更具感染力？他的一句"人生自古谁无死，留取丹心照汗青"岂不比万卷德育学更具实效和力量？这恐怕就是为什么说"榜样的力量是无穷的"缘故。

合而言之，榜样乃是一种最富感染力的陶冶、增强和提高受教育者道德感情、道德意志和道德认识的全面的道德教育方法。这种道德教育方法对于品德培养的重要意义，曾被苏霍姆林斯基概括为一句名言："人只能用人来建树。"②

---

① 〔英〕沛西·能：《教育原理》，王承绪等译，人民教育出版社 1964 年版，第 167 页。
② 苏霍姆林斯基语，转引自崔相录：《德育新探》，光明日报出版社 1987 年版，第 132 页。

因此,从培养受教育者品德某一种因素的言教、奖惩和身教的道德教育方法到培养受教育者品德全部因素的榜样的道德教育方法,实乃是从片面到全面和从分析到综合的过程,通过这一过程,便完成了教育者对被教育者的品德培养,亦即完成了人与人相互间的、外在的个体品德培养。那么,相反的,每个人自己对自己的品德培养方法——亦即所谓道德修养方法或个体品德培养的内在方法——究竟是怎样的呢?

四、道德修养:国民个体品德培养的内在方法

1. 学习:提高个人道德认识和形成品德所有因素的道德修养方法

学习心理学的研究表明,所谓学习,亦即习得,就是有机体后天获得的、有意识的、能够形成个性的反应活动,说到底,也就是有机体后天获得的有意识的能够形成个性的知、情、意、行之反应活动[①]。准此观之,作为道德修养方法的学习——亦即道德学习——岂不就是有机体后天获得的、有意识的、能够形成道德个性、道德人格或品德的反应活动?岂不就是每个人后天获得的能够形成其道德人格或品德的知、情、意、行之四大活动?

这一定义显然意味着:每个人的道德人格或品德是他后天获得的,是道德学习的结果。但是,这种学习,说到底,正如儒家所言,无非存心养性:一方面,压抑、减少自己生而固有的恶的人性,阻止其成为稳定的、恒久的心理状态,从而不致变成自己的品德和个性,使自己不致成为一个小人、坏人和不道德的人;另一方面,扩充、积累自己生而固有的善的人性,逐渐使之成为自己稳定的、恒久的心理状态,从而变成自己的品德、人格和个性,使自己成为一个有美德的人。于是,孟子曰:

仁,人心也。义,人路也。舍其路而弗由,放其心而不知求,哀哉!人有鸡犬放,则知求之;有放心而不知求。学问之道无他,求其放心而已矣。[②]

这样,学习作为道德修养的方法,不但是提高品德所有因素的全面的道德修养方法,而且真正讲来,道德学习原本就是道德修养:二者实乃同一概念。这不但是因为所谓道德修养与道德学习,说到底,都是存心养性,都是存养扩充自己

---

① 参阅 Edward L. Thorndike, *Human Learning*, The Century Co., New York, London, 1931, p. 5; Stephen Sheldon Colvin, *The Learning Process*, Macmillan, New York, 1911, p. 1.
② 《孟子·告子上》。

心中所固有的善的人性；而且就二者的定义来说，岂不都是指后天进行的能够形成其理想道德人格的活动？可是，为什么人们通常都将道德学习当作道德修养的一种特殊方法——亦即当作获得道德知识和提高道德认识的道德修养方法——呢？

原来，学习是一个极为复杂的概念，因而有广义学习概念与狭义学习概念之分。学习是有机体后天获得的、有意识的、能够形成个性的反应活动，只是广义学习概念的定义；而狭义学习概念则是获得知识和科学的活动，是有机体后天习得的、有意识的、能够形成个性的获得知识的反应活动。如果学习是获得知识的活动，那么，道德学习岂不就是获得道德知识、拥有道德智慧和提高道德认识的活动？道德学习就是获得道德知识、道德智慧的道德修养方法，就是提高个人道德认识的道德修养方法：这就是狭义的道德学习概念的定义，亦即道德学习的通常定义。

从这个定义来看，道德学习固然不再是提高品德所有因素的全面的道德修养方法，却仍然是首要的、最重要的和最主要的道德修养方法。因为个人道德认识不仅是品德的指导因素、首要成分，而且是品德的其他因素——个人道德感情和个人道德意志——形成的必要条件。试想，如果一个人不进行道德学习，没有获得和提高个人道德认识，不知道为什么应该做一个有美德的人，那么，他怎么可能有欲求做一个有美德的人的道德感情？他怎么可能有克服各种困难而实际成为一个有美德的人的道德意志？所以孔子说：

> 好仁不好学，其蔽也愚；好知不好学，其蔽也荡；好信不好学，其蔽也贼；好直不好学，其蔽也绞；好勇不好学，其蔽也乱；好刚不好学，其蔽也狂。①

可见，即使就道德学习的狭义或通常定义来说，道德学习仍然不但是获得和提高个人道德认识的道德修养方法，因而是道德修养的前提与指导；而且因其是获得和提高个人道德认识的道德修养方法，同时也是形成个人道德感情和个人道德意志的必要条件与根本方法，因而也就是提高品德全部因素的全面的、全局的、普遍的道德修养方法，是首要的、最重要的和最主要的道德修养方法。那么，究竟应该怎样学习呢？

道德学习的方法多种多样，如攻读伦理书籍、听取他人传授、学习道德榜样、参观访问调查、反思社会生活、体验人生真谛等等。不过，一个人的道德知识有感性和理性之分：感性主要来自社会生活实践，理性主要来自伦理书籍。因此，反思社会生活是获取感性道德知识的主要形式；阅读伦理书籍是获取理性道德

---

① 《论语·阳货》。

知识的主要形式。学习的主要目的无疑在于经过感性而达于理性。于是，正如朱熹所言，道德学习的最重要形式是读书："为学之道，莫先于穷理，穷理之要，必在读书。"①一个人通过这些学习，一旦真正懂得了为什么应该做一个有美德的人，便会进而树立做一个有美德的人的道德愿望和道德理想：这就是立志。

2. 立志：陶冶个人道德感情的道德修养方法

所谓"志"，无疑就是目标、愿望和理想，就是必须经过一定的努力奋斗才可能实现的比较远大的目标、愿望和理想；因而立志作为一种道德修养方法，就是树立做一个有美德的人的道德愿望、道德目标和道德理想。因此，立志所陶冶和形成的，不但是个人道德感情，而且是个人的全局的、整体的、根本的道德感情。因为个人道德感情无疑可以分为两类：一类是局部的、部分的、非根本的个人道德感情，如做某一件符合道德的事的道德愿望；另一类则是全局的、整体的、根本的个人道德感情，如做一个遵守道德的有美德的人的道德愿望和道德理想。所以，立志——树立做一个有美德的人的道德理想——乃是一种形成和陶冶个人整体的、全局的、根本的道德感情的道德修养方法。

这样一来，立志也就是驱使一个人的行为长期遵守道德从而使其内化为自己品德的全局的、整体的、根本的道德修养方法。因为正如亚里士多德所言，一个人的行为只有长期遵守道德才能成为一个有美德的人②。所以，一个人如果立志做一个有美德的人，那么，他便会为之而努力奋斗，他的行为便会长期地、恒久地、坚持不懈地遵守道德，从而使社会外在道德规范内化为自己的美德，最终实现自己的志向而成为一个有美德的人；反之，如果他没有立志，如果他不想做一个有美德的人，那么，他便没有长期遵守道德的全局的、整体的、根本的动因和动力，他便不可能长期地、恒久地、坚持不懈地遵守道德；而势必断断续续交错地、半斤八两地遵守道德和不遵守道德，以致道德和不道德互相中和、抵消而皆未能内化为其人格或个性，从而他绝不会成为一个拥有美德人格或个性的人。所以，正如王阳明所言，立志实为道德修养之统帅与根本：

> 夫志，气之帅也，人之命也，木之根也，水之源也。源不浚则流息，根不植则木枯，命不续则人死，志不立则气昏。是以君子之学，无时无处而不以立志为事。③

那么，一个人究竟怎样才能够立志？人是个社会动物，每个人的生活都完全

---

① （南宋）朱熹：《性理情义》。
② 参阅 Aristotle, *Aristotle's Nicomachean Ethics*, Translated with Commentaries and Glossary by Hippocrates G. Apostle, Peripatetic Press, Grinnell, Iowa., 1984, p.21。
③ （明）王阳明：《王阳明全集》卷七"示弟立志说"。

依靠社会和他人,因而能否得到社会和他人的赞许和给予,便是他一切利益中最根本、最重大的利益;而能否得到社会和他人的赞许、给予之关键,根本说来,无疑在于他的品德如何。因此,一言以蔽之,美德乃是每个人获得利益和幸福的必要条件:这是最重要的道德智慧。所以,一个人能否立志做一个有美德的人,说到底,乃是他有无道德智慧的结果和标志。一个人有无道德智慧,说到底,显然又是道德学习的结果:"好学近乎知"。于是,立志做一个有美德的人,便因其是道德智慧使然而最终是道德学习的结果;反之,陷入恶德而不能立志做一个有美德的人,则因其是不智使然而最终是道德学习不够的结果:学习是立志的唯一途径。如果一个人通过读书、实践和思考等道德学习活动而终于获得了"美德乃是每个人获得幸福的必要条件"等诸如此类的道德智慧,从而立志做一个有美德的人,那么,具体说来,他究竟应该树立怎样的道德志向呢?

不难看出,道德志向可以分为四类:第一类是"普通君子",是芸芸众生,是普普通通的善人、好人、合乎道德的人,这显然是立志的最低目标,是最低的道德志向;第二类是"伟大君子",亦即各行各业的名家、大家、出类拔萃者,也就是那些为社会和他人做出了伟大贡献的善人、好人、合乎道德的人,因而是立志的最大目标,是最大的道德志向;第三类是"仁人",是长期遵守无私利人的"至善"原则而使之内化为自己的人格的人,是最善、最好、最道德的人,因而是立志的最高目标,是最高的道德志向;第四类是"圣人",是长期遵守所有道德规范而使之内化为自己的人格的人,是几乎具有全部美德的人,是道德完人,因而是立志的终极目标,是终极的道德志向。问题是,一个人究竟应该树立哪一类道德志向呢?

诸葛亮说得好:"志当存高远。"每个人都应该树立远大的道德志向:他应该树立最大的道德志向,做一个"伟大君子",亦即成为本行的名家、大家、出类拔萃者,从而为社会和他人做出伟大贡献;他更应该树立最高的道德志向,做一个"仁人",亦即长期遵守无私利人的"至善"原则而使之内化为自己的人格,从而成为最善、最好、最道德的人;他还应该树立终极的道德志向,做一个"圣人",亦即长期遵守所有道德规范而使之内化为自己的人格,从而成为一个几乎具有全部美德的人。确实,每个人都应该树立最大的和最高的乃至终极的道德志向;即使最终他实现不了这些道德志向,但在他追求实现这些道德志向的过程中,一方面,他毕竟实现了自己的潜能,从而能够做出他可能做出的最大贡献和成为可能成为的最有价值的人;另一方面,他至少可以退而求其次,总能够实现最低的道德志向,亦即成为一个"普通君子",做一个普普通通的善人、好人、合乎道德的人。

然而,不论如何,一个人一旦立志而树立了做一个有美德的人的道德愿望、道德目标和道德理想,那么,他就有了从事遵守道德的实际行为的根本动因和动力,就会从事遵守道德的实际行为,从而实现做一个有美德的人的道德愿望、道德目标和道德理想：这就是躬行。

3. 躬行：培养个人道德意志的道德修养方法

所谓躬行，顾名思义，就是亲自实行，就是实行道德，就是按照道德规范做事，就是从事符合道德规范的实际活动。一个人如果仅仅学习、立志而不躬行，那么，他便只可能知道为什么应该做一个有美德的人和树立做一个有美德的人的道德愿望、道德目标和道德理想，而绝不可能实际成为一个有美德的人；他要实际成为一个有美德的人，便必须躬行，必须实行道德，必须按照道德规范做事、从事符合道德规范的实际活动：躬行是培养个人道德意志的道德修养方法，是实现道德志向——做一个有美德的人——的唯一的途径和方法。

因为所谓品德，如所周知，就是一个人长期遵守或违背道德的行为所形成和表现出来的稳定的、恒久的、整体的心理状态，就是一个人长期遵守或违背道德的行为所形成和表现出来的心理自我、道德人格："人从事什么，人就是什么。"① 不独美德，其他的人格和技能亦莫不如此；如游泳、开车、弹琴等等，岂不都只有通过躬行实践，才能真正掌握，从而才能实际成为一个游泳健儿、一个司机、一个琴手？

可见，品德形成于遵守或违背道德的实际行为："德者，得也。行道而有得于心者也。"② 因此，一个人只有通过躬行，只有通过实行道德、按照道德规范做事、从事符合道德规范的实际活动，才能获得和形成美德，才能成为一个有美德的人；躬行是美德形成的唯一途径、方法和过程，而立志不过是美德形成的开端，学习不过是美德形成的指导而已。所以，荀子说：

不闻不若闻之，闻之不若见之，见之不若知之，知之不若行之，学至于行之而已矣。③

品德虽只有在躬行中形成，但偶尔的躬行还不能形成品德，只有经常的、长期的、一系列的从而成为习惯的躬行，才能形成品德④。所以，作为培养个人道德意志的道德修养方法的躬行，便不是偶尔的、易变的躬行，而是恒久的、经常的、成为习惯的躬行。这种能够形成美德的恒久躬行包括或历经三大阶段：正心、积善与改过、慎独。

所谓正心，亦即确定躬行动机阶段，就是端正自己的心，说到底，就是端正自

---

① 〔德〕海德格尔：《存在与时间》，陈嘉映、王庆节译，三联书店1987年版，第288页。
② （南宋）朱熹：《四书章句集注》"论语·学而"，齐鲁书社1992年版。
③ 《荀子·儒效》。
④ 参阅 Aristotle, *Aristotle's Nicomachean Ethics*, Translated with Commentaries and Glossary by Hippocrates G. Apostle, Peripatetic Press, Grinnell, Iowa., 1984, p. 21.

己的欲望和感情,就是端正自己的道德欲望和道德感情,就是增强、扩充自己的善的欲望和感情而减弱、消缩自己的恶的欲望和感情。正心的最高且终极的境界,就是使恶的欲望和感情至弱至微以致接近于零,从而使善的欲望和感情——用孟子的话来说——至大至刚以致接近于充塞心灵的全部而成为所谓"浩然之气"。① 如果一个人的欲望和感情能够达到或接近达到这种"浩然之气"的正心之境界,那么,善的、遵守道德的行为动机必定能够恒久克服恶的、不道德的行为动机而得到恒久的执行和实现,从而能够恒久地躬行道德而使之成为习惯和美德。可是,一个人究竟怎样才能正心而端正自己的欲望和感情?

最主要方法就是进行所谓"积善"或"集义"之道德实践。不过,"积善"或"集义"已经超越躬行的第一阶段——确定躬行动机阶段——而进入了躬行的第二阶段:执行躬行动机阶段。该阶段主要是克服善的行为或躬行之偶尔性而使之具有恒久性,从而使之逐渐演进为习惯而终成美德。试想,一个人的善的欲望和感情即使不能至大至刚而成为浩然之气,但是,如果他持之以恒,不断地确定和执行一件又一件善的遵守道德的行为动机,那么,逐渐地,他这种一件又一件的善的遵守道德的行为或躬行岂不就会积累而成为恒久的习惯和美德?他岂不就会成为一个有美德的人了?这就是所谓的"积善"或"集义":"积善"或"集义"就是不断地确定和执行善的、遵守道德的行为动机,就是持之以恒地遵守道德的行为。

粗略看来,躬行由正心而至于积善,便能够形成美德而使一个人成为有美德的人,因而便完成了躬行的全过程。然而,细究起来,并不尽然。因为完全遵守道德——从而只行善事而不做恶事——的人,是绝不可能存在的。人们常说:"人非圣人,不能无过。"②似乎圣人完全遵守道德而无过。然而,正如陈确所言:"世儒谓'唯圣人无过'者,妄也。"③君子、仁人乃至圣人或圣贤,也绝不可能完全遵守道德,完全行善。他们必定也有违背道德而干诸如损人利己的不道德的、不应该的、恶的事情。只不过,他们能够改过迁善,从而这种不道德的行为比较少,只是偶尔的而不是恒久的,因而没有使他们形成和具有损人利己的品德或人格罢了。所以,王阳明说:"夫过者,自大贤所不免,然不害其卒为大贤者,为其能改也。故不贵于无过,而贵于能改过。"④因此,改过与积善实乃同一枚硬币的正反面,是躬行的相辅相成的两个对立面,是形成美德而避免恶德的充分且必要条件。

---

① 《孟子·公孙丑上》。
② (清)赵青黎:《箴友言》。
③ (明)陈确:《陈确集·近言集》。
④ (明)王阳明:《王阳明全集》卷二十六"教条示龙场诸生·改过"。

那么,躬行由正心、积善而至于改过,是否真正完成了躬行的全过程呢? 否。因为,如所周知,躬行——正心、积善与改过——原本有两种形式或类型。一种是在不但自己知道而且他人也知道的情况下,亦即在自己与他人共处而有人监督的情况下,实行道德、按照道德规范做事、从事符合道德规范的实际活动;一种是在他人不知而自己独知的情况下,亦即在自己独处而无人监督的情况下,仍旧实行道德、按照道德规范做事、从事符合道德规范的实际活动:后者便是所谓的"慎独";而前者则可以称之为"非慎独的躬行"。慎独就是独处情况下的谨慎躬行,就是在个人独处的情况下仍旧谨慎地不折不扣地实行道德、按照道德规范做事、从事符合道德规范的实际活动,就是在人虽不知而己独知的幽暗之中、细微之事也谨慎从事符合道德规范的实际活动。

慎独显然是躬行的终极阶段。因为一个人如果达到了慎独境界,从而在人虽不知而己独知的情况下也遵守道德,那么,他遵守道德便是自愿的而不是被迫的;他遵守道德便是出于自愿做一个有美德的人的道德需要,为了使自己成为一个有美德的人;而不是迫于社会和别人的监督,不是为了做样子给社会和他人看的。这样,他便能够在任何情况下——不论他人是否知道——都遵守道德,他遵守道德的行为或躬行便必定是恒久的,他必定实际成为一个有美德的人。所以,叶适说:"慎独为入德之方。"①

这样一来,学习、立志与躬行便似乎构成了道德修养方法的完整体系。因为一个人的道德修养经过学习、立志而至于躬行,便可以使自己成为一个有美德的人了:躬行是美德形成和获得的充分且必要条件。其实不然。因为只有学习、立志和躬行,一个人固然可以实际成为一个有美德的人,却不可能知道自己实际上是不是一个有美德的人。这样,他的道德修养便没有依据,便是无的放矢。道德修养必须依据于自己的品德实际,必须依据于自省。

4. 自省:培养个人道德认识、个人道德感情和个人道德意志的综合道德修养方法

作为道德修养方法的自省,亦即道德自省、道德内省、道德反省,是一个人对自己的品行——品德和行为——是否合乎道德的自我检查,是一个人对自己的行为及其所表现和形成的品德的道德价值之自我检查,说到底,也就是一个人对自己的行为动机与行为效果及其所表现的个人道德认识、个人道德感情和个人道德意志的道德价值之自我检查。这样,通过自省,一个人的道德修养便有了依据,便知道自己的品德之优劣善恶究竟是在哪些方面——是个人道德认识还是

---

① (清)叶适:《习学记言序目》卷八。

个人道德感情抑或个人道德意志——便可有的放矢地扬善抑恶和去恶从善,从而自觉地使自己实际成为一个有美德的人。因此,自省乃是一个人的品德形成和修养的依据与基础,是培养个人道德认识、个人道德感情和个人道德意志的综合道德修养方法。那么,一个人如何才能勤于道德自省?

道德自省显然源于道德立志,源于做一个有美德的人的道德志向,说到底,源于每个人所具有的做一个有美德的人的道德需要、道德欲望和道德感情。因为一个人要成为一个有美德的人,无疑只有去做遵守道德的好事、道德的事、高尚的事;这些遵守道德的好事积累到一定程度,道德便会由社会外在规范而内化为他的品德,他就会成为一个有美德的人了。所以,一个人有了做一个有美德的人的道德需要、道德感情和道德志向,便会不断驱使他遵守道德做好事,便会不断驱使他察看、自省自己的行为和品德是否合乎道德,便会不断驱使他察看、自省自己是不是一个有美德的人,从而因自己做一个有美德的人的道德需要、道德感情和道德志向是否被自己的行为所满足而快慰和悔恨。

因此,一个人做一个有美德的人的道德需要、道德感情和道德志向,乃是驱使他进行道德自省的源泉和动力。这样一来,一个人自省的勤奋程度便必定与其做一个有美德的人的道德需要、道德感情和道德志向的强弱程度成正比例关系:一个人做一个有美德的人的道德需要、道德感情和道德志向越强大,驱使他进行道德自省的动力便越强大,他便越勤于进行道德自省;一个人做一个有美德的人的道德需要、道德感情和道德志向越弱小,驱使他进行道德自省的动力便越弱小,他便越懒于进行自省;如果一个人做一个有美德的人的道德需要、道德感情和道德志向逐渐弱小而接近于零,他就失去了进行道德自省的动力,他就可能不知道道德自省究为何物了。所以,一个人要想勤于进行道德自省,便必须强大自己做一个有美德的人的道德需要、道德感情和道德志向。那么,当一个人具有这样的道德感情、道德志向和道德智慧从而能够进行道德自省时,他究竟应该怎样进行道德自省?或者说,道德自省的具体方法究竟如何?

孔子将道德自省的方法归结为"自讼",亦即自己与自己打官司:"子曰:已矣乎!吾未见能见其过而内自讼者也。"①亚当·斯密则相当详尽地阐发了道德自省的这种"自讼"方法:

当我竭力审查我自己的行为的时候,当我竭力对其作出判断从而赞许或谴责这些行为的时候,显而易见,在所有这样的场合,我自己仿佛分成两个人:一个我是审查者和评判者,扮演和另一个我——被审查和被评判者——不同的角

---

① 《论语·公冶长》。

色。第一个我是旁观者,当我从旁观者的眼光来观察自己的行为时,我通过设身处地想象他将有的情感,从而努力使自己具有他评价我行为时的情感。第二个我是当事人,恰当地说就是我自己,对其行为我努力以旁观者的身份进行评论。①

可见,所谓道德自省之"自讼"方法,就是将自我一分为二,分为两个自我:一个是作为被审查者、被评判者的自我,亦即作为行为者的自我,说到底,就是自己的品行,也就是自己的行为动机与行为效果及其所表现和形成的个人道德认识、个人道德感情和个人道德意志;另一个则是作为审查者、评判者的自我,亦即自己的良心。这样一来,自讼的具体过程,也就是自己的良心运用社会的外在道德规范和自己内在的道德理想,来衡量和审查自己的品行——行为动机与行为效果及其所表现的个人道德认识、道德感情和道德意志——之过程:

如果看到自己的行为——亦即动机和效果——符合道德规范,看到自己的品德——亦即自己所具有的道德认识、道德感情和道德意志——逐渐接近君子、仁人乃至圣人的道德境界,那么,良心这个法官就会宣判自己有德无罪和庄严地奖励自己,使自己陶醉于自豪感的极大快乐和良心满足的无比喜悦,从而推动自己更好地遵守道德,尽快达到君子、仁人乃至圣人的道德境界;反之,如果看到自己的行为违背道德规范,看到自己的品德逐渐背离自己的道德理想而日益堕入小人、坏人和恶人的境界,那么,良心这个法官就会宣判自己缺德有罪和严厉地惩罚自己,使自己遭受内疚感、罪恶感和悔恨的痛苦折磨,从而改过迁善、遵守道德,以便从这种心灵的痛苦折磨中解脱出来。

合观道德修养方法,可以得出结论说,从逻辑上看,首要的方法是学习,因为学习使自己知道为什么应该做一个有美德的人,是每个人获得道德知识和道德智慧的活动,是提高个人道德认识的道德修养方法,是道德修养的前提与指导;尔后是立志,因为立志使自己树立做一个有美德的人的道德愿望、道德目标和道德理想,是形成和陶冶个人整体的、全局的、根本的道德感情的道德修养方法,是道德修养的动因和动力;尔后是躬行,因为躬行是实现道德志向——做一个有美德的人——的唯一方法,是培养个人道德意志的道德修养方法,是美德形成和获得的充分且必要条件,是道德修养的途径和过程;最后是自省,因为自省使一个人知道自己实际上是不是一个有美德的人,是一个人对自己的品行是否合乎道德的自我检查,是培养个人道德认识、个人道德感情和个人道德意志的综合道德

---

① Adam Smith, *The Theory of Moral Sentiments*, Edited by D. D. Raphael and A. L. Macfie, Clarendon Press, Oxford, 1976, p. 113.

修养方法,是道德修养的依据与终点。自省是道德修养的终点,道德修养至于自省,便走到了道德修养的尽头;但自省同时又是道德修养的新起点。因为经过自省,一个人便可以知道自己有哪些不道德的恶的品行和哪些道德的善的品行,知道自己道德认识、道德感情和道德意志的道德价值之实际情况,从而便可以有的放矢地修养自己的品行,便可以有的放矢地修养自己的道德认识、道德感情和道德意志,于是便否定之否定地回复和升华为新的学习、新的立志乃至新的躬行:如此循环往复,成为习惯,美德遂成。

* * *

通观品德培养方法,可知道德教养——道德教育和道德修养——与制度建设根本不同。因为道德教育与道德修养都是国民个体、各个个人的品德培养方法,而不是国民总体、群体的品德培养方法;而制度建设——亦即宪政民主、市场经济、思想自由和优良道德四大制度建设——则是国民总体、群体之品德的培养方法,而不是国民个体品德、个人品德培养方法。制度建设是国民总体或群体品德培养方法,它虽然不能保证具体提高各个个人的品德境界,却能够保证提高一个国家的国民总体的品德境界;而道德教育与道德修养则是国民个体或个人的品德培养方法,它只能保证具体提高各个个人的品德境界,却不能够保证提高一个国家的国民总体的品德境界。这样一来,一个国家或社会,只要制度优良,不论该国道德教育与道德修养如何,即使该国不进行任何道德教育与道德修养,该国国民总体来说必定品德高尚;而它的道德教育和道德修养不论如何恶劣松懈乃至等于零,充其量,也只能导致极少数人品德败坏而已。反之,一个国家或社会,只要制度恶劣,那么,不论道德教育与道德修养如何,即使有最优良最努力的道德教育和道德修养,该国国民总体来说也必定品德败坏;而它的道德教育和道德修养不论如何优良努力,充其量,只能造就极少数有美德的人而已。因此,作为品德培养方法,制度建设远远重要于道德教养:制度建设是大体,是品德培养的根本的、主要的和决定性的方法;而道德教养——道德教育和道德修养——则是小体,是品德培养的非根本的、非主要的和非决定性的方法。所以,邓小平说:"制度好可以使坏人无法任意横行,制度不好可以使好人无法充分做好事,甚至会走向反面。即使像毛泽东同志这样伟大的人物,也受到一些不好的制度的严重影响,以至于对党对国家对他个人都造成了很大的不幸——不是说个人没有责任,而是说领导制度、组织制度问题更带有根本性、全局性、稳定性和长期性。"①

---

① 《邓小平文选》第二卷,人民出版社 1994 年版,第 333 页。

思 考 题

1. 一个国家如果制度恶劣,如果实行君主专制——从而经济不自由、思想不自由和道德恶劣——那么,该国国民总体来说必定品德恶劣吗?如果该国国民总体来说品德恶劣,是否必定促使该国极端重视道德教育和道德修养?因而是否所谓礼仪之邦往往必为专制之国?

2. 一个国家如果制度恶劣,是否意味着该国所奉行的道德必定恶劣?因而该国的道德教育和道德修养必定恶劣?如果回答是肯定的,那么,不论该国的道德教育和道德修养如何深刻广泛,该国是否因制度恶劣而注定只能造就极少数有美德的人?

3. 邓小平说:"制度好可以使坏人无法任意横行,制度不好可以使好人无法充分做好事,甚至会走向反面。即使像毛泽东同志这样伟大的人物,也受到一些不好的制度的严重影响,以至于对党对国家对他个人都造成了很大的不幸——不是说个人没有责任,而是说领导制度、组织制度问题更带有根本性、全局性、稳定性和长期性。"谈谈自己对这一段话的体会,并论述两种品德培养方法——制度建设与道德教养——之关系。

参 考 文 献

(南宋)朱熹:《四书章句集注》,齐鲁书社1992年版。

冯友兰:《三松堂全集》第四卷,河南人民出版社1986年版。

〔法〕卢梭:《论科学与艺术》,何兆武译,商务印书馆1959年版。

苗力田主编:《亚里士多德全集》第八卷,中国人民大学出版社1992年版。

Michael Slote, *From Morality to Virtue*, Oxford University Press, New York, Oxford, 1992.

Fhilippa Foot, *Virtues and Vices*, University of California Press, 1978.

Gilbert C. Meilaender, *The Theory and Practice of Virtue*, University of Notre Dame Press, 1984.

Archie J. Bahm, *Why be Moral?* Albuquerque World Books, 1992.

Adam Smith, *The Theory of Moral Sentiments*, Edited by D. D. Raphael and A. L. Macfie, Clarendon Press, Oxford, 1976.

附录：伦理学导论必修书简介

第一部分　西方七本伦理学经典

亚里士多德：《尼各马科伦理学》；斯宾诺莎：《伦理学》；康德：《实践理性批判》和《道德形而上学原理》；穆勒：《功用主义》；摩尔：《伦理学原理》；罗尔斯：《正义论》。

1. 亚里士多德：《尼各马科伦理学》。该书首次将人类零散的伦理学知识构建成一种博大精深、深入浅出的道德哲学知识体系，从而使伦理学成为一门独立的科学。它的内容几乎包罗、关涉伦理学的全部对象和所有学科：它极为精湛地研究了某些重大的元伦理学问题，如"善"、"内在善"、"外在善"和"至善"等等；相当全面地阐述了规范伦理学，几乎论及全部道德规范，特别是公正与平等；它还系统论述了美德伦理学问题，如美德的起源、类型、价值和目的等等。

2. 康德的《实践理性批判》、《道德形而上学原理》和穆勒的《功用主义》。《尼各马科伦理学》与《论语》一样，其体系的基础和核心乃是"美德"、"品德"和"应该是什么人"等直观的、具体的、外在的、现象的问题。相反的，康德的《实践理性批判》、《道德形而上学原理》和穆勒的《功用主义》的体系的基础和核心，则是"道德"、"规范"、"行为"和"应该做什么"等抽象的、内在的、本质的问题。康德的《实践理性批判》、《道德形而上学原理》和穆勒的《功用主义》所研究的对象相同，都是规范伦理学的核心和基础问题：道德的起源与目的、道德终极标准和道德总原则。但是，两者的理论却恰好相反。康德的《实践理性批判》和《道德形而上学原理》构建了人类迄今最伟大的道德起源和目的自律论、义务论和利他主义的理论体系；穆勒的《功用主义》则开创了同样伟大的道德起源和目的他律论、功利主义和己他两利主义的理论体系。

3. 摩尔：《伦理学原理》。康德和穆勒的以"规范"为核心的伦理学的进一步发展，势必过渡到以"规范如何才能够是正确的、优良的和科学的问题"为核心的伦理学，亦即元伦理学。20世纪初问世的摩尔的《伦理学原理》，是人类第一本元伦理学专著。该书的最大贡献，是发现以往伦理学在解决元伦理学的根本问题——应该与是的关系——时，大都犯了"自然主义谬误"。

4. 斯宾诺莎：《伦理学》。自笛卡儿以来，先后有霍布斯、斯宾诺莎、休谟、爱尔维修和罗尔斯等划时代的伦理学大师以及大物理学家爱因斯坦等人，极力倡导伦理学的公理化、几何学化、物理学化和科学化。但是，只有斯宾诺莎的《伦理学》，才将这种倡导付诸实际，从而构建伦理学为一个公理化体系。该书是迄今唯一用"几何学方法"写成的伦理学著作，是伦理学方法的最伟大的著作，也是最上乘的道德心理学著作。

5. 罗尔斯：《正义论》。该书的主要贡献，一方面在于提出一种道德原则正确性的契约论证明方法，并用以系统证明了它所确立的两个正义原则的正确性；另一方面则在于发现和证明正义是社会治理的首要道德原则："正义是社会制度的首要善，正如真理是思想体系的首要善一样。"

第二部分　中国六部伦理学经典

《论语》、《孟子》、《墨子》、《老子》、《庄子》、《韩非子》。

《论语》在中国伦理学史的地位，无疑相当于《尼各马科伦理学》在西方伦理学史的地位，是中国最伟大的伦理学著作。《论语》与《孟子》系统探讨了无私利人的心理动因、功利动因、经济动因和原动力，系统讨论了道德起源和目的、道德终极标准、道德总原则和社会治理道德原则，形成了相当完整的道德起源目的自律论、道义论、利他主义和专制主义的道德哲学体系。墨子原本是从儒家分化出来的极左派，因而《墨子》的道德总原则理论与《论语》、《孟子》一样，都属于利他主义，都将无私利他奉为行为是否道德的道德总原则：只有无私才是道德的；而只要目的为己，不论手段如何利他，也都是不道德的。两者的分歧，是利他主义流派的内部分歧：《论语》和《孟子》倡导爱有差等的无私利人；《墨子》则主张爱无差等的无私利人。

就道德哲学的核心和基础来说，《论语》、《孟子》和《墨子》的对立面乃是《老子》、《庄子》和《韩非子》。因为《老子》、《庄子》和《韩非子》不但一致否定无私利人的实际存在，而且构建了迄今仍然是最伟大的道德起源和目的他律论、功利主义、利己主义和专制主义的道德哲学体系。不过，一方面，《庄子》与《老子》、《韩非子》的利己主义有所不同：《庄子》主张个人主义；《老子》和《韩非子》则主张合理利己主义。另一方面，《韩非子》与《论语》、《孟子》的专制主义不同：《论语》和《孟子》主张王道的专制主义，亦即开明的、仁慈的专制主义，认为专制只有在专制者的治理符合道德的前提下才是应该的；《韩非子》则主张霸道的专制主义，亦即野蛮、邪恶的专制主义，认为专制即使在专制者的统治是野蛮的、邪恶的、不道德的情况下也是应该的。

后 记

这本教材，真正讲来，是我数十载心血之结晶。早在1968年前后，大立"公"字、大破"私"字、狠斗"我"字、把自己从"我"字中解放出来的"公字化"运动，曾使我十分困惑，从此便沉溺于伦理学的研究和写作。但很快我便意识到，不懂哲学，不知原因、结果、偶然、必然、本质、规律为何物，便无法研究伦理学。于是我又潜心哲学的研究和写作。到1983年，经过14年寒窗，七易其稿，完成了80余万字的《新哲学》；其中有10余万字是道德哲学。1984年，我考上研究生，便在这10余万字的基础上，开始撰写《新伦理学》；1999年完稿，送交商务印书馆出版。屈指算来，连我自己也不敢相信：这部书竟专心致志撰写了16年！我撰写的北京大学哲学教材《伦理学原理》，不过是这部书的缩写本：保留其共识性的和适于作为教材的部分；删除其难于达成共识的和不宜作为教材的部分。

但是，还在校对《新伦理学》清样时，我就痛感该书的论证总体说来还相当简单、粗疏和不充实。这种缺憾，后来唐代兴教授也看到了。他在研究该书的学术专著《优良道德体系论：新伦理学研究》中写道："其理论体系从整体上看具有其逻辑体系的严密性，然在具体的综合与论述中却形成一种平面思维倾向并体现出某种程度的粗疏感。"(唐代兴：《优良道德体系论：新伦理学研究》，中国大百科全书出版社2003年版，第2页)于是，我立刻从第一页开始修改、增删和重写《新伦理学》。没想到又整整写了7个春秋，直到2007年底完稿，作为《新伦理学》修订版，送交商务印书馆，于2008年出版。该版的篇幅是第一版的2.5倍，达到150余万字数。这150余万字，我专心致志而置一切于不顾地整整写了22年啊！这150余万字，凝结着我多少心血、欢乐和悲辛！整整22年，我几乎谢绝一切社会交际和亲朋往来而只做三件事：撰写《新伦理学》、讲课和锻炼身体。

修改《新伦理学》的同时，我也不断修改《伦理学原理》。2005年，《伦理学原理》第二版作为"北京市高等教育精品教材立项项目"出版。2006年，复旦大学出版社陈军博士约我撰写"复旦博学·哲学系列"教材中的《伦理学导论》一书，正合我意，欣然从命。这部《伦理学导论》就是在《伦理学原理》第二版和《新伦理学》修订版基础上写成的。因此，该书虽不过30余万字，却是150余万字的缩写和精粹，凝结着我20余年的心血、欢乐和悲辛！诚然，它与我的《伦理学原理》第二版都是哲学专业伦理学原理课程的教材。但是,它不但比《伦理学原理》第二版少8万余字,因而远为简要;不但因其是我的最终成熟之作——《新伦理学》修订版——的缩写与精粹,而与《伦理学原理》第二版的很多论点和论据有所不同;而且它对于每一问题的阐释都以历代伦理学名著的相关论述为指导与核心,因而与《伦理学原理》第二版的体裁和内容大相径庭。所以,它虽然是伦理学原理教科书,具有完整而严谨的伦理学体系;却不叫做《伦理学原理》,而叫做《伦理学导论》,亦即伦理学这门科学的入门、介绍和学习指导:既是掌握伦理学原理的指导;又是研究历代大师伦理学思想的导引。

最后,我衷心感谢责任编辑陈军博士。我自以为我的这两部书稿——《伦理学导论》和《伦理学与人生》——是精心之作,不会有什么行文失误之处。但是,陈博士还是改正了许多,令我汗颜和钦佩。特别是,我的众多注释都缺少作者国籍和译者及其他不规范之处。绝大多数编辑都会要求作者自己去改正这些,可是陈博士却不厌其烦,亲自一一改正过来。读罢他的改正稿,我心中充满了钦佩和感激之忱,以致我虽然心疼他删掉的部分,却不能不完全同意他的增删修改。我的两部书稿耗费了陈博士多少时光和心血啊!他的崇高的敬业精神令我肃然起敬,也使我歆歔不已:以他的学识才气用这么多精力本可以自己写出书的,却如此认认真真地为他人作嫁衣裳。此书的写作还得到"北京大学创建世界一流大学计划"经费资助,在此一并深致谢忱。

王海明

北京大学哲学系伦理学教研室

2008年6月20日

图书在版编目(CIP)数据

伦理学导论/王海明著. —上海:复旦大学出版社,2009.1(2018.8 重印)
(复旦博学·哲学系列)
ISBN 978-7-309-06189-5

Ⅰ.伦… Ⅱ.王… Ⅲ.伦理学 Ⅳ.B82

中国版本图书馆 CIP 数据核字(2008)第 110230 号

伦理学导论
王海明 著
责任编辑/陈 军

复旦大学出版社有限公司出版发行
上海市国权路 579 号 邮编:200433
网址: fupnet@fudanpress.com http://www.fudanpress.com
门市零售: 86-21-65642857 团体订购: 86-21-65118853
外埠邮购: 86-21-65109143 出版部电话: 86-21-65642845
上海同济印刷厂有限公司

开本 787 × 960 1/16 印张 19.5 字数 361 千
2018 年 8 月第 1 版第 2 次印刷

ISBN 978-7-309-06189-5/B·297
定价: 29.00 元

如有印装质量问题,请向复旦大学出版社有限公司出版部调换。
版权所有 侵权必究